数学教师专业素养的测评与发展研究

黄友初　著

科学出版社

北　京

内 容 简 介

社会人才需求的素养化，对教师专业提出了新的要求，教师在知识结构、教学方式和教育理念等方面都需要做出相应的调整，只有教师具备了相应的专业素养才能更好地发展学生的必备品格和关键能力。本书以数学教师为研究对象，首先对数学教师专业素养的内涵和构成进行了诠释；其次对教师专业素养测评的常用方法进行了介绍、比较和评析；再次分别对数学教师品格、能力、知识和信念的若干子维度进行了测评和分析；最后从职前和在职两个方面对数学教师专业素养的发展进行了探讨。

本书可供中小学数学教师，数学教育和教师教育方向的本科生、硕士研究生和博士研究生参考阅读，也可供从事数学教育和教师教育研究的人员使用。

图书在版编目（CIP）数据

数学教师专业素养的测评与发展研究 / 黄友初著. —北京：科学出版社，2021.1

ISBN 978-7-03-066826-4

Ⅰ. ①数… Ⅱ. ①黄… Ⅲ. ①数学教学-师资培养-研究 Ⅳ. ①O1-4

中国版本图书馆 CIP 数据核字（2020）第 221201 号

责任编辑：胡海霞 李香叶 / 责任校对：杨聪敏

责任印制：张 伟 / 封面设计：蓝正设计

科学出版社 出版

北京东黄城根北街 16 号

邮政编码：100717

http://www.sciencep.com

北京凌奇印刷有限责任公司 印刷

科学出版社发行 各地新华书店经销

*

2021 年 1 月第 一 版 开本：720 × 1000 B5

2022 年11月第三次印刷 印张：17 3/4

字数：356 000

定价：89.00 元

（如有印装质量问题，我社负责调换）

序

黄友初教授的新作《数学教师专业素养的测评与发展研究》将要面世，该书是他在南京师范大学教育学博士后流动站的出站报告基础上拓展而成的。应当说，这是一本特色鲜明的书，是黄友初教授在教师专业发展研究领域不懈探索的又一力作。

教师专业素养的发展或者说教师专业素养发展的研究是一个既古朴又鲜活的话题。自有教育以来，教师专业素养问题就一直如影随形，因为脱离了教师元素，“教育”中的主体“教”也便会随之消失。这又是一个既现代又永恒的命题，因为教育目标随时代的发展而变迁，不同的教育目标对教师素养有不同的要求，教育改革没有尽头，教师专业素养发展的研究也就没有终结。

正因如此，教师专业素养问题就是一个过去需要研究，现在需要研究，将来也需要研究的主题。也正因如此，每个时代对这一相同问题的研究就要有自己的独特话语，自己的思维逻辑，自己的时代印迹。

在该书中，作者主要做了三件工作。

第一件工作，遵循自下而上的研究逻辑，采用开放性问卷方式采集不同群体对数学教师专业素养认识的基本信息，对数据作了规范的质性分析，提炼出数学教师专业素养的基本成分：教师品格、教师能力、教师知识和教师信念，同时给出了每个一级指标下的二级指标体系。在此基础上，再结合对师范专业认证标准和相关的研究成果思辨研究，提出对数学教师品格的内涵与构成、数学教师能力的内涵与构成、数学教师知识的内涵与构成、数学教师信念的内涵与构成等四个维度的三级指标体系。

第二件工作，就数学教师专业素养结构中的部分指标对教师作了测评，包括四个内容：数学教师品格中的三级指标“教师职业认同”、数学教师能力中的三级指标“数学教师的课堂提问能力”、数学教师知识一级指标、数学教师信念一级指标，并对不同教师群体作了差异分析。

第三件工作，对教师专业素养发展的影响因素做了研究。设计了一个二维结构量表，纵向维度包括：作为学生时的经验、职前教师教育、入职后的教师教育、教师实践经验等四个方面；横向维度即数学教师专业素养的四个成分：教师品格、教师能力、教师知识和教师信念。通过调查得到一些有价值的结果。

读完该书，掩卷静思，参悟内涵，颇有心得。我感受最深的有三点。

其一，实证主线。国内关于教师专业发展的研究很多，但多以思辨方法为主，思想颇多，观点纷呈，但总是让人有一种理论悬空的感觉。一方面，各种说教之间的纠结有时难以理顺。例如，学者们都会为自己的观点辩护而自圆其说，但是可能又会与其他学者的观点大相径庭，使实践者无所适从；另一方面，宏观过度，微观不足。例如，对所有学科教师通用的规则研究多，对特定学科教师专业发展的研究少，正如只研究一般函数的性质不研究特殊函数的性质一样，这类研究是残缺的。教师专业发展的当代研究，在国外采用实证方法是一种主流，随着与国外数学教育研究的接轨，国内的相关实证研究悄然兴起，由散见于各种期刊的文章可见一斑。但是，以实证方法贯通整个内容系统研究数学教师专业素养发展的著作实为鲜见，我认为该书在数学教师专业素养发展研究领域是一种方法论的转型，应算独树一帜。

其二，舍面求点。本书没有讨论数学教师专业发展的本体论、认识论等教师教育哲学问题，没有涉及数学教师专业发展的心理学问题，没有论及教师专业发展的策略、原则、路径等问题，也就是说，它不是一本全面论述数学教师专业发展的著作，而是把问题聚焦于数学教师的专业素养结构、专业素养的测评、影响专业素养发展的因素等几个点上，以专题形式展开研究。这种研究理论一反面面俱到的研究逻辑和贪大求全撰写论著的思维惯性，从而形成自身的独特话语和思维逻辑。问题研究的广度和深度总是有一种相互制约关系，正如熊掌和鱼难以兼得，涉及面广而不易深入，这类著作比比皆是。我们认为，做数学教育研究应当提倡深耕不宜广播，问题要一个一个挖才可能研究得透彻。例如，该书中对教师品格、教师能力的调查都是选取其中的三级指标“教师职业认同”“数学教师的课堂提问能力”来开展，可以看到，这两项研究做到了深度挖掘、细致入微。第 3 章中设计了一个独特的二维矩阵结构量表，采集到了大量有价值的信息。

其三，方法多样。第 2 章用的方法是质性分析加思辨研究；第 3 章用的方法是问卷调查加统计推断，包括相关分析、因素分析、统计检验；第 4 章用的方法是问卷调查加统计检验。可以看到，这项研究做到了定量研究与定性研究的结合、群体研究与个案研究的结合，体现了方法的多样性和互补性。做教育研究总是要考虑三角论证，即用不同的方法得到的结果去佐证论点，该研究在这方面作了有益的尝试。

黄友初教授给我的印象是：喜好读书，是一个能静下来潜心做学问的书生；

坚毅执着，是一个锲而不舍追求数学教育真谛的勇者；知情兼备，是一个对数学教育研究悟性极高的学者；素养全面，是一个亦文亦理数学教育学术圈内的写手。这些言词都不是虚的，而是对这些年来我看到他走过的路以及他的研究成果的真实表白。

中国数学教育研究需要薪火相传、后继有人，20 世纪 70 年代、80 年代出生的学者必须迅速成长起来，这是历史的呼唤，也是历史的必然。可喜的是，我们看到了不乏黄友初等杰出的“70 后”代表已经崛起。有他们的努力，有他们的追寻，有他们的恒心，中国的数学教育研究必然会走向世界，走向更加美好的明天。

喻　平

2020 年元月

前　　言

教师是教学活动的实践者和主导者，是教育方针落实的关键，是课程目标最直接的实施者，对学生的发展有着重要的影响。随着社会的发展，素养逐渐成为衡量人才的主要标准，发展学生的核心素养也成了教育的重要目标。教育改革的内外一致性决定了基础教育的改革必然引起教师教育的价值联动。教师对学生素养的理解,以及教师自身所具备的专业素养对教育改革的成败都有着直接的影响。知识更迭和文化革新迫切要求教师专业价值的自我重构，教师需要根据新时代的发展需要，对自己的价值观念、价值取向、价值形式进行评价、批判和选择。抛弃过时的、陈旧的价值观念和取向，构建合时的、崭新的价值方式，这一切都取决于教师内在的价值自觉。因此，从知识核心、能力核心，走向素养核心，是教育发展的必然趋势，也是教师专业发展的应然选择。

在阐述了研究背景后，本书就数学教师专业素养的内涵和构成进行了分析。

首先，从问卷调查入手，通过扎根分析，发现教师品格、教师能力、教师知识和教师信念的被认同度较高，可视为教师专业素养的核心。

其次，从专业素养的四个维度，对数学教师专业素养内涵和构成进行了分析和构建。

再次，本书对数学教师专业素养的测评进行了探讨，包括介绍教师专业素养的常用测评方式；以数学教师专业素养的内涵和构成为基础，选取若干专业素养子类别，编制量表进行测评，获得了若干结果；从不同群体教师专业素养的比较中，厘清教师专业素养发展的基本规律。

最后，本书对数学教师专业素养的发展进行了探讨。从教师成长的视角，基于学生经验、职前教师教育、职后教师教育和在职教师教育实践等四个方面对影响教师专业素养的情况进行了调查。根据调查结果，从职前和在职两个方面提出了若干对策。

在核心素养时代，对教师专业素养进行探索研究是十分必要的，但是鉴于教师专业素养的复杂性和内蕴性，对其研究也具有较高的难度。限于笔者的能力和精力，本书还存在一些不足，希望能为后续研究抛砖引玉，提供借鉴。

本书引用了很多学者的观点，在此表示感谢。本书写作过程中得到了上海师范大学和南京师范大学相关领导与专家的支持、帮助，在此表示感谢。笔者的研究生曹栋栋、刘菲、杨旭雯、柴亦扉、车轩、陈杰芳、陈晨、赵骁、罗碧烜和马陆一首等也在写作过程中给予了笔者很多帮助，在此表示感谢。

黄友初

2020 年元月于上海师范大学

目　　录

第1章　引　　言

近年来，学生的素养受到社会的广泛关注，这是社会发展的必然趋势，也是教育研究范式转变的必然结果。教育的核心要义是促进人的全面发展，不仅要有知识、有技能，还要有修养、有智慧，能兼具必备品格和关键能力。在经济全球化和社会网络化发展的现代化发展中，提出素养发展的教育目标是十分恰当的，这既是适应全球化变革的重要举措，也是培养信息社会人才的现实需求。

发展学生的素养，教师是关键。教师是教学目的的实现者、教学活动的组织者、教学方法的探索者，在教学中起着主导的作用。教师能够加速或延缓学生心理发展的进程，对学生在多大程度上获得知识经验有着重要的影响。优秀的教师会采取合理的措施，最大限度地促进学生智力和心理的健康发展，反之，不但难以挖掘学生的潜力，甚至还可能压制学生的学习热情。教育心理学研究表明，儿童、青少年的智力和思维的发展过程存在关键期，其中学生智力和思维的发展速度和层次在很大程度上取决于教师的教学和引导（朱智贤等，1986）。社会人才需求的素养化，必然对教师的专业素养提出新的要求，教师的知识结构、教学方式、教育理念需要做出相应的调整。因此，在倡导素养教育的同时，应重视教师专业素养的发展，尤其是教师专业素养中的核心要素，也被称为教师专业核心素养或教师核心素养。

鉴于教师对教育的作用，教师教育对社会发展有着重要的意义（王长纯，2009）。但是，与学生素养讨论火热程度相比较，目前对教师专业素养的研究还较少，这与教师在教学中的地位和素养发展的教育目标都是不相符的。教师专业素养具有哪些核心要素？它们的内涵和构成为何，不同教龄、学科、地域、性别以及职前和在职等不同群体教师的专业素养之间存在怎样的差异，该如何更好地发展教师的专业素养，这些问题都需要进一步的探讨和厘清。

为此，本研究将以数学教师为研究对象，对教师专业素养的核心要素进行分析，包括内涵结构的探讨、测评量表的构建和发展途径的探索。这不仅是社会发展的现实使然，也是教师实现专业可持续发展的内在逻辑，对教师的专业化水平和教育质量提升都具有重要的意义。

1.1　研究的逻辑背景

1.1.1　教师专业素养的历史演进

教师这一职业由来已久，但是在教育产生的初期阶段，教师的职业并未专门化。随着教育重要性的日益凸显和教育的逐渐普及，教师的工作逐渐被人们所重视。如今，教师的质量越来越受到重视，教师的专业化倾向日益突出，如何提高教师的专业素养也成了教育所关注的热点之一。

1. 从教育的产生到教师的职业化

人类自诞生以来，就有了教育的活动。为了群体的生存和繁衍，人们需要学会捕食和生产的技能，这种学习大多是自发的，是一种求生的本能需求，学习的方式大多是观察和模仿。这时候的教育处于自然形态，还没有从生产劳动和“原始礼仪”中分离出来，更没有专门的教师，教学工作一般由氏族和部落中的年长者或有经验者兼任。由于还没有文字与书本，教学活动主要通过语言和动作，以口耳相传和行动模仿的方式进行。我国古籍中所记载的伏羲氏教民以猎、神农氏教民耕种和后稷教民稼穑的传说，也说明了原始社会这种“长者为师、能者为师”的教育方式。随着生产力的发展，生产资料有了富余，社会开始分化，在原始社会末期或奴隶社会早期，也就是进入阶级社会之初，产生了可以教育子女的场所。例如，我国古时候的“庠”、“序”，古巴比伦的“泥板书舍”和古埃及的“宫廷学校”等，这些场所虽然不是专门用来教育子女的，但是后来逐渐演变成了学校。这个时期的学员，都是奴隶主和权贵的子女，他们不需要学习有关劳动的技能，更注重情操方面的发展。所以，尽管当时的教学内容不是固定的，但是大多属于人文熏陶、道德教化和礼仪方面。另外，也是最主要的是，当时学校和学生的数量很少，社会的需求量还不大。因此，教学工作多由一些社会官吏或僧侣兼任，教师还不是一个专门的职业，更没有专门的教师教育机构。即使是极少数专门从事教育的人，他们的社会地位也十分低下，主要任务是照管儿童与教他们认识文字和计算。在古希腊文中，“教师”一词就是由“教仆”演化而来的。而“教仆”就是指奴隶中一部分专门侍候贵族子女和奴隶主子女上学的人（叶澜，2007）。进入封建社会后，权贵和地主等上层社会人员数量增加，对教育的需求也随之增多，例如我国的官学和私塾，西方的教会教育和世俗教育等相继出现。但是从社会总体角度来看，需求量还是偏少的，从事教育的专职人员数量不多，很多教育职责被神职人员和官员兼任。因此，这段时期，教师还未能成为一个独立的社会职业。

文艺复兴后，西方的资本主义萌芽开始出现，生产力和自然科学取得了较大的发展，工业化也开始出现，社会对掌握各项技能的实用性人才提出了需求。这对教育提出了新的要求，学校和教师数量都得到了较大幅度的增加。在 16 世纪，德国的马丁·路德（Martin Luther）提出了教育权应该由国家掌握而不是教会，并认为国家有责任和义务推行和普及义务教育，这对西方国家的教育改革产生了重要的影响。为此，德国各联邦从 16 世纪中期开始先后颁布了普及义务教育的法令，成为近代西方国家中最早进行普及义务教育的国家（赵厚勰等，2012）。这种现象在工业革命后快速发展，英国的学园、星期日学校和“导生制”学校，法国的基督教学校兄弟会和耶稣会学院，德国的文科中学和实科中学，美国的教派学校、慈善学校、拉丁文法学校、文实学校等相继出现。这些都表明社会对教师的需求量逐步增大。于是，各种培养教师的学校也孕育而生。1681 年，法国天主教神甫拉萨尔（La Salle）创立了第一所师资训练学校，成为世界独立师范教育的开始；1695 年，德国法兰克（A. H. Francke）在哈雷创办了一所师资养成所，施以师范教育，成为德国师范教育的先驱（顾明远，2003）。1765 年，德国首先建立公立师范学校；1794 年，法国也创办了第一所公办的师范学校，这些都标志着国家开始管理和领导教师教育（岳喜凤，2007）。到了 19 世纪下半叶，严格意义上的学校教育系统在西方逐渐形成（蒲蕊，2010）。此后，许多国家相继颁布各种教师教育的法规和制度，设立了各种类型的师范学校，教师真正成为社会的一项职业。

在我国，师范教育始于近代。甲午战争之后，为了救亡图存，有志之士提出了“开民智”的口号，认为应该大力发展教育，启发国民心智，为此培养大批合格教师成为首要需求（崔运武，2006）。例如，梁启超在《论师范》中提出，“故欲革旧习，兴智学，必以立师范学堂为第一义”。1897 年 2 月，洋务派代表人物之一的盛宣怀在上海创办了南洋公学师范院，师范教育在我国成为现实。1902 年，张謇创办了专门的师范学校——通州师范学校。1902 年，清政府成立了京师大学堂师范馆，这也是北京师范大学和西北师范大学的前身。值得一提的是，1904 年颁布的《奏定学堂章程》中，对各级师范学堂的设立做出了规定，这也成了我国第一个法令颁布的师范教育制度，标志着我国的师范教育进入新的阶段，为教师的职业化奠定了基础。

2. 从教师职业化到教师专业化

随着教育的推进，教学的质量水平受到越来越多的关注，教师的专业能力也逐渐成为社会所关注的焦点，如何提高教师的质量，成了提升整体教学的关键因素之一。教师的专业化发展之所以成了教育发展中所亟待解决的问题，其原因主要有以下三个方面。

首先，教育在社会发展中所体现的价值日益增强。社会的发展对人才的数量和质量都提出了新的要求，为此各国都陆续普及义务教育，并逐步提高义务教育的年限，让越来越多的国民受到越来越长久的教育。例如，1881 年，法国颁布了《费里教育法》，确立了国民教育义务、免费和世俗性的原则；1902 年，英国颁布了《巴尔福教育法》，增加了学校的数量，尤其是中等学校数量，也加强了对学校的控制。同时，各国也相继推进了职业教育，使教育与社会发展的关系越来越紧密，甚至可以说，各国的教育发展水平决定了各国经济和社会的发展速度。因此，教育问题逐渐成了社会所关注的焦点。

其次，教师的专业能力有待加强。在制度化的教育形成以前，社会对教师的要求很低，没有统一的标准，认为只要掌握文字或简单技能就可以，更没有对教师进行培养的机构和制度。在早期的欧洲教育中，退伍军人、家庭主妇甚至有一点文字知识的社会闲杂人员都可以充当教师（滕大春，2001）。随着教育规模的扩大，其重要性提升，但是选拔标准较低，多强调“学术水平”、行为举止和宗教信仰。为了解决师资短缺问题，在欧美试行了“贝尔–兰卡斯特制”（Bell-Lancaster system），即导生制。教师选取若干年长、成绩好的学生作为导生，然后教师先将当天的教学内容传授给导生，再由导生把刚学到的知识教给其他学生，并对学生进行检查和考核。由此可见，当时的师资水平还十分有限，难以满足教学的需求。后来虽然陆续开办了一些教师培训学校，但是培训时间较短，更多的是注重知识和技能的传授。而且，过于“技术化”和“程序化”的教学，不仅容易让教师产生职业倦怠，难以有效吸引学生学习，而且导致了教师思想的钝化，抑制了教师的创新意识。因此，总体上这个时期教师的专业水平还较低，尤其是对“如何教”的探讨不多，学生在学习中更多注重的是自己的感悟和自学，严重限制了教育质量的提高。

最后，教育研究为教师专业发展提供了理论基础。随着经济的发展，学校越来越普及，教育在社会发展中的重要性日益增强，很多学者对教育问题进行了研究，认为教师是制约教育发展的因素之一，不仅“量”方面要增长，“质”的方面更需要提高。为此，学者们对如何促进教师的发展进行了探索，并涌现出一系列教师教育的研究成果，这些理论为教师专业化发展提供了坚实的理论基础。尤其是 1632 年夸美纽斯的《大教学论》问世后，学者们无论对教师的课堂教学还是对教师所应具备的素养都进行了较为深入的探讨，也提出了各种模式和理论。在教育理论方面，裴斯泰洛齐和赫尔巴特倡导教育心理学化运动，主张按照心理规律进行教育；第斯多惠系统论述了教学的基本原理；乌申斯基提出要关注人的心理规律，强调提高教学的科学性；斯宾塞创立了实科课程。在教学方式上，斯金纳提出了程序教学；布鲁纳提出了结构主义教学；布卢姆提出了掌握学习；罗杰斯提出了非指导性教学；皮亚杰提出了建构主义教学；赞可夫提出了发展性教学；巴班斯基提出了最优化教学；阿莫纳什维利提出了合作教育学；瓦根舍因提出了范例教学。这些都极大地丰富了教育教学的理论，值得一提的是 20 世纪 80 年代，在美国教育心理学家舒尔曼提出教学内容知识（pedagogical content knowledge，PCK）的概念之后，教师的知识、行为和信念成为教育研究的热点。这些教育研究成果无论是在教师教育，还是在教师自我学习中，都有着较强的指导意义，是教师专业发展的理论基础。

在社会外部需求和教育内部基础两个方面的推动下，教师专业化发展的条件逐步成熟。为此，1955 年召开的世界教师专业组织会议率先研讨了教师专业问题，推动了教师专业组织的形成和发展。1966 年，国际劳工组织和联合国教科文组织提出的《关于教师地位的建议》中，首次以官方文件形式对教师专业化作出明确的说明，认为教师工作应该被视为专门职业，这种职业是一种要求教员具备经过严格而持续不断的研究才能获得并维持的专业知识及专业技能的公共业务。此后，教师专业化的呼声越来越高，各国也将提高教师的专业水平作为教育改革的重要内容。1971 年，日本中央教育审议会所通过的《关于今后学校教育的综合扩充与调整的基本措施》中指出，教师职业需要极高的专门性，应确认和加强教师的专业化。1986 年，美国卡内基教育与经济论坛"教育作为一个专门职业"工作组（The Task Force on Teaching as a Profession）发表了《国家为培养 21 世纪的教师做准备》（*A Nation Prepared: Teachers for the 21st Century*），霍姆斯小组（Holmes Group）发表了《明天的教师》（*Tomorrow's Teachers*），这两份报告都强调要确立教师的专业性，并将其作为教育改革和教师职业发展的目标。卡内基基金组织的"美国教师专业标准委员会"还专门编制《教师专业标准大纲》，明确界定了教师职业的专业化标准。20 世纪 90 年代后，霍姆斯小组相继发表了《明日之学校》（*Tomorrow's School*）和《明日之教育学院》（*Tomorrow's School of Education*）等一系列报告，引起了学校和教育行政机构的极大关注（教育部师范教育司，2003）。这个时期的报告等文件的内容主要体现在两个方面：一是主张教师应该专业化，并制订了相关的专业化标准；二是主张推进教师教育制度建设，在教师教育中提高教师的专业化程度。这些主张也在很大程度上影响了各国的教育改革和教师教育建设，教师的专业化程度也逐步提高。

相较于西方国家，我国的教师专业化推进起步较迟。1986 年，国家统计局和国家标准局发布了《中华人民共和国国家标准职业分类与代码》中，将教师列为专业技术人员。1993 年，中华人民共和国第八届全国人民代表大会常务委员会第四次会议通过的《中华人民共和国教师法》（简称《教师法》）中，明确规定了教师是履行教育教学职责的专业人员。1995 年 12 月 12 日，国务院令第 188 号发布《教师资格条例》，明确要求中国公民在各级各类学校和其他教育机构中专门从事教育教学工作，应当依法取得教师资格，从教育教学能力和学历两个方面对教师资格的条件作出了规定，并对教师资格的考试和认定也作出了相应的规定，这是我国教师从职业化走向专业化的重要标志。进入 21 世纪后，随着理论研究的深入和教育硬件的改善，无论是在职前教师教育方面还是在在职教师教育方面，我国的教师教育越来越普及并强化，在各级财政的支持下，中小学教师国家级培训计划（简称国培）和省级培训计划（简称省培）项目相继开展，从高校、省市县教研室，到各中小学都开展各种教学观摩和研讨、课程标准解读、教师知识和行为审视、教师的教科研能力发展培训等，有效地推进了我国教师的专业化水平。

3. 从教师专业化到教师专业素养化

随着教师专业化的推进，教师的职业从兼职到专职，教师的行为从模仿到专门训练，教师的能力从显性到隐性，教师专业的要求从知识本位到能力本位，专业化的程度越来越高。尽管在专业化过程中也会出现若干弊端，例如有学者认为教师专业化存在过度精细化、标准化和高效化等不足（刘济良等，2016），但是瑕不掩瑜，任何机制在发展过程中总会出现一些波折，这是正常现象，只有不断解决前进中的问题，才能更好地发展。应该说，教师的专业化建设在很大程度上提升了教师的专业水平，促进了教育质量的提高。这种专业化的进程将会不断地发展，一直持续下去。但是，在社会发展的不同阶段，根据具体的现实诉求，教师专业的内涵需要做出适当地调整。如今，发展学生的核心素养，已经成了各国教育的重要目标，在此背景下作为教育教学实施者的教师首先要具备相应的必备品格和关键能力，发展教师的专业素养也成了当前教师专业化的主旨。因为比起知识和技能，素养更注重个体的全面发展，更注重内化和养成，它具有内在性和终极性、根本性和驾驭性，以及粘连性和统领性，是教师进一步成长的内核（杨忠君，2015）。

素养是个体以先天禀赋为基础，后天养成的比较稳定的心理品质（王子兴，2002），是个体知识、能力和品行的综合，也是个体工作、学习和生活的基础。而教师专业核心素养是教师专业素养中最为核心的部分，具有基础性和关键性等特征。在教师专业化的进程中，只有抓住专业素养的核心部分，才能更有针对性地进行教师教育，从而更有效地提高教师素养。无论从教育的内部发展，还是从教师专业发展的自身需求来说，都有必要确立核心素养的教师专业化发展目标。

首先，从教育内部来看，学生素养的发展必然引起教师教育改革的价值联动。

自 20 世纪 80 年代以来，素养逐渐取代知识和技能，成为教育的主要目标。自 20 世纪 90 年代开始，经济合作与发展组织（the Organization for Economic Cooperation and Development，OECD）相继推出了跨学科素养项目（the Cross-Curricular Competencies Project，CCCP）、国际成人素养调查（International Adult Literacy Survey，IALS）、国际生活技能调查（the International Life Skills Survey，ILSS）等对素养的测评，更是在 1997 年启动了“能力的界定和遴选：理论和概念基础”（the Definition and Selection of Competencies：Theoretical and Conceptual Foundations，DeSeCo）素养研究项目和国际学生评估项目（Program for International Student Assessment，PISA）。这些测评和研究在国际上产生了很大

反响，此后欧盟、澳大利亚、美国、日本、新加坡等相继推出了各自的教育发展战略，将发展学生的素养作为教育目标，并以此推动课程和教学的改革。

教师在教育中扮演关键角色，是课程目标最直接的实施者，对学生的素养发展有着重要的影响。教育改革的内外一致性决定了基础教育的改革必然引起教师教育的价值联动。教师对学生素养或核心素养的理解，以及教师自身所具备的专业素养对教育改革的成败有着直接的影响。在素养发展的教育目标下，教育目的、教学内容、教学方式和教学环境都将发生变化，对教师的知识、能力和理念提出新的挑战，因此有必要对教师专业的核心素养进行研究。

其次，从教师自身发展来看，教师群体的价值必然自觉催促其专业的持续发展。

教师的知识储备在日新月异的时代无法实现一劳永逸，因而教师的专业成长是一个无止境的学习过程和完善过程。知识社会和文化革新迫切要求教师的价值重构，教师需要根据新时代的发展需要，对自己的价值观念、价值取向、价值形式进行评价、批判和选择，抛弃过时的、陈旧的价值观念和取向，构建合时的、崭新的价值方式，这一切都取决于教师内在的价值自觉。而要实现持续的专业发展的价值升华，又离不开教师的终身学习，即成为一个自觉的价值追求者，主动捕捉时代变革对教育者发展带来的影响。在思想观念上，摒弃传统固有的教育价值观念，对多元价值进行批判和选择；在课程内容上，超越以知识形态为主的课程设置，注重培养未来社会所需的能力；在教学方法上，突破枯燥单一的传递式教学，采用多种形式引导有价值的知识和技能（曾文茜等，2017）。以终身学习的意识推动素养的提升是教师实现价值升华的必由之路，中小学教师专业素养的提出不仅仅是时代的要求，更是教师为实现专业持续发展的内在诉求。

从知识核心、能力核心，走向素养核心，这是教育发展的必然趋势，也是教师专业发展的必要选择。在教师专业发展过程中，经历了“组织发展”和“专业发展”两个阶段（教育部师范教育司，2003）。前者谋求整个专业社会地位的提升，体现了工会主义取向和强调教师入职的高标准的专业主义取向；后者强调教师个体的主动发展，展现了理智取向、实践–反思取向和生态取向这三种教师专业发展模式。这种进程也体现了教师专业化发展从被动到主动，从粗放到精细，逐步适应时代需求，逐渐提高教师专业水平。随着社会的发展，教育目的和教育政策也将发生不同的变化，从精英化教育到大众化教育，从发展能力到提高素养，从大班化教学到小班化教学，从粉笔黑板到网络化的多媒体教学，社会对教师的期许也越来越高，教师需要不断地适应新环境。因此，随着教师专业化的推进，需要突破已有的教师教育发展模式，确立专业素养的发展目标，尤其注重专业核心素养的提高。这不仅是教师专业化的时代特征，也是教师专业化的延伸，核心素养教育时代背景下教师专业化的新内涵和教师群体自觉发展的必然选择。

1.1.2 教师专业素养发展的必要性

发展教师的专业素养是教师专业不断演进的需要，是教育发展的需要，也是社会发展的需要，对当前的人才战略、国家发展都有着重要的影响。

1. 社会发展的需要

从农业社会到工业社会，从工业社会到信息化社会，从乡村社会到都市社会，从封闭社会到开放社会，无论是国内还是国外都经历了巨大的变化。在全球化、信息化与知识社会的背景下，各国综合国力的竞争变得越来越激烈，已经从过去表层的生产力水平竞争，转化为深层次的以人才为中心的竞争。在这种国际格局下，各国发展的关键在于科技，而根本因素在于人才（林崇德，2016）。现今，社会对人才的需求不仅仅是单一的知识或技能，也不仅仅是知识和技能的结合，而应该是一种综合的素养，它是能力和意识的结合，其中能力包括了知识与技能，而意识则包含了获得和施展能力的意愿和积极性，以及良好的职业操守和行为品格。这种素养是能够发展与维持的，它覆盖多个生活领域，能帮助个体促进成功的生活和健全的社会，能帮助个体满足各个生活领域（包括家庭生活、工作、政治、卫生等）的重要需求，包括恰当地使用工具、良好的团队合作、合理地处理生活和工作中所出现的各类问题。

在信息化社会中，数字化技术的迅猛发展导致经济产业结构和社会生活性质都在发生根本性的变化。研究表明，自 20 世纪 60 年代以来，越来越多的工作类型要求高度发展的智力技能和技术素养，要求参与者适应充斥高技术的工作环境，以团队方式开展工作，能够解决结构不良的问题（Autor et al.，2001）。在这样的环境中，满足工作要求意味着能够对复杂问题做出灵活反应，能够有效沟通和使用技术，动态管理信息，能够在团队中工作和创新，持续性地生成新信息、知识或产品。这些都要求个体具有自主和合作学习的知识、态度和品质。而且，现代社会变化加速，需要人们能够尽快适应新的环境，学会运用各种技术开展工作和管理日常生活事务，能够多渠道获取资源和信息，处理复杂多变的任务。随着工作和生活流动性增加，要求人们能够持续和终身学习，学会适应不断变化的生活节奏和工作性质（杨向东，2016）。由此可看出，以经济发展为核心、致力于公民素养的提升，已逐渐成为世界各国发展的共同主题，这种新型人才观，离不开一支高素养的教师队伍。

2. 教育发展的需要

从无到有，从业余到专业，教师在教育发展中发挥着越来越关键的作用，即使随着科技的发展，网络在线课程普及，也无法取代教师在教育中的价值。教师是一项专门的职业，是以培养学生为职责的专门的教育工作者，是学生智力的开发者和个性的塑造者。无论是赫尔巴特的传统教学观，还是杜威的现代教学观，都不能否认教师在教育教学过程中是处于教育者、领导者和组织者地位，是教学的主导。教师在教育中的这种地位，是由教师职业的特征所决定的。

首先，教师的教育工作受社会的委托，代表了社会的利益。社会对受教育者的要求，对人才的需求，主要是通过教师来实现的（邹群等，2010）。教师是社会教育方针、政策、课程的贯彻者和执行者，根据社会所形成的教育目的、培养目标、课程目标来实施教学。因此，教师代表着社会的利益和价值观念，对学生的思想品德、知识技能、政治方向等方面的形成和发展起着导向作用。其次，教师主导着知识的传播，对学生获取何种知识、怎么获取知识、能否有效地获取知识等方面都有着重要的影响。教师的课堂组织和传授，是学生获取知识的重要来源，是影响学生身心发展最为关键的因素之一。最后，教师是教育改革的推动者，他们虽然是在课程的指引下实施教育教学，但是他们不是被动的知识传递者。他们长期处在教学一线，对教育问题的感知最为直接，也积累了丰富的实践经验，在教学中具有不可忽视的话语权，是真正意义上的教育者，也是推动教育改革的重要力量。因此，教师的职业特征和他们在教育中所扮演的角色，都充分说明了发展教师专业素养对教育发展的重要影响。

3. 教师专业发展的需要

每位教师在成长过程中都要经历不同的阶段。具体的阶段划分，因为标准的不同会有差异，美国学者富勒将其主要归为以下几类：

（1）关注论。从教师的关注点入手，将教师专业化分为关注自身学习经验、关注自身教学任务的完成、关注教学行为、关注学生发展等阶段。

（2）生命周期论。从生命的自然衰老过程来划分，主要分为预备阶段、专家阶段、退缩阶段、更新阶段和退出阶段。

（3）心理发展论。从教师认知心理的角度来划分，主要分为相信权威阶段、墨守成规阶段、自主意识阶段和成熟掌控阶段。

（4）社会发展论。从教师作为社会人的角度来划分，主要包括蜜月阶段、成长阶段、危机阶段和平淡阶段（杨姝等，2014）。

以上分类大多基于单一标准，若从教师的知识与能力、心理发展和职业周期等方面综合分析，可将教师的专业发展分为观察阶段、模仿阶段、刻板阶段、经验阶段、胜任阶段、成熟阶段、专家阶段。每个阶段的成长周期因人而异，而且这个成长过程是不间断的，并不是到了成熟阶段或专家阶段后就可以停止自身的提高，而是需要不断地“充电”来适应新环境，解决新问题。在基于素养发展的课程目标下，教师需要随时关注学生的变化、知识的变化、教学环境的变化，以此调整或创建自身的教学知识和教学行为，确保学生必备品格和关键能力的有效发展。

从教师专业的整体发展来看，自教师职业化开始，教师的专业发展就是一个长期的、永无止境的过程，因为教育教学的问题是无止境的，不同的学生个体需要不同的方式来培养。尤其是在如今的信息化时代，知识更新的周期短，周围环境变化快，教育理论也层出不穷，更需要教师投入精力提高自身的专业化水平。在社会的每个发展阶段，对人才也有不同的需求。现如今，社会需要的是具有高素养的人才，他们不仅具有必备品格，还掌握了关键能力。这种人才的培养已经超越了课程的范畴，从教育学基本理论的角度看，它体现的是一种关于教育的本质目的。这种教育的本质目的表达的是所有教育教学活动的基本根据，是教育对究竟什么因素和素养对儿童和青少年学生的终身发展最重要的基本假设。所有的教育体制、学校制度、课程安排等都是根据这种假设而设计和制订的（谢维和，2016）。这对教师提出了新的要求，需要教师转变观念，提高自身的核心素养，才能更好地发展学生的素养，为社会培养合格的人才。这不仅是社会发展的需要、教育发展的需要，也是教师专业发展的需要。

1.1.3　教师专业素养发展的紧迫性

一直以来，教育的根本目的就是促进个体的发展，将素养发展作为教育目标，正是契合了教育目的，也符合信息化社会的发展潮流。这种目标不仅涵盖了学生素养的提高，也包括了教师专业素养的发展。但是，在教育现实中，无论是在教育研究中，还是在教师发展中，教师专业素养都还是缺失的。

1. 教师专业素养在教育研究中的缺失

针对目前社会的发展状况，国内外教育发展趋势，以及我国基础教育所存在的问题，2014 年教育部印发《教育部关于全面深化课程改革 落实立德树人根本任务的意见》，该意见指出要把党的十八大和十八届三中全会关于立德树人的要求落到实处，充分发挥课程在人才培养中的核心作用，进一步提升综合育人水平，更好地促进各级各类学校学生全面发展、健康成长。在该意见的第三部分“着力推进关键领域和主要环节改革”的第一点中，提出要研究制订学生发展核心素养体系和学业质量标准，并明确学生应具备的适应终身发展和社会发展需要的必备品格和关键能力。该意见指出了发展学生核心素养的重要性，要求教育改革要逐步树立以发展学生的核心素养为中心的理念，并在课程标准、课程方案、教材编写、课堂教学、学业评价等方面体现学生核心素养的发展。

该意见发布后，在我国掀起了研究核心素养的热潮，有关核心素养的文献接踵而至，有关核心素养的研讨会扑面而来。“核心素养”俨然成了教育界的热门词语，各种活动言必称核心素养。笔者于2020年1月初在上海师范大学图书馆系统进入中国知网，默认7个跨库选择，以篇名为“核心素养”进行检索，发现文献总数已经达到23643篇，但是在2015年以前，文献数量都未超过50篇，有的年份甚至为0或个位数。2015年为178篇，2016年迅速上升为1440篇，此后迅速增长，到了2019年达到了9784篇。其中博士和硕士学位论文1091篇，主要集中在2017年、2018年和2019年。这些都说明核心素养已逐步成为我国教育研究的热点之一。但是，这些研究大多聚焦于学生的核心素养，主要内容包括核心素养对于学生发展的价值、学生核心素养的内涵和发展等三个方面，而对教师专业素养或教师核心素养的研讨文献并不多见。同时在中国知网中，笔者在篇名中输入“教师+核心素养”进行组合检索，发现文献的数量急剧减少。文献总数仅为712篇，篇数为核心素养文献总数的3.04%，在2016年以前鲜有文献，2016年、2017年、2018年和2019年分别为41篇、165篇、244篇和259篇，分别占当年篇名为“核心素养”文献的2.85%、3.68%、3.31%和2.65%。2010—2019年这10年中，两种文献数量和分布如表1-1所示。

表1-1 核心素养相关文献数量比较表

篇名	2010	2011	2012	2013	2014	2015	2016	2017	2018	2019	合计
教师+核心素养/篇	0	1	0	1	0	1	41	165	244	259	712
核心素养/篇	10	26	26	47	47	178	1440	4489	7365	9784	23412
百分比/%	0	3.85	0	2.13	0	0.56	2.85	3.68	3.31	2.65	3.04

2010—2019年这10年中，这两种文献数量的折线图如图1-1所示。

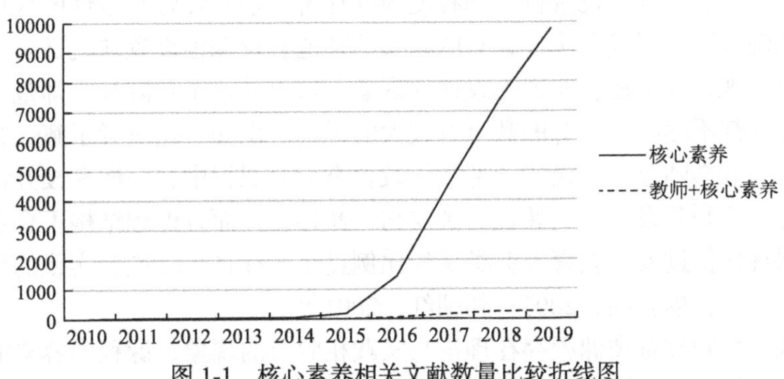

图1-1 核心素养相关文献数量比较折线图

尽管这种检索不能反映研究文献的全貌，但是能从一定程度上反映文献数量的分布和对比情况。从表1-1和图1-1可看出，这两种文献数量的反差与教师在教学中的主导地位是不相称的，说明教师专业素养在教育研究中的缺失。教师是教学的主导者和组织者，是教育目标落实的关键环节，没有一支高素养的教师队伍，也就无法有效地发展学生的核心素养。因此，在以素养为核心的教育时代背景下，有必要对教师专业素养进行研究，为更好地实施教师教育，更有效地提升教育质量提供必要参考。

2. 教师专业素养在教师发展中的缺失

鉴于教师在教育中的重要地位，各国都建立了较为完善的教师教育体系，通过职前和在职的教师教育，促进教师的专业发展。例如，各级教育主管部门都加大力度，在师资力量和教学环境等方面支持师范生的培养；开展了各种类型的国培、省培等教师培训活动；各级教研（院）室、各个学校在每学期也都会开展多次有关教师发展的活动。但是，这些活动的教学专业发展效果参差不齐，一些高师院校和培训部门更多的是在考虑自己能开设哪些课程，能讲授哪些内容，而对这些课程或内容是不是教师所需要的，是否能有效提升教师的专业素养并未做过多的探讨。因此，教师专业素养在教师发展的实践环节也是缺失的。

1）教师专业素养在职前教师教育中的缺失

新中国成立后，我国建立了独立的师范院校，而且参照苏联的教学计划拟定了教学科目，经过几十年的发展，很多师范院校的办学规模和办学理念都发生了较大的变化，我国的师范教育也逐步从“旧三级”（中专、专科、本科），走向了“新三级”（专科、本科、研究生）。但是，目前我国的师范教育还存在若干不足，突出表现为以下几个方面。

首先，不少高等师范院校不同程度地存在着重学术性轻师范性的现象。例如有的师范院校变成了综合院校，有的院校的师范教育课程设置缺乏必要的理论依据，较为主观，甚至还存在因人设课的现象。这也导致了各院校为师范生所开设的专业课程都不尽相同，有的甚至有较大的区别。例如，据笔者了解，某省两所省属大学为数学师范生开设的全部数学教育类专业课程中，一所高校开设了 4 门课程，另一所则开设了 9 门课程（黄友初，2015）。而且课程结构不合理，学科专业类课程比例过大，教育专业类课程比例过小，存在重理论轻实践的现象（国家教委，1997；廖哲勋，2001；郭朝红，2001）。

其次，教师教育类课程存在理论与实践相脱节的现象，课程内容陈旧，缺乏横向知识联结，课程设置与综合大学相差无几。现行的教育类课程绝大部分都是以“学科”命名的，缺乏灵活性，几乎是必修课程一统天下。把教育科研人员应该掌握的教育学、心理学的基本概念、基本原理、框架结构、话语逻辑整体地纳入教材之中，造成课程内容不必要的深奥和抽象。课程内容没能体现教育科学的最新研究，未能针对师范生的认知水平和能力及其毕业后的就业对象，也没能很好地与中小学教育教学实际以及当前教育教学科研水平相联系，缺乏针对性（贺玉兰，2007）。事实上，师范教育中理论与实践存在脱离的现象，是一直存在的问题，内部原因在于：教育理论的特质具有抽象性，有其自身的普适性与系统性，并且是以学科的方式存在的；而教育实践则是具体的，具有个体性与情境性的特点，它打破了学科的界限，是理论的综合运用，因此教师教育的理论与实践相脱离有其必然性。其外部原因在于，在一些教师教育过程中，将教师作为“技术人员”看待，进行“强制性”灌输，而不是将教师看作具有反思能力和创新能力的“专业人员”，这种培养方式，也导致了教师教育的理论与实践的二元对立（黄友初等，2016）。

最后，一些教师的教学方式和教育理念有待提高，存在照本宣科和教学工作科研化的现象。例如，有的教师上课主要任务就是照着课本或者课件念，缺乏内容展开和有效互动；有的教师将教学工作转嫁给学生，自己不讲或讲授非常少，而大量的课堂内容是让学生自学后上讲台汇报；也有教师讲授内容过于理论化，传播的是自身研究的内容和方法，缺乏有针对性地提高师范生所迫切需要提高的专业能力；也有部分教师课堂教学能力较弱，未能充分调动学生学习的积极性，更不利于师范生教学技能的模仿和提高。有学者调查表明，目前一些教师在教学内容上缺乏时代感，教学手段仍没有脱离应试教育模式，学生参与少，难以唤起学生积极性，教学评估落后（邹云志等，2004）。这些都说明了，目前的职前教师教育还存在不少问题，部分高等师范院校未能将发展职前教师的核心素养作为制订课程体系的依据。

可喜的是，职前教师教育中所出现的一些问题已经引起有关部门的注意，相关部门也出台了若干政策提升职前教师的专业水平。例如，国务院常务会议审议并通过的《国家中长期教育改革和发展规划纲要（2010—2020 年）》提出要“加强教师教育，构建以师范院校为主体、综合大学参与、开放灵活的教师教育体系。深化教师教育改革，创新培养模式，增强实习实践环节，强化师德修养和教学能力训练，提高教师培养质量”。2010 年教育部提出启动“卓越教师教育计划”，要求创新高师人才培养模式，改革教学方法，加强人文与自然科学的融合，以社会需求为导向，调整、优化学科专业结构，引导高师院校人才培养主动适应国家、区域基础教育和经济社会发展需要。2014 年，教育部印发《关于实施卓越教师培养计划的意见》（教师〔2014〕5 号），要求高校要“针对中学教育改革发展对高素质教师的需求，重点探索本科和教育硕士研究生阶段整体设计、分段考核、连续培养的一体化模式”。2018 年，教育部印发《关于实施卓越教师培养计划 2.0 的意见》（教师〔2018〕13 号），指出要通过实施卓越教师培养，在师范院校办学特色上发挥排头兵作用，在师范专业培养能力提升上发挥领头雁作用，在师范人才培养上发挥风向标作用，培养造就一批教育情怀深厚、专业基础扎实、勇于创新教学、善于综合育人和具有终身学习发展能力的高素质专业化创新型中小学教师。

2）教师专业素养在在职教师教育中的缺失

随着经济的发展，我国对教育的投入在加大，突出体现在对入职后教师的培训力度大大提高，但是这些在职教师教育无论在数量上还是质量上，都还未能满足教师发展的需求。例如，有学者调查表明，不少高中数学骨干教师教龄都在10年以上，他们普遍感到所学知识已经老化，需要更新知识，提高专业知识水平，多数教师的教学方法和教学手段已经陈旧，迫切要求接受教学方法改革和现代教育技术的培训；教师普遍认为，高中数学教师要加强数学课程、数学教育类课程以及数学教育实践等课程的培训，把先进的数学教育思想与教学方法研究以及新的高中数学课程标准和教材的培训作为重要的培训内容；有52.38%的教师认为当前提高数学教师素质最有效的方法是参加教学改革实验，32.54%的教师认为最有效的方法是在职进修（桂林等，2003）。也有学者对提升教师专业化水平途径进行调查表明，31%的教师选择参加各级新课程培训，25%的教师选择学习现代教育理论，23%的教师选择学习补充专业知识，12%的教师选择参加各类教研活动，9%的教师选择专家引领和与专家对话等（杨红萍等，2008）。

这些都表明对在职教师的培训力度还需要加大，数据表明我国对在职教师教育的培训力度确实在逐年加大。2010—2012年中央财政每年投入5.5亿元支持“国培计划”的实施（金欢，2016），2012—2016年，“国培计划”——示范性项目、中西部项目和幼师国培项目共投入资金93.5亿元，培训中小学幼儿园教师、校长共计957万人次（靳晓燕，2017）。但是，这些在职教师教育的效果参差不齐，一些机构所组织的教师培训的效果难以令人满意。例如，有调查表明，多数教师对当前的教师培训形式颇有微词，以师范院校、教研部门等组织的“短期集中培训班”为主流的培训形式日渐暴露出其弊端，且不说这种“校外培训”方式有利益驱动的倾向，单就其“理论传播”“大班组织”“单向独白”的培训特点也很难促进教师教学知识的有效发展（宁连华，2008）。也有调查表明，农村教师的培训形式单一，脱离农村实际，而且缺乏反馈机制（田琦，2009）。有学者的调查研究也得到类似结论，认为目前对在职教师的教育存在以下问题：参加学校和教师缺乏主动性和积极性；实施教育单位缺乏针对性、科学性、实用性和启发性；继续教育机制缺乏权威性、规范性和保障性（周忠，2005）。

这些都表明，无论是职前的教师教育还是在职的教师培训，都还缺乏基于教师专业素养发展的规划，教师专业素养在教师发展的实践环节还是缺失的，有必要从理论和实践上对提升教师专业素养进行分析和探索，这也凸显了本研究的价值所在。

1.2 研究的现实背景①

发展教师的专业素养，不仅是教师和教育发展的逻辑需求，也是我国教师专业发展的现实需要。随着我国社会的发展，教育事业也逐步推进，教师教育也体现了教育发展中“工作母机”的作用，对我国教师专业水平的提高起到了重要作用（管培俊，2009）。但是，无论是对改革开放40多年来我国教师专业发展历程的回顾、当前的审视，还是未来的展望，我国教育的现实发展都对教师的专业素养提出了新的要求。

1.2.1 我国教师专业发展的历史演进

1978年10月，教育部印发了《关于加强和发展师范教育的意见》，指出教师是教育发展的基础，要大力发展和办好师范教育。该文件明确了师范教育的重要地位，为此后的教师专业发展奠定了基础。1978年12月党的十一届三中全会后，我国的教师教育逐步恢复，并取得了快速发展，逐步建立了较为完善的教师教育体系，探索出了一条适合我国国情的教师专业发展道路。回顾40多年的历史演进，我国的教师专业发展有着较为明显的变化特征，具体包括：专业诉求从知识到素养、专业规范从经验到制度、专业培养从封闭到多元、专业发展从本土到国际。

1. 专业诉求素养化

改革开放40多年来，在不同的发展阶段，社会对教师的专业诉求也存在差异。改革开放伊始，百废待兴，教师急缺，需要大量“又红又专”的教师。这种“专”更多地体现在学科知识方面，认为只要掌握了学科知识，就能够教学该学科。此后十多年里，教师短缺一直是影响我国教育发展的一个重要因素，因此培养具有丰富学科知识的教师是这个阶段社会的主要诉求。从1980年到1999年，我国的高等、中等师范学校共培养了740万毕业生，教师进修学校培训了近600万名中小学教师，有效缓解了教师短缺的状况（张斌贤等，2008）。20世纪90年代中后期，随着教师供需矛盾一定程度上的缓解和教育改革的深入，教师该如何才能有效教学，逐渐成了教育关注的焦点。社会对教师的诉求从“能教”逐步转向“会

① 本节内容来源于作者2018年11月发表在《课程·教材·教法》上的文章，略有删减。

教”，关注的焦点从教师的专业知识逐步转变为专业能力，尤其是教学技能。这从 1994 年后我国有关教师能力的研究文献明显增多，也可得到印证（王丽珍等，2012）。这表明，社会对教师的认识从“工匠化”逐步转变为“技术化”。

进入 2000 年后，教师专业化已成为教育研究的热点，相关政策也逐步出台，有效地推进了教师的专业发展。尽管在发展过程中存在着工程化、消闲化、行政化和技术化等不足（钟启泉，2003），但这些都属正常现象，对发展中问题的有效解决，也是教师专业发展过程的重要组成部分。随着教师专业化的推进，不仅教师履行教学功能的知识、能力和品性等专业发展的结果受到关注，教师专业发展的过程（例如终身学习）、自主意识和各种内蕴性品质，也逐渐得到重视（朱旭东等，2007）。近年来，随着国际化和信息化的发展，学生的核心素养成为社会关注的焦点，社会对教师专业的诉求，也从知识本位、能力本位，转变为素养本位。这要求教师在新的社会背景下，能构建合时的、崭新的专业理念，重构合乎时代发展的专业内涵。这种专业理念和专业内涵是教师知识、能力和情感的升华，要求教师不仅能唤起内在的价值自觉，主动捕捉时代变革给教育者发展带来的影响，还能以终身学习的意识推动自身专业水平的提升。这些都表明，教师专业诉求的转变，既是社会发展的必然趋势，也是教师专业自身发展的时代呼唤。

2. 专业规范制度化

专业标准是专业化的重要标志和职业成熟的体现，教师专业标准的完善过程，也是教师从“普通人”转变为“教育者”的专业发展过程（教育部师范教育司，2003）。改革开放 40 多年来，我国一直重视教师专业的规范建设，从职业考核、专业资格认定到专业资格考试，教师专业逐步标准化、规范化。为确保教师的质量，在改革开放伊始，有关部门就要求对教师的工作能力进行考核。1978 年教育部印发的《关于加强和发展师范教育的意见》中指出，“在职中小学教师和发展教育事业所需补充的新师资，都应具有相当一级的师范院校或高等学校毕业水平，这应成为教师队伍建设的一条重要原则”。此后，在强化教师考核的同时，实施了合格证书制度。1986 年由第六届全国人民代表大会第四次会议通过的《中华人民共和国义务教育法》中指出“国家建立教师资格考核制度，对合格教师颁发资格证书”。此后，随着教师专业标准的明确化，我国也逐步从教师合格证书阶段过渡到教师资格证书阶段。1993 年由第八届全国人民代表大会常务委员会第四次会议通过的《中华人民共和国教师法》第一次以国家法律形式确立了教师资格的国家标准，这也标志着教师资格制度开始迈入法制规范阶段。1995 年，我国相继发布了《中华人民共和国教育法》、《教师资格条例》和《教师资格认定的过渡办法》，这些法律和法规不仅在法制上规定了教师必须持证上岗，而且对教师资格证的申请条件、标准要求、考核形式和认定程序都做了明确的说明。在对部分省市试点后，2000年9月教育部发布实施《〈教师资格条例〉实施办法》，教师资格认定工作全面铺开。至2004年底，全国完成了首轮教师资格认定工作（陈尚琼等，2015）；2009年底，全国累计已有2192.11万人取得了教师资格（梁杰，2011）。2009年3月，教育部下发了《教育部关于进一步做好中小学教师补充工作的通知》，拉开了实施全国统一教师资格考试的序幕。2011年10月，教育部公布《考试标准（试行）》以及笔试部分和面试部分的《考试大纲（试行）》，率先在湖北和浙江实施教师资格统一考试试点，此后试点省份拓展到15个。如今除了少数地区，我国已全面实施了中小学教师资格考试制度。在实施考核标准的同时，为规范教师教育的课程和教学，2011年10月教育部发布了《教师教育课程标准（试行）》。这是我国教育史上第一部关于教师教育课程的国家标准，体现了国家对教师教育课程的基本要求，也是制订教师教育课程方案、编写教材、建设课程资源以及开展教学和评估活动的依据。这些标准和制度，不仅促进了教师来源多元化、教师培养规范化，也为建立中国特色的教师教育体系提供了制度保障，使得我国教师的专业发展逐步走上科学化、法制化和规范化的轨道。

为激励教师的专业发展，在教师专业标准化构建的同时，改革开放以来，我国还规范了职称晋升制度，有效激发教师专业发展的内在动力。职称等级是教师专业水平的重要体现，一直受到广大教师的重视。自改革开放以来，我国就重视教师职称制度建设，希望以职称提高为依托，调动教师的工作积极性，促进教师的专业发展。1978年3月，国务院批转教育部关于高等学校恢复和提升教师职务问题的请示报告中指出，在高等学校中逐步恢复教授、副教授、讲师、助教职称评审制度。1978年，教育部和国家计划委员会联合颁发了《关于评选特级教师的暂行规定》后，各地普遍开展了评选中小学特级教师的工作，正式建立了特级教师制度（王芳等，2005）。1986年，国家教育委员会印发、中央职称改革工作领导小组转发《中学教师职务试行条例》《小学教师职务试行条例》，标志着中小学教师职称制度的正式确立（李廷洲等，2017）。2015年8月，人力资源和社会保障部（简称人社部）、教育部联合印发《关于深化中小学教师职称制度改革的指导意见》（人社部发〔2015〕79号）后，在各省（区、市）陆续实施了中小学教师正高级教师职称评审制度。职称评审标准对教师的学历、业绩和专业能力都做了明确的规定，使得教师的专业发展更具规范化、合理化。

3. 专业培养多元化

由于“文革”期间否定了师范教育的特殊性，各地师范学校受到了严重破坏，不仅课程设置面目全非，而且部分师范院校被撤并，教工也受到了非自然的减员。为此，改革开放后，恢复和增设师范院校成了当时教师培养的主要工作。到了1980年，全国师范院校达到172所，是1977年的3倍（金长泽，2002）。为缩短教师培养周期，尽快解决教师缺口的问题，1980年6月教育部召开了改革开放后第一次全国师范教育工作会议，确立了中师、高师院校专科和本科的三级教师教育体制，其中高等师范本科主要培养高中教师，专科主要培养初中教师，中师培养小学及幼儿园师资。该体制为我国培养了大批合格的教师，为改善我国师资的短缺状况做出了重大的贡献（金长泽，1994）。除了职前教师教育的完善，改革开放40多年来，我国也十分重视在职教师的继续教育。教师缺口较大，补充了很多社会人员，导致了改革开放初期我国小学、初中和高中教师的学历合格率分别仅为47.1%、8.8%和45.9%（中国教育年鉴编辑部，1984）。因此在改革开放后的很长一段时间里，我国的在职教师继续教育主要体现在学历补偿方面。到了1999年，我国小学、初中、高中教师学历合格率分别达到95.90%、85.63%和65.85%（金长泽，2002），基本满足了我国基础教育发展提出的教师学历合格的要求。

2000年后，随着教师缺口和学历问题在一定程度上得到缓解，我国的教师教育逐渐从满足数量转变为注重质量，教师教育更加深入和多元，主要体现在以下三个方面。

第一，职前教师教育层次逐步提高，从中师、专科和本科的“旧三级”向专科、本科和研究生的“新三级”转变，进而走向本科、硕士和博士的教师教育模式。随着教育发展的推进，从20世纪90年代开始，很多师范院校进行了升格和转型。从1999年到2014年我国高师本科院校由87所增加到113所，开展教育硕士培养的院校由29所增加到139所，师范专科学校由140所减少到60所，而中等师范学校由815所急剧减少为125所（管培俊，2012；高文财，2016；中国教育年鉴编辑部，2016）。如今，教育硕士和教育博士的招生规模逐步扩大，本科、硕士和博士的新三级教师教育培养模式逐渐形成。

第二，教师教育体系趋向开放，综合性院校逐渐参与教师的培养。2001年国务院印发的《国务院关于基础教育改革与发展的决定》，不仅首次提出了“教师教育”，还鼓励综合性大学和其他非师范类高等学校，举办教育院系或开设获得教师资格所需的课程。2018年中共中央、国务院印发的《中共中央　国务院关于全面深化新时代教师队伍建设改革的意见》中，再次提出要支持高水平综合大学开展教师教育，推动一批有基础的高水平综合大学成立教师教育学院，设立师范专业，积极参与基础教育、职业教育教师培养培训工作。截至2014年，已有57所综合性大学、152所地方综合性学院和34所独立学院参与教师教育；非师范院校培养的本、专科师范生约占全国师范生总数的47.1%（中国教育年鉴编辑部，2016）。由此可见，综合性大学已成为我国教师教育的重要阵地。

第三，在职教师教育从学历教育逐步转变为终身教育，并注重对欠发达地区教师的继续教育。1996年，第五次全国师范教育工作会议提出，“九五”期间师资培训工作要在完成部分教师学历补偿教育任务的同时，及时转向面向全体教师的继续教育。1999年9月，教育部发布了《中小学教师继续教育规定》，对继续教育的内容与类别、组织管理、条件保障、考核与奖惩等做了具体规定。这标志着在职教师教育进入了全新阶段，体现了教师教育的终身性和教师专业发展的阶段性。为促进中西部教师专业更好地发展，教育部从2003年启动全国教师教育网络联盟计划，借助互联网平台开展远程教师教育，有效解决了偏远地区教师专业发展的瓶颈问题。更值得一提的是，从2010年开始，我国实施了“中小学教师国家级培训计划”，简称“国培计划”。截止到2016年11月30日，中央财政累计投入“国培计划”资金达到107亿元，累计培训中小学教师1006万人，其中农村教师占95.2%。这些举措对促进在职教师的专业发展起到了重要作用。

4. 专业发展国际化

改革开放的一个基本内涵就是要从封闭走向开放，逐步国际化。经过40多年的发展，随着社会和经济的全球化，我国的教育也逐步与国际接轨。社会和教育的全球化，促使了教师专业发展的国际化，具体体现为教师教育国际化、教师交流国际化和教师视野国际化等方面。其中，教师教育国际化主要表现为教师教育课程设置国际化和从事教师教育课程教师“国际化”；教师交流国际化主要表现在“走出去”和“请进来”的交流数量中，不仅外出交流的教师增多，邀请国外学者来讲学和在我国举办的国际性教育会议也日益频繁；教师视野国际化主要表现为国外教育研究文献的逐渐增多，以及课堂教学中国际元素的日益丰富。

随着教育发展的深入，原有的教师教育课程出现了理念僵化陈旧、内容狭窄刻板和结构比例失调等不足，导致了课程知识被局限在传统知识体系内，知识更新速度较慢，难以吸引学生，也很难顺应时代发展的潮流（靳玉乐等，2016）。为此，随着改革开放的深入，国际交流逐渐增多，信息来源日益多元和便捷，我国的教师教育也越来越多地吸收了国际元素。例如，我国的《教师教育课程标准（试行）》在编制过程中，就借鉴了欧美各国和我国香港、台湾地区的教师教育课程标准、课程理念和课程实践。课程标准中的模块式课程、理论与实践交叉互动的课程结构、以学习者为中心的多样化教学方式、重视学习的过程评价和结果评价等特征，都体现了国际教师教育的特点与趋势（教育部教师工作司，2013）。不仅课程和教学内容趋向国际化，教师也日益“国际化”，他们对国内外教育发展的研究日渐深入，而且越来越多的教师具有国外学习和交流的经历。这些国际化元素，有效拓展了教师的国际视野，促使教师专业的国际化发展。

应该看到，随着全球化的加剧，国际化素养已成为教师专业素养的重要组成部分，这不仅是未来教师的理想追求，也是培养国际化人才的社会需要。

1.2.2 我国教师专业发展的时代审视

尽管改革开放 40 多年来，我国教师的专业发展取得了很大的成就，但是无论是从教育发展的内部，还是从社会对教育的期待来看，都还存在较大差距。审视时代的教师专业发展，从教育自身到社会的发展环境都还存在较多的挑战与困境，具体表现为教师专业价值的退化、专业技术理性的束缚，以及专业发展的区域失衡。

1. 专业价值的退化

教师专业价值的认可程度，对教师的专业发展有着重要的影响，较高认可度不仅能激励自我的专业成长，也能更好地吸引优秀人才加入教师队伍。改革开放 40 多年来，我国一直重视教师价值的提升。1985 年，中共中央发布的《中共中央关于教育体制改革的决定》中，提出要“使教师工作成为最受人尊重的职业之一”。为了形成尊师重教、尊重知识、尊重人才的社会风尚，从 1985 年开始，我国将每年的 9 月 10 日定为教师节。1993 年 10 月，第八届全国人大常委会第四次会议通过了《中华人民共和国教师法》，更是让教师的合法权益受到法律的保障。此外，在各级工资改革中，也不断增加教师的收入。2018 年 1 月，中共中央、国务院印发的《中共中央　国务院关于全面深化新时代教师队伍建设改革的意见》中，明确要求健全中小学教师工资长效联动机制，完善教师收入分配激励机制，确保中小学教师平均工资收入水平不低于或高于当地公务员平均工资收入水平；大力提升乡村教师待遇，落实集中连片特困地区乡村教师生活补助政策。但是，这些举措并未能阻止教师专业价值的退化，这既有福利和待遇影响下的物质层面原因，也有道德和规约影响下的精神层面因素，前者导致了教师专业社会价值的退化，后者导致了教师专业自我价值的萎缩。

尽管教师的工资数额在持续增长，但是增速与其他行业相比还存在差距，也低于物价上涨的幅度，尤其是低于房价的增速。绝对数量的增加，无法掩盖相对质量的下降。这不仅扰乱了教师的心理平衡，也挫伤了教师工作的积极性，导致了优质生源的流失。研究者通过对 7 个省（区、市）的调查表明，自 1997 年以来，高师院校普遍存在师范生生源较差的现象（梅新林等，2011）。虽然从 2007 年开始我国实施了免费师范生制度，但对优秀生源的吸引还较为有限，从长远看这必将影响教育事业的可持续发展。由此可见，教师价值的社会认可程度在退化，难以吸引优质生源，这与社会对教师专业素养的期望值在逐步提升是相矛盾的。不仅社会认可程度退化，随着社会的发展，个体独特性和主体性日益受到尊重和彰显，教师专业价值的自我认可程度也显得日渐萎缩。一直以来，我国教师在道德价值的取向上，推崇的是奉献型的伦理标准，崇尚自我牺牲、少谈教师自我价值，集体主义原则成为师德的主要内容，信奉“无私”“忘我”的崇高道德观。这种道德倾向以贬低自我的生命价值为导向，以无私之德来塑造教师勇于牺牲自我的道德品质，漠视个人的价值，与个体生命的意义相背离（杨茜，2016），导致了教师专业自我价值的萎缩。在教师专业价值的社会认可程度和自我价值的自我认可程度的双重影响下，教师外部吸引力逐步降低，内在的发展动力也逐渐消退，给教师专业水平的提升带来了较大的难度。

2. 专业技术理性的束缚

改革开放40多年来，随着教育事业的推进，教师的专业标准从经验性到制度化，教师的专业诉求从知识本位到技能本位，极大地促进了教师专业水平的提高，这也是教师专业阶段性发展的历史必然。如今，随着信息时代的来临，数字化技术的迅猛发展，经济产业结构和社会生活都发生了根本性的变化，社会对人才也有了不同的需求，素养逐渐取代知识和技能，成为教育的主要目标。尤其是以学生核心素养发展为教育目标的确立，必然导致教师教育目标的变革，提升教师的核心素养也成为当前教师专业发展的主旨。可以说，基于核心素养的教师专业发展不仅是时代的要求，更是教师为实现专业持续发展的内在诉求。为此，教育内外都要创造良好条件，促进教师专业素养有效地发展。

但是，目前的教师教育中还存在束缚教师专业发展的机制，不仅表现为职前教师教育与在职教师需求的脱节，而且在职前教师教育和在职教师教育各自的内部也存在矛盾。受传统认知论的影响，目前的职前教师教育体系具有较强的学术取向，高校普遍持智育取向的教育理念，通常以封闭或者半封闭的方式对师范生进行教育知识和学科知识的教育，导致了课程设置理论化、课程教学学术化，以及课程考核单一化，忽视了对学生实践性知识和教学技能的培养（黄友初，2016）。而且，职前教师教育中还存在教育知识和学科知识相互割裂，学科知识与技能发展相互独立的现象，影响了职前教师专业素养的有效整合，导致了师范生与教育现实的脱节。而对于在职教师来说，尽管社会所诉求的是具备较高素养的教师，但是目前在教育内部更为注重的是教师的教学能力，关注的是教师的教学效果，这种倾向的突出表现就是考核数量化、管理僵硬化。很多学校的考核关注的是教师撰写教案的个数、参加培训的次数、在校的时间等量化数据，在意的是学生的考试成绩和升学率等量化的结果，而非学生的素养和发展。出现这种现象虽然有功利性社会文化的影响，但其本质上是持技术理性的教师专业观，将教师视为“技师”，认为其能力是可解构的，专业水平是可量化的，既忽视了教师专业发展的主体性和能动性，也忽视了教师专业素养的内蕴性和整体性，束缚了教师的专业发展。

3. 专业发展的区域失衡

随着教育事业的推进，我国基本解决了教师的缺口问题，教师的专业水平也得到了很大的提升。但是我国的教育发展还存在较强的不平衡，这不仅体现在硬件设施上，也体现在教师的数量和专业水平方面。在城市中，虽然教师数量基本满足，但是部分“名校”集中了较多的优秀教师，甚至存在较严重的超编现象。而一些所谓的“普通学校”，因受重视程度相对较低，难以吸引优秀教师，进而陷入恶性循环。这种教育资源的不平衡性，也是造成目前一些地方“择校热”和“天价学区房”等社会现象的主要原因。而在部分欠发达地区，由于自然条件和经济发展的差异，优秀教师大量流失。这一方面影响了留任教师的工作积极性，导致他们得过且过，不能认真教学，形同“隐性流失”；另一方面，为了弥补教师流失留下的缺口，很多地区所补充的代课教师中存在学历不高、业务水平低下、年龄老化和流动性大等现象，有的教师甚至还“教非所学”（梅新林等，2011）。此外，一些教师因其师德和个人品质也难以胜任教师的职业。近年来，有关教师体罚、语言或行为粗暴等现象时有发生，部分地区教师的品德和能力都令人担忧。教师专业的这种地区差异，对教育和社会的发展都有着重要的影响，导致教育和社会发展的各种恶性循环。

教育发展的不平衡和不充分固然与历史、自然、经济和文化等多种因素有关，与当地的社会发展水平也直接相关，全国不同地区不在同一起跑线上，同一地区学校间的差距也在一定程度上与学校内部因素有关，但是无论是城乡还是东、中、西部，适龄儿童都有权享受同等优质的教育，办好人民满意的教育也是我国教育发展的重要目标。如今教师专业发展的区域不平衡性问题已经成为制约我国教育发展的重要因素，有必要创设内外部条件，让优质教师的分布均衡化的同时，更要促进广大教师的专业发展，缩小教师之间的专业水平差距。

1.2.3 我国教师专业发展的未来诉求

随着素养逐渐取代知识和技能，成为教育的主要目标，这必然导致教师的知识结构、教学方式、教育信念也将做出相应的调整，教师的专业发展面临新的机遇和挑战，注重教师专业素养的发展已成为我国社会发展的现实需求。回顾 40 多年来的教师专业发展历程，有必要从提升教师专业价值、深化教师专业发展和尊重教师专业自主三个方面提高教师的专业素养。

1. 提升教师专业价值

教师是教学活动的组织者、引导者和合作者，是教育目的的具体执行者和实施者，教师专业水平的高低能加速或延缓学生心理发展的进程，影响学生智力和思维发展的速度（朱智贤等，1986）。这些都表明，教师的专业水平对教育乃至整个社会的发展都有着重要的影响。而发展教师专业的前提是，提升教师的专业价值，通过提高教师的社会和经济地位，凸显教师专业的社会价值；通过扩大教师的话语权和提高教育改革的参与度，体现教师专业的自我价值。这不仅可以吸引优秀人才加入教师队伍，也能更好地激发教师专业发展的内在动力。

一般来说,教师的专业价值可以从教育内部和社会外部两方面来衡量和体现。在教育内部，教师通过职业活动，利用自身的知识和技能，帮助学生更好地成长，其内在价值性是以学生的发展程度来衡量的；而从社会角度来看，教师的专业活动能解决社会问题，满足社会的需求，这种外在价值必须以社会对教师物质和精神的反馈为衡量标准（赵佳丽等，2016）。教师的内在价值和外在价值是相辅相成的，有着密切的联系。前者是后者的基础，后者是前者的现实条件，它们既可以相互促进，也会相互制约。审视时代的教师专业价值，其外在价值还有待提升，同时也影响到了教师的内在价值。目前，部分地区教师收入偏低，甚至存在拖欠工资的现象，教师的收入与高物价也不太匹配，这些都在一定程度上影响了教师的正常生活，难以给教师的专业发展创造良好的内部和外部环境。应当看到，只有当教师的生命存在价值得到了体现，才能更好地发挥其社会实践价值，也才能更好地激励教师专业素养的发展。

2. 深化教师专业发展

尽管改革开放40多年来，我国的教师专业化程度得到了很好的提升，但是专业发展是一个长期的、不间断的过程。社会的发展对教师的专业不断提出新的要求，需要通过职前和在职教师教育的变革，更好地促进教师的专业发展。目前我国的教师不仅在数量上依然存在缺口，而且在培养机制上也有待进一步优化。例如，一些小学教师教育注重培养能实施全部学科教学的教师，实则是对全科型卓越教师内涵的曲解；一些中学教师教育过于注重学科知识的深化，忽视了学科教学知识和学科教学能力的培养；一些在职教师教育过于理论化，受众面也较为狭窄。

教师是一种专业化要求较高的职业，不仅需要具备较好的学科知识、学科教学知识和教育知识，还需要具备较强的课程标准解读能力、学生学习进程剖析能力，以及较为完备的教学知识图式，是综合性素养的体现。这些素养对学科的要求较高，难以通过全科教育得到有效发展，广而浅的教师教育只能以降低教师的专业水平为代价。长期以来，教师教育作为教师专业发展的一种重要策略或手段，主要着眼于教师的教育教学知识与操作技能的提高，但其过程却是把教师看作现成知识的接收者和消费者，试图通过外在力量的冲击不断地对其进行“补救”（李茂森，2009）。这种教师教育模式，某种意义上是把教师定位为熟练的“技术操作员”，而不是“专业人员”，忽视了教师专业的复杂性、内蕴性与整体性。应该看到，教师的专业素养，不仅体现为外在的教学能力，更需要内在的教学知识、教育信念和教育品格，而这些品质是融为一体、不可分割的。随着改革开放的深入，社会对教师专业有了新的诉求，教师教育也越来越具开放性和多元性，应深入探索教师教育发展的途径，以教师专业素养的发展为目标，构建教师专业发展的连续性、终身性和一体化机制，更好地提升教师的专业水平。

3. 尊重教师专业自主

现代社会的最大进步是人从依附性人格走向主体性人格，社会的个体成为群体中独立的个体，人的生命价值得到凸显，以具体的“自主性、能动性、个体性、创造性、完整性”的生命个体为鹄（杨茜，2016）。在这种背景下，教师专业的良好发展不能依靠规约、权威和他律，而应该尊重教师的专业自主、自觉和自律。无论是在教师教育阶段还是在教育实践阶段，教师在专业发展过程中，不能一味地充当执行者、被动者和守旧者，而应当成为专业发展的开发者、主动者和创造者。这既是教师专业内在品性和主体性的彰显，也是教师专业精神的集中体现。

教师的主要工作是育人，它具有较强的独特性，需要教师具备较高的专业品格，包括崇高的职业理想，在行为上为人师表，但这并不等于教师应当无止境地牺牲和奉献。在以人为本的时代，个体生命的存在价值应得到尊重，教师的专业和实践不应被漠视或者贬低。单纯依靠行政权威，忽视个体完整性和独特性；解构专业标准为各种量化的僵化考核，忽略教师专业素养的本质特征，这些都难以激发教师的专业热情。只有给予教师充分的尊重，给教师的专业发展足够的自觉和自主，才能激发教师积极地追求自我价值。当然，尊重并不意味着放纵，自主并不意味着放任，而是应当通过制度的引导（例如构建合理完善的退出机制）和教师教育的培养，让教师成为专业发展中的理性人。作为理性人的教师，在专业发展过程中，既可以享受充分的自由和自主，又能对自身的专业发展负责，对职业负责，从而实现教师个体独特性与群体普遍性、专业的个体价值与社会价值的内在和谐统一。

专业是社会分工、职业分化的结果，是职业经过不断成熟，逐渐获得鲜明专业标准和专业地位的过程，是社会进步的标志。回顾改革开放的40多年，我国的教师专业发展取得了引以为傲的成就，但是发展过程中还有一些方面需要进一步完善。展望未来，无论是出于社会发展的外在需求，还是由于教育改革的内在动力，都有必要进一步提升教师的专业价值，深入探索专业发展途径，尊重教师专业的自主发展，从而更好地促进教师专业素养的发展。

1.3 研究问题和意义

1.3.1 研究问题

如前所述，发展教师的核心素养是教师专业发展的自身需求，也是社会发展的必然趋势。但是目前对教师专业素养的研究还不多，如何发展教师专业素养的实践探索更少。这主要体现在对教师专业素养的内涵和构成缺乏分析，对教师专业素养的测评模式缺乏深入探讨，对教师专业素养的发展路径缺乏系统探索。为此，本研究将以数学教师为研究对象，对数学教师专业素养的内涵、测评和发展三个方面进行探索。

内涵、测评与发展本身就是一个相互联系的整体，研究核心素养的主要目的是能更好地发展教师的核心素养，促进教师专业水平的发展。为此，首先需要了解数学教师专业素养的内涵是什么，有哪些成分是数学教师最为核心的素养。只有把这些关系厘清了，才能有针对性地通过教师教育发展数学教师的核心素养。那么数学教师专业素养的现状如何？发展到了何种程度？教师教育是否有效果？这些需要一定的测评结果作为依据，因此，数学教师专业素养的测评，也是本研究的一个重要方面。

为此，将本研究主要聚焦于以下三个方面：

（1）数学教师专业素养的核心内涵及其构成是怎样的？

（2）数学教师专业素养的测评过程和方式是怎样的？

（3）数学教师专业素养的发展途径和影响因素是怎样的？

其中，第一个研究问题主要涉及本书第2章，本书通过文献研究法和调查法获得数学教师专业素养的内涵与构成；第二个研究问题主要在本书的第3章，本书通过文献研究法和调查法，厘清数学教师专业素养的测评过程和问卷编制原则；第三个问题主要在本书的第4章，调查了若干教师专业素养的影响因素，然后分别从职前和在职教师教育两个方面，对如何有效促进数学教师专业素养的发展进行探索和分析。

1.3.2 研究意义

教师在教育中的重要性，已经得到社会各界的共识，各级政府也历来重视教师的专业发展。因此，本书对教师专业素养进行研究具有重要的现实意义，主要可归结为理论和实践两个层面。

1. 时代背景下，教师专业发展的理论探索

教师的专业化发展是一个长期的、持续不断的过程，在社会发展的不同阶段，其内涵也将根据社会现实做出适当的调整。如今，发展学生的核心素养，已经成为各国教育的共识，这必然对教师的专业内涵提出新的要求。教师需要根据现有的教育目标、学习环境和学生特点，深入反思和不断学习，重构专业内涵，从知识核心、能力核心，逐步走向以素养作为内核的专业发展模式。这不仅是教师专业化的时代选择，也是社会发展的必然趋势。在这种时代背景下，有必要首先在理论上对教师专业的核心素养进行分析和探索，这不仅可以为教师的专业发展提供理论依据，也可以为后续研究提供必要的理论参考。

尽管 2014 年，教育部就在《教育部关于全面深化课程改革落实立德树人根本任务的意见》中提出了核心素养的教育目标，但是有关教师专业素养的研究还不多，尤其是对教师专业素养内涵结构的探讨还处在摸索阶段，缺乏较为权威的论述和诠释。这不仅影响了教师专业的有效提升，阻碍了职前和在职教师教育的改革，也不利于核心素养教育目标的实现。为此，有必要结合以往的教师专业化研究和时代对教师专业的需求，通过理论和实践研究，构建教师专业素养的内涵结构、探索测评方式和发展途径。限于研究者的能力和精力，研究必然会存在偏颇、粗浅等不足，但这是教育研究的必然途径，可为后续研究抛砖引玉，积累经验。

2. 核心素养教育目标下，教师专业发展的实践指导

教育的本质目的就是促进人的全面发展，核心素养的教学目标，旨在发展学生的必备品格和关键能力，与教育的本质目的是相契合的，体现了终身教育和生命教育的理念。这不仅要求教师能理解素养的内涵，更要发展与之相匹配的专业素养，构建符合时代教育教学工作需要的专业内涵。可以说，学生核心素养教育目标的确立，必然导致教师专业内涵的变革，提升教师的专业素养成为当前教师专业化发展的主旨。

但是，目前无论是职前还是在职的教师教育，都缺乏提升教师专业素养的发展规划，教师专业素养在教师教育中还处于缺失状态。其根本原因在于对教师专业素养内涵的认识和对教师专业素养测评的不足，导致了教师教育课程设置和教学方式缺乏针对性的依据，教师专业发展实践也缺乏有效性的指导。这种状况长此以往，必将影响教师整体的专业发展，进而影响教育目标的达成。

教师承担着传播知识、传播思想、传播真理的历史使命，肩负着塑造灵魂、塑造生命、塑造人的时代重任，是教育发展的第一资源，是国家富强、民族振兴、人民幸福的重要基石。2018 年，党中央、国务院和教育部等五部门相继印发《中

共中央 国务院关于全面深化新时代教师队伍建设改革的意见》和《教师教育振兴行动计划（2018—2022年）》等重要文件，不仅表明了国家对教师专业素养的重视，更是从品德和能力等方面对教师的专业提出了新的要求。为此，在素养发展的教育目标下，有必要就教师专业素养进行研究，分析其内涵结构，探索其测评方式，进而以内涵结构指导教师教育的课程设置和教学模式，将测评结果作为反馈和评价依据，促进教师专业素养的发展，这也是本研究的价值和意义所在。

1.4 研究路径和框架结构

1.4.1 研究路径

教师的专业素养具有内蕴性、抽象性和全面性，难以通过某一研究过程将其厘清、明了。为此，本研究不仅在研究内容上模块化，在研究方法上也采取了多元方式，从多角度分析教师的专业素养，在研究过程中主要采用文献分析法、调查研究法和准实验研究法。本研究首先通过文献分析、专家访谈和问卷调查等方式，厘清教师专业素养的核心内涵与结构，然后采用调查研究和准实验研究对各结构下的具体素养进行测评和发展的探讨。

调查研究是教育研究中最为常见的研究方法，主要包括问卷调查、访谈调查、课堂观察和测评调查等方式。本书为完成目标，主要采用了问卷测评、课堂观察和访谈等方式对不同群体中小学数学教师进行调查，分析他们专业素养的现状和差异，以此判别中小学数学教师专业素养的基本特征和发展轨迹。本研究调查问卷的编制通过项目分析、探索性因子分析和验证性因子分析的检验，确保良好的信度和效度。访谈主要采用半结构方式，在内容上分为两个部分，一是通过访谈了解中小学数学教师的专业素养；二是通过访谈了解影响中小学数学教师专业素养发展的主要因素，为提出中小学数学教师专业素养发展的对策提供必要依据。在访谈中，根据研究目标和研究内容，拟定相应的提纲。

无论是自然科学研究还是社会科学研究，其本质是基本相同的，都是认识和解释自然界或社会现象的活动。对科学研究方法而言，认识的基本方法是观察，通过观察者的感官直接或间接地获取外界的信息，并回答“是什么”这类问题。但是，在自然条件下的观察往往需要花费很长的时间，而且通过自然观察获得的数据资料不仅庞杂、冗长，而且缺乏逻辑性，会给下一步的整理和分析工作带来很大的问题（张红霞，2009）。由此，研究者常常通过一定的人为设计进行观察，这就是实验研究。实验是一种研究情境，在此情境中实验对象尽量不受实验变量以外因素的干扰，然后对其施以处理，以观察研究对象某种特性的变化（袁振国，2000；王林全，2005；张红霞，2009）。但是，受客观因素的影响，教育研究很难像心理学实验那样选择具有一般性的被试和一般性的情境。而且，在有些教育实验研究中，尽管变量控制得十分精确，但若实施的环境过于理想化、抽象化，也容易导致实验结果很难直接应用到具体实际的教育情境中。因此，在教育研究中出现了一种类似实验方法而设计的研究，称为准实验研究。

与真实实验相比，准实验设计的最大特征就是不等组，其对变量的控制也不如实验研究严格。但是准实验研究的情境自然，更接近教育现实，因此研究结果更适于推广。Cronbach 等（1980）甚至认为，控制好的准实验会比一些完全随机分组的实验具有更高的内在效度和外在效度。一般来说，可以将准实验研究分为不等组前-后测多组设计、不等组仅施后测多组设计、单组前-后测时间序列设计，以及多组前-后测时间序列设计等类型的设计模式（袁振国，2000；张红霞，2009）。其中，多组前-后测时间序列设计不仅关心研究对象在不同时间的变化，还关心不同处理方式之间的差异。由于本研究中需要了解数学教师专业素养的变化情况，因此需要采取准实验研究。

1.4.2 框架结构

本书围绕数学教师专业素养的内涵、测评和发展的主题展开，共分为 4 章。

第 1 章，引言，是本书的统领性论述，主要介绍本书的研究背景（包括教师专业发展的逻辑背景和我国教师专业发展的现实背景）、研究问题和意义，以及研究路径和框架结构。

第 2 章，数学教师专业素养的内涵与构成，主要包括教师专业素养内涵结构的调查与分析、教师专业素养的文件解读、数学教师品格的内涵与构成、数学教师能力的内涵与构成、数学教师知识的内涵与构成、数学教师信念的内涵与构成，以及小结。

第 3 章，数学教师专业素养的测评，主要包括常用的教师专业素养测评方法、数学教师品格的测评、数学教师能力的测评、数学教师知识的测评、数学教师信念的测评，以及小结。

第 4 章，数学教师专业素养的发展，包括教师专业素养发展的影响因素、职前数学教师的专业素养发展、在职数学教师的专业素养发展，以及小结。

第 2 章　数学教师专业素养的内涵与构成

在从事具体的教育教学工作中，教师所展现的是一种综合性素养，包括知识、能力、经验和理念等，但是过于综合、复杂和抽象的素养，难以了解其本质，也给教师专业素养的发展带来了困难。教育研究的主要目的在于不断地探索并揭示抽象、复杂的教育现象，进而促进教育的有效发展。因此，本章将从文献分析和问卷调查入手，对数学教师专业素养的内涵和构成进行分析，为数学教师专业素养测评和发展研究提供理论支持。

鉴于教师专业素养或教师专业核心素养概念的新颖性，目前还很少有文献专门就教师素养或教师专业素养进行探讨。但是，有很多学者从教师专业发展的角度，探讨了教师有效教学所需要的各种知识和能力。基于不同的视角，学者们对教师所应具备的素养也有不同的解读，国内以思辨分析为主。例如，有学者分析认为教师专业素养包括教育理念、知识结构和专业能力（叶澜，1998）；有学者分析认为教育实践能力、教学研究能力和教育反思能力是教师专业化水平的重要体现（陈琴等，2002）；有学者以英语教师为基础，在对教师访谈后通过实证检验表明，教师专业素养包括专业信念、专业知识、专业能力和专业精神四个部分（张翠平等，2016）。而国外则多对教师知识、信念或能力的某一维度进行分析。例如，Shulman（1986）和 Ball 等（2008）对教师知识进行了研究，分别提出了 PCK 和 MKT 的教师知识结构模型；Schommer-Aikins（2004）和 Hofer（2000）对教师信念进行了研究，分别提出了嵌入式信念系统和四维度信念模型；Jessica（2009）与 Vogt 等（2009）等对教师能力进行了研究，分别提出了教师能力的“三角网”式要素构成图和四维度教学能力刻画模型。由此可见，教师专业素养的内涵结构还处在不断探索和完善中，需要进一步研究。

教师作为具体的从业人员，对教育教学工作所需要的素养有更为深刻的认识，但是以往对此视角进行研究还较少。为此，本章将以文献分析为基础，然后从教师自身认识的角度分析教师专业素养中的核心要素。具体步骤包括：首先对职前和在职教师进行开放式调查，从中小学教师实践的经历分析教师的专业素养结构，然后采用自下而上扎根分析，厘清教师专业素养的核心素养成分；其次再结合调查结果和文献梳理，以数学教师为例，对教师专业素养的各核心成分的内涵进行阐述和剖析。

2.1 教师专业素养的内涵与特征

2.1.1 教师专业素养的内涵诠释

在全球化和信息化的社会背景下，知识的获取途径日渐多元，各行业既高度分化又相互融合，只有超越了知识与技能的素养，才能更好地适应变动不居的复杂情境。因为相较于知识和技能，素养更注重个体的全面发展，更注重内化和养成，具有内在性、统领性和粘连性等主要特征，是个体成长的内在核心（杨忠君，2015）。教育改革的内外一致地决定了基础教育的改革必然会导致教师专业内涵的重构与蜕变。教师是教育教学的主导者，是教育目标的直接实施者，要培养学生适应终身发展和社会发展的必备品格与关键能力，教师首先要具备相应的品格和能力（朱宁波等，2018）。目前有关学生素养的文献较多，而对教师专业素养的分析还较为缺乏，这与教师在教育中的主导地位是不相称的，在素养教育背景下，有必要对教师专业素养的内涵与基本特征进行解读与诠释。

教师专业素养是信息化社会对教师专业的时代诉求，也是教师群体在专业化发展进程中的时代产物。为此，探讨教师专业素养的内涵，必须从教育变革和教师专业化发展这两个维度着手。随着社会的发展，教育的内部和外部环境发生了较大的改变，并导致了教育体制、教学方式和学习途径的变化。这种变化超越了传统课程的范畴，体现了个体全面发展的教育本质观，也凸显了终身学习的教育生态观（谢维和，2016）。在此背景下，作为人才培养主导者和实施者的教师，需要对已有的价值取向、价值观念和价值形式进行重新审视，抛弃陈旧的、不合时宜的价值观念和取向，构建崭新的、恰当的价值方式。在思想观念上，能摈弃传统的、固有的教育价值观念，能对多元价值进行批判性选择；在课程内容上，能超越以知识形态为主的课程设置，能融合多种形态课程的优势，培养社会所需的人才；在教学方法上，能突破枯燥的、单一的传递式教学，注重现代化技术和多样化授课方式的结合与运用，从而更好地促进学生关键能力和必备品格的有效发展（曾文茜等，2017）。在信息社会中，知识更迭和文化革新的加剧，新的知识、技术和教育环境对教师的知识、能力和理念提出新的挑战，迫使教师提升主体意识，树立终身学习的专业发展意识，能主动捕捉时代变革信息，自觉促使自身专业价值的发展。这些都表明了，在素养教育背景下，教师的教学理念、知识结构、教学方式和专业发展意识等心理品质都将发生变化。

由此可见，无论是教师专业发展的社会诉求还是专业价值的自我提升，都需要教师构建与素养教育相适应的专业素养。因此，教师专业素养的内涵可认为是教师在先天条件基础上，经历养育、教育和实践等各种后天途径逐步养成，对教师的教育、教学活动有着显著影响的素质和修养，是教师从事符合时代发展的职业活动所需要的各种心理品质的总和（黄友初，2019b）。

教师专业素养的内涵既体现了教师专业的基本内容，也彰显了教师专业的时代特色。纵向上与教师的专业化发展一脉相承，横向上与素养背景下的教师专业诉求相契合，是教师专业发展的时代产物。

2.1.2　教师专业素养的基本特征

教师专业素养是教师素质和教养的融合，是教师天性和习性的结合，也是教师内在秉性和外在行为的综合，决定了教师专业发展的高度和取向。它的基本特征主要表现为：在内容取向上具有专业性，在价值取向上具有统领性，在组织取向上具有发展性。

1. 专业性

教师专业素养的内涵是建立在把教师职业视为一种“专业”的基础上，具有较强职业特殊性和标志性，是教师专业所特有的素养。这种素养仅聚焦在教师的教育活动和教学实践中，并会对教师的教育和教学效果产生显著性影响，而与教师作为普通公民的其他品质没有必然联系。因此，教师专业素养不能简单称为教师素养，其原因在于后者所涉及的层面较为宽泛，未能彰显教师专业独有的素养品性。教师专业素养的专业性特征，是教师专业本质的重要体现与基本保证。

2. 统领性

教师专业素养是教师从事教育教学实践所需要的各种心理品质的总和，既有内在的认知与理念，也有外在的行为与能力；既包括了一般教师都应具有的基础性品质，也涵盖了具有教师个人特色的专有品质。这种品质不仅综合性强，更是教师各种教育和教学实践活动的指引。它统领着教师知识的发展、能力的提升和理念的更新，统领着教师专业的核心素养与非核心素养之间的协同发展，也统领着教师在实践活动中的各种外显性行为。教师专业素养的统领性特征，是教师专业价值的重要体现。

3. 发展性

教师专业素养是教师在先天条件基础上通过后天的学习、生活和实践逐步形成的，具有一定的稳定性，但是它也具有不完备性和可变性，会随着社会的变革和教师自身素养的变化逐步调整，从一个稳定体发展到另一个稳定体，不断适应着教育的需求和教师个体的变化。这其中教师自身的内部因素是关键，社会的外部因素根本，在内部和外部因素的交互作用下，教师的专业素养形成了稳定和变化的统一体，螺旋式的上升或者下降。教师专业素养的发展性特征，是教师专业不断发展的着力点，也体现了教师专业发展的可行性。

2.2 教师专业素养内涵结构的调查与分析①

2.2.1 调查设计与对象

本研究采用开放性调查形式，要求每位调查者按照自己的观点和理解，写出作为教师应该具备哪些专业素养（原则上不超过 5 条）。调查主要通过网络途径，包括微信、QQ、电子邮件和问卷星等。

调查为期一周，共收集到 364 位教师的 1788 条原始信息，其中职前教师 269 位，1336 条信息，平均每位调查者写了 4.97 条；在职教师 95 位，452 条信息，平均每位调查者写了 4.76 条。在调查对象的性别方面，女性占多数，达到了 311 位，男性只有 53 位，这也在一定程度上体现了目前的教师队伍中女性教师的比例较大。调查对象的具体信息如表 2-1 所示。

表 2-1 研究对象情况表 单位：人

性质	教（学）龄	人数	性别	人数	合计
职前教师	师范本科生	166	男	26	269
	教育类研究生	103	女	243	
在职教师	教龄 0—5 年	49	男	27	95
	教龄 5 年以上	46	女	68	

2.2.2 调查结果与分析

本次开放性调查属于质性研究的范畴，适合采用自下而上的扎根分析，为此根据陈向明（1999），Glaser 等（1967）对于扎根方法的要求，通过对信息的原始编码、开放性编码、关联性编码和主轴译码四个步骤，对调查数据进行处理。

1. 原始编码

由于是开放性调查，所以收集到的数据类型较为多样，例如一些是句子描述，一些是并列或组合形式的，还不能作为信息点进行分析，需要进行原始编码，通过对其所蕴含的信息给予初步的分解和析取，初步转化成信息点。例如，有调

① 本节内容来源于作者 2019 年 1 月发表在《湖南师范大学教育科学学报》上的文章，略有删减。

查信息为“专业的知识与能力”就将其分解为“专业知识”和“专业能力”两个元素。最后共整理得到 2167 个原始数据，其中来自职前教师 1620 个，在职教师 547 个。

2. 开放性编码

原始数据规范化后，需要对其进行分析和比较，对调查信息作初步聚类，主要目的是将表述内容完全相同或者相近程度很高的信息给予合并。该轮编码的主要目的是缩小原始编码的范围，为后续的聚类和范畴构建做准备。例如，将“爱生”和“爱孩子”归为一类，命名为“关爱学生”；将“为人师表”和“师德”归为一类，命名为“师德优良”；将“道德”和“品德”合并，命名为“品德高尚”；等等。最后，将 2167 个原始数据归结为 58 个要素。具体要素名称、代码和频数如表 2-2 所示。

表 2-2　开放性编码结果一览表

要素名称	代码	频数	要素名称	代码	频数
关爱学生	A01	140	个人魅力	A20	47
专业知识	A02	128	工作热情	A21	44
教学技能	A03	123	教学研究能力	A22	40
师德优良	A04	103	亲和力	A23	28
责任心	A05	95	反思能力	A24	27
终身学习能力	A06	89	身心健康	A25	27
表达能力	A07	89	外表形象	A26	20
品德高尚	A08	86	心理学知识	A27	20
爱心	A09	85	教育学知识	A28	19
耐心	A10	82	毅力	A29	19
爱岗敬业	A11	81	奉献精神	A30	18
专业能力	A12	80	处理突发事情能力	A31	18
教育理念	A13	74	科学文化知识	A32	17
学科知识	A14	74	对教育的理解	A33	15
组织管理能力	A15	72	对学科教育的理解	A34	14
上进心	A16	72	教学设计能力	A35	14
知识	A17	67	工作努力	A36	14
人际交往能力	A18	62	公平	A37	12
创新能力	A19	50	洞察力	A38	10

续表

要素名称	代码	频数	要素名称	代码	频数
正确价值观	A39	10	行为表现力	A49	4
对学生发展的理解	A40	9	自信心	A50	4
综合能力	A41	9	爱国守法	A51	3
心理素质	A42	8	解读教材能力	A52	2
细心	A43	7	学生发展观	A53	2
包容	A44	6	爱护环境	A54	2
甘于清贫	A45	6	做事严谨	A55	2
有担当	A46	5	命题能力	A56	1
自我约束	A47	5	教育能力	A57	1
思考问题能力	A48	5	家庭幸福	A58	1
合计	—	1943	合计	—	224

3. 关联性编码

根据开放性编码的结果，对各要素进行检验和比较，对关联程度较紧密的因素进行合并，作关联性编码。关联性编码也是概念化和范畴化的过程，是扎根分析中的重要环节，根据开放性编码的要素和频数，发现和建立概念类属之间的各种联系，形成初步的教师专业素养框架结构。在编码过程中，对开放性编码中内容较为概括的元素，将其进行分解后归入其他相关的子类别要素中，对应的频数也将在平均分后分别计入各类别中。例如，A17 中的“知识”，被分解成了“学科知识”、“教育知识”和“通识知识”三个部分。而对内容较为孤立，且频数较小的元素（例如 A58）给予舍弃。根据 Strauss（1987）关于关联性编码的五个原则，分析得到教师专业素养的关联性要素 12 个，频数都在 40（含）以上。

各要素名称、代码、包含内容和频数如表 2-3 所示。

表 2-3　关联性编码结果一览表

要素名称	代码	包含内容	频数	要素名称	代码	包含内容	频数
教育情怀	B01	A01、A04、A11、A21、A30、A45	392	沟通合作能力	B07	A07、A18、A38	134
道德修养	B02	A05、A08、A09、A25、A37、A39、A44、A46、A51、A54	331	教学研究能力	B08	A19、A22、A35、A52、A56	129

续表

要素名称	代码	包含内容	频数	要素名称	代码	包含内容	频数
人格品质	B03	A10、A16、A20、A23、A26、A29、A36、A42、A43、A47、A50、A55	308	教育知识	B09	A02、A17、A27、A28	125
课堂教学能力	B04	A03、A07、A12、A15、A31、A38、A41、A49、A57	290	教育教学信念	B10	A13、A33、A40、A53	63
学科知识	B05	A02、A14、A17	160	学科知识信念	B11	A13、A34	51
教学反思能力	B06	A06、A24、A48	143	通识知识	B12	A17、A32	40
合计	—	—	1624	合计	—	—	542

注：本表中包含内容若有重复，需均分计算

4. 主轴译码

主轴译码的目的是在关联性编码的基础上，根据要素之间的关联性和频数，找到一些核心类属，将它们聚类在一起，使不同的概念范畴进一步依靠这种内在关联形成主要范畴，为建构最终的概念模型奠定基础。经过主轴分析，发现教师专业素养关联性编码的12个要素之间存在一定的逻辑关系，通过对这些逻辑关系的归纳，形成了4个主范畴与12个子范畴之间的对应关系。具体要素名称、代码、包含内容和频数如表2-4所示。

表2-4　主轴译码结果一览表

要素名称	代码	包含内容	频数	要素名称	代码	包含内容	频数
教师品格	C1	B01、B02、B03	1031	教师知识	C3	B05、B09、B12	325
教师能力	C2	B04、B06、B07、B08	696	教师信念	C4	B10、B11	114
合计	—	—	1727	合计	—	—	439

5. 教师专业素养的内涵结构

从中小学教师的调查结果看，他们根据自身的学习和实践经历，认为教师职业所需要的专业素养主要包括教师品格、教师能力、教师知识和教师信念四个方面，将它们称为教师专业素养的一级范畴（黄友初，2019b）。

其中，教师品格包括教育情怀、道德修养和人格品质三个二级范畴。教育情怀是对教师从事本职工作的品德要求，包括爱岗敬业、关爱学生、工作热情高、积极性强，并具有奉献精神；道德修养是对教师作为社会普通公民的品德要求，包括具有正确的价值观、较高的思想政治觉悟、遵纪守法、身心健康、有爱心和责任心；人格品质指教师无论从事本职工作还是作为行为个体所需要的内在品质，包括有上进心、有毅力、有耐心、自我约束能力强，具有较强的自信心和个人魅力，这是教师提高专业化水平的关键品质。教师品格在调查中所出现的频数远高于其他一级范畴，教育情怀、道德修养和人格品质这三个二级范畴在关联性编码中出现的频数也位居前三。这表明，教师所应具备的品格是教师专业素养的首要因素，它虽然是隐性的，对学生的影响也是潜移默化的，却十分重要。因为任何学科的教学都不是仅仅让学生获得学科的若干知识、技能和能力，而是要同时指向人的精神、思想情感、思维方式、生活方式和价值观的生成与提升，这些都离不开具有良好教育情怀、道德修养和人格品质的高品格教师。因此，从某种意义上说，教师品格对教育的影响是最为关键的。

教师能力包括课堂教学能力、教学反思能力、沟通合作能力和教学研究能力四个二级范畴。其中，课堂教学能力指教师在课堂教学中所需的语言表达和神态动作等外显行为能力，也包括课堂教学组织、洞察学生反应和教学的设计等较为隐性的能力；沟通合作能力主要指教师与家长、学生和同事的沟通能力，在调查中被提到的频数也是比较多的；教学反思能力和教学研究能力，包括教师的实践反思和总结、自我学习和业务上的钻研、教学设计等方面的能力。在教师能力的四个子类别中，课堂教学能力和沟通合作能力是教师专业素养的直接体现，教学反思能力和教学研究能力是教师专业发展的重要途径。

教师知识包括学科知识、教育知识和通识知识三个二级范畴。其中，学科知识指学科的本体性知识，是教师从事教学工作的基础；教育知识包括教育学和心理学方面的知识，是教师有效教学的理论依据；调查显示，教师认为专业素养中应该包括对科学和人文知识的了解，在关联性编码中将其称为通识知识。

教师信念包括教育教学信念和学科知识信念等两个二级范畴。其中，教育教学信念指教师对教育的基本观念，包括对教学本质、教学目的、教学操作、学习过程、学习能力和学生差异等的认识；学科知识信念指教师对学科知识来源、真理性、价值性和结构性的认识。在调查中，有的教师并未明确提到信念一词，但是通过内容分析可知，教师所提到的“理念”、“倾向”和“认识”在实质上就是教师的信念。信念是认知和情感的有机统一体，影响着教师的知识观、教学观和学生观。而教育正是一种基于信念的实践活动，正确而合理的教师信念是教师有效教学的重要保证。研究表明，信念比知识更能影响教师的教学计划、教学安排和课堂上的教学活动（Bonne，2012）。因此，教师信念是教师专业素养的重要组成部分，既会影响教师的知识和能力，也在很大程度上影响着教师品格的形成。综上所述，可将本次调查所归纳的教师专业素养的内涵结构，总结如表 2-5 所示。

表 2-5　教师专业素养的内涵结构表

一级范畴	二级范畴	主要内涵
教师品格	教育情怀	教师从事本职工作所需具备的爱岗敬业、关爱学生、工作热情等品德
	道德修养	教师作为社会普通公民所需具备的价值观、思想政治觉悟、身心健康、爱心和责任心等品德
	人格品质	教师无论从事本职工作还是作为行为个体所需要的上进心、毅力、耐心、自我约束力等内在品质
教师能力	课堂教学能力	课堂教学中所需的语言表达、神态动作、教学组织、教学设计等能力
	教学反思能力	教学实践活动后的自我反思、自我学习等能力
	沟通合作能力	与家长、学生和同事沟通的能力
	教学研究能力	对教与学的钻研、教学设计等能力
教师知识	学科知识	学科的本体性知识
	教育知识	教育学和心理学方面的知识
	通识知识	科学和人文方面的知识
教师信念	教育教学信念	对教育的基本观念，包括对教学本质、教学目的、教学操作、学习过程、学习能力等的认识
	学科知识信念	对学科知识来源、真理性、价值性和结构性的认识

2.2.3　不同群体教师专业素养结构认同的差异

扎根分析后，根据所得到的教师专业素养结构和编码，对调查数据进行赋值，结构中出现该要素则赋值 1，否则赋值 0。全部 364 位调查对象的赋值结果经过 SPSS19.0 分析，得到他们对于教师专业素养结构认同的差异情况。

1. 职前教师和在职教师的认同差异

为了解职前教师和在职教师对教师专业素养认同是否存在统计学上的显著性差异，将 269 位职前教师（师范本科生和教育类硕士研究生）和 95 位在职教师的调查结果在 SPSS 中进行独立样本 *T* 检验。分析结果，如表 2-6 所示。

表 2-6　职前教师和在职教师认同差异 *T* 检验结果

一级范畴	显著性	均值差	标准差	二级范畴	显著性	均值差	标准差
教师品格	0.393	0.017	0.019	教育情怀	0.003	0.171*	0.058
				道德修养	0.212	−0.071	0.057
				人格品质	0.330	−0.058	0.059

续表

一级范畴	显著性	均值差	标准差	二级范畴	显著性	均值差	标准差
教师能力	0.090	0.066	0.039	课堂教学能力	0.199	−0.065	0.050
				教学反思能力	0.359	−0.055	0.060
				沟通合作能力	0.023	−0.135*	0.059
				教学研究能力	0.954	−0.003	0.059
教师知识	0.015	0.138*	0.056	学科知识	0.012	0.147*	0.057
				教育知识	0.241	0.069	0.059
				通识知识	0.028	0.102*	0.046
教师信念	0.002	−0.174*	0.056	教育教学信念	0.010	−0.140*	0.054
				学科知识信念	0.005	−0.152*	0.053

*表示$P < 0.05$，本章余同

从表 2-6 可看出，职前教师和在职教师在对教师品格和教师能力这两个一级范畴的认同中并未出现统计学上的显著性差异，但是在其二级范畴的某一构成要素中都出现了认同的显著性差异。在教师品格中，职前教师对教育情怀元素的认同度显著高于在职教师；而在教师能力中，在职教师对沟通合作能力要素的认同度显著高于职前教师。职前和在职教师对教师知识和教师信念这两个一级范畴的认同中都出现了统计学上的显著性差异。其中，职前教师对教师知识的认同度显著高于在职教师，在其二级范畴的学科知识和通识知识上也出现了类似情形。而在职教师对教师信念的认同度显著高于职前教师，在其两个二级范畴中都出现了类似情形。

这表明，职前教师对教师专业素养的认识相比在职教师更加理想化，对教育情怀、学科知识和通识知识的认同度较高。而在职教师在教育实践中发现需要与不同群体进行沟通，对教育和学科的认识也较为深刻，相比职前教师而言，对沟通合作能力、教育教学信念和学科知识信念的认同度较高。

2. 不同性别教师的认同差异

为了解不同性别教师对教师专业素养认同是否存在统计学上的显著性差异，将 311 位女性教师和 53 位男性教师的调查结果，在 SPSS 中进行独立样本 T 检验。分析结果，如表 2-7 所示。

表 2-7　不同性别教师认同差异 T 检验结果

一级范畴	显著性	均值差	标准差	二级范畴	显著性	均值差	标准差
教师品格	0.983	0.000	0.020	教育情怀	0.043	0.151*	0.073
				道德修养	0.784	0.020	0.073
				人格品质	0.547	−0.045	0.074

续表

一级范畴	显著性	均值差	标准差	二级范畴	显著性	均值差	标准差
教师能力	0.160	0.074	0.052	课堂教学能力	0.657	0.029	0.065
				教学反思能力	0.724	0.026	0.074
				沟通合作能力	0.053	−0.144	0.073
				教学研究能力	0.321	0.073	0.073
教师知识	0.530	0.041	0.066	学科知识	0.996	0.000	0.068
				教育知识	0.800	−0.019	0.073
				通识知识	0.405	0.052	0.063
教师信念	0.138	−0.105	0.070	教育教学信念	0.292	−0.071	0.067
				学科知识信念	0.092	−0.115	0.067

从表 2-7 可看出，不同性别教师对专业素养一级范畴的认同没有统计学上的显著性差异，在二级范畴的认同方面也基本一致，只有在“教育情怀”中存在统计学上的显著性差异，女性比男性认为教育情怀更重要。沟通合作能力方面，虽然没有达到 0.05 的显著水平，但也较为临近（0.053），这表明男性教师比女性教师更加认同沟通合作能力对教师专业素养的重要性。

3. 不同教龄教师的认同差异

在本研究的教龄划分中，将师范本科生作为一个群体（标记为 0），将教育类硕士研究生作为一个群体（标记为 1），将工作 5 年以内（含）的在职教师作为一个群体（标记为 2），将工作 5 年以上的在职教师作为一个群体（标记为 3），对其进行单因子方差分析。对整体检验 F 值达到显著水平的，再通过最小显著性差异法（least significant difference，LSD）进行事后比较。得到的结果，如表 2-8 所示。

表 2-8　不同教龄教师认同差异方差检验结果

一级范畴	F	显著性	差异群体	LSD 均值差	二级范畴	F	显著性	差异群体	LSD 显著性
教师品格	0.574	0.632	—	—	教育情怀	4.127*	0.007	0 和 2 1 和 2	0.249* 0.199*
					道德修养	2.057	0.106	—	—
					人格品质	0.695	0.556	—	—

续表

<table>
<tr><th>一级范畴</th><th>F</th><th>显著性</th><th>差异群体</th><th>LSD 均值差</th><th>二级范畴</th><th>F</th><th>显著性</th><th>差异群体</th><th>LSD 显著性</th></tr>
<tr><td rowspan="4">教师能力</td><td rowspan="4">2.223</td><td rowspan="4">0.085</td><td rowspan="4">—</td><td rowspan="4">—</td><td>课堂教学能力</td><td>1.313</td><td>0.270</td><td>—</td><td>—</td></tr>
<tr><td>教学反思能力</td><td>1.962</td><td>0.119</td><td>—</td><td>—</td></tr>
<tr><td>沟通合作能力</td><td>1.803</td><td>0.146</td><td>—</td><td>—</td></tr>
<tr><td>教学研究能力</td><td>0.334</td><td>0.801</td><td>—</td><td>—</td></tr>
<tr><td rowspan="3">教师知识</td><td rowspan="3">2.903*</td><td rowspan="3">0.035</td><td rowspan="3">0 和 3</td><td rowspan="3">0.202*</td><td>学科知识</td><td>3.088*</td><td>0.027</td><td>0 和 2
0 和 3</td><td>0.153*
0.200*</td></tr>
<tr><td>教育知识</td><td>0.750</td><td>0.523</td><td>—</td><td>—</td></tr>
<tr><td>通识知识</td><td>2.181</td><td>0.090</td><td>—</td><td>—</td></tr>
<tr><td rowspan="2">教师信念</td><td rowspan="2">4.107*</td><td rowspan="2">0.007</td><td rowspan="2">0 和 3
1 和 2
1 和 3</td><td rowspan="2">−0.202*
−0.153*
−0.219*</td><td>教育教学信念</td><td>2.721*</td><td>0.044</td><td>0 和 2
0 和 3</td><td>−0.146*
−0.145*</td></tr>
<tr><td>学科知识信念</td><td>3.662*</td><td>0.013</td><td>0 和 2
1 和 2</td><td>−0.190*
−0.172*</td></tr>
</table>

从表 2-8 中可看出，不同教龄教师对教师能力一级范畴和二级范畴的认识上都不存在显著性差异，这表明教龄不同的教师都十分重视教师的能力素养。不同教龄教师对教师品格一级范畴认同没有显著性差异，但在教育情怀这个二级范畴的认同上，教龄 5 年内（含 5 年）教师和职前教师存在统计学上的显著性差异。职前教师对教育情怀的认同度显著高于教龄 5 年内（含 5 年）的在职教师，这或许与教师参加工作后发现工作难度超出了他们的预期有关。但是职前教师和教龄 5 年以上教师没有显著性差异，这表明经过一段时间的教学实践后，教师对本职工作有了新的认识，重新树立了对教育的情怀。表 2-8 中还显示不同教龄教师对教师知识和教师信念的一级范畴和二级范畴认识上都存在显著性差异，而且这种差异都出现在职前教师和在职教师这两个群体之间。其中，师范本科生对教师知识的认同显著高于教龄 5 年以上教师，尤其是在学科知识方面。而在职教师对教师信念的认同度高于职前教师，在职教师对教育教学信念的认同度显著高于师范本科生，教龄 5 年内（含 5 年）教师对学科知识信念的认同度显著高于职前教师。这表明，没有教学实践经历的职前教师更看重知识本身，而随着教龄的增加，教师更加看重教育的理念，更注重对知识的理解和认识。

2.2.4　调查分析小结

改革开放 40 多年来，教师专业素养的内涵随着社会的发展不断发生变化，这是教育发展的必然。如今，在强调素养的教育背景下，教师专业素养逐渐成为教师专业化的主旨。有必要厘清教师专业素养的内涵结构，了解不同群体教师对专业素养内涵的认同程度，这既是提升教师专业素养的需要，也是促进教师专业化的时代诉求。

通过本次对教师的调查可发现，教师核心素养可分为教师品格、教师能力、教师知识和教师信念 4 个方面（可将其称为一级范畴），进而可再细分为教育情怀、道德修养、人格品质、课堂教学能力、教学反思能力、沟通合作能力、教学研究能力、学科知识、教育知识、通识知识、教育教学信念和学科知识信念 12 个方面（可将其称为二级范畴）。男性与女性教师在一级范畴的认同上没有显著性差异，但在若干二级范畴的认同上存在显著性差异；职前教师和在职教师，以及不同教龄教师在一级范畴和二级范畴的认同中都存在显著性差异。研究还表明，教龄较短教师的教育情怀存在波动，缺乏教学实践经历的职前教师更看重知识本身，而随着教龄的增加，教师更看重教育的理念，更注重对知识的理解与认识，也更认同教师的沟通交流能力。

以上的教师专业核心素养内涵结构是基于对教师的调查而得到的，具有一定的参考价值。但是教师专业素养的具体内涵需要结合具体的学科、已有的研究文献再进行探讨。

2.3　教师专业素养的文件解读

除了研究文献对教师专业素养进行了研究和解读外，一些官方的标准和文件，也对教师的专业素养提出了要求，影响较大的有师范专业认证对职前教师的素养要求，以及教师专业标准对在职教师的素养要求，本节将对其进行分析。

2.3.1　师范专业认证标准解读

师范专业认证标准仅对年级段区分为学前、小学和中学三个不同的标准，并未区分学科，因此其对师范生的教师专业素养的规定适合各个学科。本小节对小学教育和中学教育师范专业认证中的毕业要求进行分析，限于篇幅，本书仅对三级认证标准进行解读。

1. 小学教育师范专业认证标准解读

在小学教育专业三级师范认证标准的毕业要求环节，从践行师德、学会教学、学会育人和学会发展四个方面，对师范生的教师专业素养提出了 11 项内容的要求，具体维度和内涵要点如表 2-9 所示。

表 2-9　小学教育专业三级师范认证标准毕业要求汇总表

一级维度	二级维度	内涵要点
践行师德	师德规范	1. 践行社会主义核心价值观，增进对中国特色社会主义的思想、政治、理论和情感的认同，贯彻党的教育方针，以立德树人为己任。 2. 遵守中小学教师职业道德规范，具有依法执教意识、理想信念、道德情操和仁爱之心
	教育情怀	1. 具有从教意愿，认同教师工作的意义和专业性，具有积极的情感、端正的态度、正确的价值观。 2. 具有人文底蕴和科学精神，尊重学生人格，富有爱心、责任心、事业心，工作细心、耐心，做学生锤炼品格、学习知识、创新思维、奉献祖国的引路人
学会教学	知识整合	1. 有较好的人文与科学素养，能扎实掌握主教学科的知识体系、思想与方法，重点理解和掌握学科核心素养内涵。 2. 掌握兼教学科的基本知识、基本原理和技能，了解学科知识体系基本思想和方法。 3. 了解小学其他学科基本知识、基本原理和技能，具有跨学科知识结构，对学习科学相关知识能理解并初步应用，能整合形成学科教学知识，初步习得基于核心素养的学习指导方法和策略
	教学能力	1. 理解教师是学生学习和发展的促进者，能依据学科课程标准，在教育实践中，以学习者为中心，创设适合的学习环境，指导学习过程，进行学习评价。 2. 具备一定的课程整合和综合性学习设计与实施能力
	技术融合	1. 初步掌握应用信息技术优化学科课堂教学的方法技能。 2. 具有运用信息技术支持学习设计和转变学生学习方式的初步经验
学会育人	班级指导	1. 树立德育为先理念，了解小学德育原理与方法，掌握班级组织与建设的工作规律与基本方法。 2. 掌握班集体建设、班级教育活动组织、学生发展指导、综合素质评价、与家长及社区沟通合作等班级常规工作要点。 3. 能够在班主任工作实践中参与德育和心理健康等教育活动的组织与指导，获得积极体验
	综合育人	1. 树立育人为本的理念，掌握育人基本知识与技能，善于抓住教育契机，促进小学生全面和个性发展。 2. 理解学科育人价值，在教育实践中，能够结合学科教学进行育人活动，了解学校文化和教育活动的育人内涵和方法，积极参与组织主题教育、少先队活动和社团活动
学会发展	自主学习	1. 具有终身学习与专业发展意识，养成自主学习习惯，具有自我管理能力。 2. 了解专业发展核心内容和发展阶段路径，能够结合就业愿景制订自身学习和专业发展规划
	国际视野	1. 具有全球意识和开放心态，了解国外基础教育改革发展的趋势和前沿动态。 2. 积极参与国际教育交流，尝试借鉴国际先进教育理念和经验进行教育教学
	反思研究	1. 理解教师是反思型实践者，能运用批判性思维方法，养成从学生学习、课程教学、学科理解等不同角度反思分析问题的习惯。 2. 掌握教育实践研究的方法和指导学生探究学习的技能，具有一定的创新意识和教育教学研究能力
	交流合作	1. 理解学习共同体的作用，具有团队协作精神。 2. 掌握沟通合作技能，积极开展小组互助和合作学习

2. 中学教育师范专业认证标准解读

在中学教育专业三级师范认证标准的毕业要求环节，在维度方面与小学教育专业一样。一级维度为践行师德、学会教学、学会育人和学会发展四个方面；二级维度包括师德规范、教育情怀、知识整合、教学能力、技术融合、班级指导、综合育人、自主学习、国际视野、反思研究和交流合作 11 项。其中，在践行师德和学会发展这两个一级维度及其所包括的六个二级维度的具体内涵方面都是一致的。在学会教学和学会育人这两个一级维度中，技术融合（学会教学维度）和班级指导（学会育人维度）的内涵一致，而在剩下的知识整合、教学能力和综合育人这三个维度的内涵方面有所区别，具体区别如表 2-10 所示。

表 2-10　中小学教育专业三级师范认证标准毕业要求差异对照表

一级维度	二级维度	小学特有的内容	中学特有的内容
学会教学	知识整合	1. 有良好的人文与科学素养。 2. 需要掌握主教学科和兼教学科的知识与教学技能	—
	教学能力	1. 理解教师是学生学习和发展的促进者。 2. 具备一定的课程整合与综合性学习设计与实施能力	—
学会育人	综合育人	1. 树立育人为本的理念，掌握育人基本知识与技能，善于抓住教育契机，促进小学生全面和个性发展。 2. 在教育实践中，能够结合学科教学进行育人活动	1. 具有全程育人、立体育人意识。 2. 能够在教育实践中将知识学习、能力发展与品德养成相结合，自觉在学科教学中有机进行育人活动

从表 2-10 可看出，在专业认证标准中，对小学教师的知识面要求更广，综合性教学能力要求较高，这与多数小学教师需要任教多个学科课程有关。在育人方面，小学教师注重教学和活动的全方位育人，而中学教师更注重在教育实践中自觉有机地进行育人活动。

2.3.2　教师专业标准

2012 年，教育部印发了《幼儿园教师专业标准（试行）》、《小学教师专业标准（试行）》和《中学教师专业标准（试行）》，对教师专业提出了明确的要求。

1. 小学教师专业标准

在《小学教师专业标准（试行）》中，将教师专业素养分为专业理念与师德、专业知识、专业能力等三个部分，其中专业理念与师德包括职业理解与认识、对小学生的态度与行为、教育教学的态度与行为、个人修养与行为四个部分；专业知识包括小学生发展知识、学科知识、教育教学知识和通识性知识四个部分；专业能力包括教育教学设计、组织与实施、激励与评价、沟通与合作、反思与发展五个部分。在此框架下，列出了60条基本要求，具体内容如表2-11所示。

表 2-11　小学教师专业标准具体内容

维度	领域	基本要求
专业理念与师德	（一）职业理解与认识	1. 贯彻党和国家教育方针政策，遵守教育法律法规。 2. 理解小学教育工作的意义，热爱小学教育事业，具有职业理想和敬业精神。 3. 认同小学教师的专业性和独特性，注重自身专业发展。 4. 具有良好职业道德修养，为人师表。 5. 具有团队合作精神，积极开展协作与交流
	（二）对小学生的态度与行为	6. 关爱小学生，重视小学生身心健康，将保护小学生生命安全放在首位。 7. 尊重小学生独立人格，维护小学生合法权益，平等对待每一位小学生。不讽刺、挖苦、歧视小学生，不体罚或变相体罚小学生。 8. 信任小学生，尊重个体差异，主动了解和满足有益于小学生身心发展的不同需求。 9. 积极创造条件，让小学生拥有快乐的学校生活
	（三）教育教学的态度与行为	10. 树立育人为本、德育为先的理念，将小学生的知识学习、能力发展与品德养成相结合，重视小学生全面发展。 11. 尊重教育规律和小学生身心发展规律，为每一个小学生提供适合的教育。 12. 引导小学生体验学习乐趣，保护小学生的求知欲和好奇心，培养小学生的广泛兴趣、动手能力和探究精神。 13. 引导小学生学会学习，养成良好学习习惯。 14. 尊重和发挥好少先队组织的教育引导作用
	（四）个人修养与行为	15. 富有爱心、责任心、耐心和细心。 16. 乐观向上、热情开朗、有亲和力。 17. 善于自我调节情绪，保持平和心态。 18. 勤于学习，不断进取。 19. 衣着整洁得体，语言规范健康，举止文明礼貌
专业知识	（五）小学生发展知识	20. 了解关于小学生生存、发展和保护的有关法律法规及政策规定。 21. 了解不同年龄及有特殊需要的小学生身心发展特点和规律，掌握保护和促进小学生身心健康发展的策略与方法。 22. 了解不同年龄小学生学习的特点，掌握小学生良好行为习惯养成的知识。 23. 了解幼小衔接和小初衔接阶段小学生的心理特点，掌握帮助小学生顺利过渡的方法。 24. 了解对小学生进行青春期和性健康教育的知识和方法。 25. 了解小学生安全防护的知识，掌握针对小学生可能出现的各种侵犯与伤害行为的预防与应对方法

续表

维度	领域	基本要求
专业知识	（六）学科知识	26. 适应小学综合性教学的要求，了解多学科知识。 27. 掌握所教学科知识体系、基本思想与方法。 28. 了解所教学科与社会实践、少先队活动的联系，了解与其他学科的联系
	（七）教育教学知识	29. 掌握小学教育教学基本理论。 30. 掌握小学生品行养成的特点和规律。 31. 掌握不同年龄小学生的认知规律和教育心理学的基本原理和方法。 32. 掌握所教学科的课程标准和教学知识
	（八）通识性知识	33. 具有相应的自然科学和人文社会科学知识。 34. 了解中国教育基本情况。 35. 具有相应的艺术欣赏与表现知识。 36. 具有适应教育内容、教学手段和方法现代化的信息技术知识
专业能力	（九）教育教学设计	37. 合理制订小学生个体与集体的教育教学计划。 38. 合理利用教学资源，科学编写教学方案。 39. 合理设计主题鲜明、丰富多彩的班级和少先队活动
	（十）组织与实施	40. 建立良好的师生关系，帮助小学生建立良好的同伴关系。 41. 创设适宜的教学情境，根据小学生的反应及时调整教学活动。 42. 调动小学生学习积极性，结合小学生已有的知识和经验激发学习兴趣。 43. 发挥小学生主体性，灵活运用启发式、探究式、讨论式、参与式等教学方式。 44. 发挥好少先队组织生活、集体活动、信息传播等教育功能。 45. 将现代教育技术手段整合应用到教学中。 46. 较好使用口头语言、肢体语言与书面语言，使用普通话教学，规范书写钢笔字、粉笔字、毛笔字。 47. 妥善应对突发事件。 48. 鉴别小学生行为和思想动向，用科学的方法防止和有效矫正不良行为
	（十一）激励与评价	49. 对小学生日常表现进行观察与判断，发现和赏识每一位小学生的点滴进步。 50. 灵活使用多元评价方式，给予小学生恰当的评价和指导。 51. 引导小学生进行积极的自我评价。 52. 利用评价结果不断改进教育教学工作
	（十二）沟通与合作	53. 使用符合小学生特点的语言进行教育教学工作。 54. 善于倾听，和蔼可亲，与小学生进行有效沟通。 55. 与同事合作交流，分享经验和资源，共同发展。 56. 与家长进行有效沟通合作，共同促进小学生发展。 57. 协助小学与社区建立合作互助的良好关系
	（十三）反思与发展	58. 主动收集分析相关信息，不断进行反思，改进教育教学工作。 59. 针对教育教学工作中的现实需要与问题，进行探索和研究。 60. 制订专业发展规划，积极参加专业培训，不断提高自身专业素质

2. 中学教师专业标准

在《中学教师专业标准（试行）》中，对教师专业的一级维度要求与小学教师专业标准一致，也分为专业理念与师德、专业知识、专业能力三个部分，但是在二级维度方面，中学教师专业标准有 14 项，具体要求部分列出了 63 项内容。其中，专业理念与师德部分，所列出 4 个二级维度和 19 项具体要求与小学教师专业标准一致；在专业知识部分，通识性知识及其所列出的 4 项具体要求是一致的；在专业能力部分，反思与发展及其所列出的 3 项具体要求是一致的。除此之外，在专业知识和专业能力的其他二级维度和具体要求部分，都有所区别，具体差异如表 2-12 所示。

表 2-12　中小学教师专业标准差异对照表

维度	小学教师专业标准特有的内容		中学教师专业标准特有的内容	
	领域	基本要求	领域	基本要求
专业知识	（五）小学生发展知识	20. 了解关于小学生生存、发展和保护的有关法律法规及政策规定。 22. 了解不同年龄小学生学习的特点，掌握小学生良好行为习惯养成的知识。 23. 了解幼小衔接和小初衔接阶段小学生的心理特点，掌握帮助小学生顺利过渡的方法。 24. 了解对小学生进行青春期和性健康教育的知识和方法。 25. 了解小学生安全防护的知识，掌握针对小学生可能出现的各种侵犯与伤害行为的预防与应对方法	（五）教育知识	21. 掌握班级、共青团、少先队建设与管理的原则与方法。 23. 了解中学生世界观、人生观、价值观形成的过程及其教育方法。 24. 了解中学生思维能力、创新能力和实践能力发展的过程与特点。 25. 了解中学生群体文化特点与行为方式
	（六）学科知识	26. 适应小学综合性教学的要求，了解多学科知识	（六）学科知识	26. 理解所教学科的知识体系、基本思想与方法
	（七）教育教学知识	30. 掌握小学生品行养成的特点和规律。 32. 掌握所教学科的课程标准和教学知识	（七）学科教学知识	31. 掌握所教学科课程资源开发与校本课程开发的主要方法与策略。 33. 掌握针对具体学科内容进行教学和研究性学习的方法与策略
专业能力	（九）教育教学设计	37. 合理制订小学生个体与集体的教育教学计划。 39. 合理设计主题鲜明、丰富多彩的班级和少先队活动	（九）教学设计	38. 科学设计教学目标和教学计划。 40. 引导和帮助中学生设计个性化的学习计划

续表

维度	小学教师专业标准特有的内容		中学教师专业标准特有的内容	
	领域	基本要求	领域	基本要求
专业能力	（十）组织与实施	41. 创设适宜的教学情境，根据小学生的反应及时调整教学活动。 46. 较好使用口头语言、肢体语言与书面语言，使用普通话教学，规范书写钢笔字、粉笔字、毛笔字。 48. 鉴别小学生行为和思想动向，用科学的方法防止和有效矫正不良行为	（十）教学实施	43. 有效调控教学过程，合理处理课堂偶发事件。 44. 引发中学生独立思考和主动探究，发展学生创新能力。
			（十一）班级管理与教育活动	48. 注重结合学科教学进行育人活动。 49. 根据中学生世界观、人生观、价值观形成的特点，有针对性地组织开展德育活动。 50. 针对中学生青春期生理和心理发展特点，有针对性地组织开展有益身心健康发展的教育活动。 51. 指导学生理想、心理、学业等多方面发展。 52. 有效管理和开展班级、共青团、少先队活动
	（十一）激励与评价	49. 对小学生日常表现进行观察与判断，发现和赏识每一位小学生的点滴进步。 50. 灵活使用多元评价方式，给予小学生恰当的评价和指导。 52. 利用评价结果不断改进教育教学工作	（十二）教育教学评价	54. 利用评价工具，掌握多元评价方法，多视角、全过程评价学生发展。 56. 自我评价教育教学效果，及时调整和改进教育教学工作
	（十二）沟通与合作	53. 使用符合小学生特点的语言进行教育教学工作。 54. 善于倾听，和蔼可亲，与小学生进行有效沟通	（十三）沟通与合作	57. 了解中学生，平等地与中学生进行沟通交流

从表2-12可看出，小学教师的专业知识部分增加了小学生发展特点方面的内容，在专业能力方面，更注重与学生的交流和活动；而中学教师的专业知识部分相对更重视学科知识和学生思维特征的内容，在专业能力方面更重视学科教学的设计和教师的专业发展。

由此可看出，无论是问卷调查、文献分析，还是文件解读，从教师品格、教师知识、教师能力和教师信念这四个维度衡量教师的专业素养具有较强的合理性。为此，本书将从教师品格、教师能力、教师知识和教师信念四个方面对数学教师专业核心素养的内涵进行剖析。

2.4　数学教师品格的内涵与构成

自从 2014 年教育部在《关于全面深化课程改革落实立德树人根本任务的意见》中，提出要培养学生的必备品格之后，教师品格一词也逐渐被人所熟知。但是，对教师品格的研究由来已久，因为教师从事的是育人的工作，其教育情怀、道德修养和人格品质受到了格外的关注。古今中外，很多学者对教师品格进行了分析和讨论，虽然用词不同，但是在内涵指向上具有较强的一致性。

2.4.1　教师品格相关概念辨析

在教师品格的内涵分析中，必须厘清教师品格与相关概念之间的关系，其中最主要的是教师品格与师德的关系，后者也被称为教师道德、教师职业道德或教师专业道德。

在《现代汉语词典》中，品格指的是品性、品行。品性，包括品质和性格。其中，品质指行为、作风上所表现的思想、认识、品性等的本质；性格指在对人、对事的态度和行为方式上所表现出来的心理特征。而品行指有关道德的行为。其中，行为是指受思想（内部活动）支配而表现出来的（外部）活动；道德指人们共同生活及其行为的准则和规范。由此可认为，品行是思想认识支配的行为，这些行为（品行）就表现着支配它们的思想认识等内部活动。所以，品格指的是态度和行为，特别是指这些态度和行为所表现出来的思想认识等内部活动的特征（孙宏安，2016）。西方学者对于品格的研究，最早体现在哲学领域，关于道德发展和品格形成的学术争论可追溯至亚里士多德的《尼各马科伦理学》和柏拉图的《曼诺篇》，品格的定义也随着研究的深入，逐渐由心理学意义上的特质论转向了整合论，品格的内涵得到扩展，并运用到品格教育的理论与实践。但是，要给品格下一个完整而准确的定义是相当困难的。蔡春（2010）分析认为，品格至少包括了三个方面的内涵：①品格与道德密切相关；②反映了人的本性和特质；③是良心与德行的纽带。

基于以上对品格的分析，可认为教师品格是教师在生活实践中养成的教育态度、职业情感、道德认知、道德行为和个性品质，是一种较为稳定的心理特征。它既包括了作为社会公民的普遍性道德要求，也包括了从事教师职业所需要的情感态度和道德品质，还包括了行为个体积极向上的个性品质。

在师德的研究中，基于不同的视角，对师德的内涵也有不同的诠释和解读，有学者（李清雁，2009）将其归纳为四种类型。

（1）第一种类型：把教师道德归结为抽象的外在规范与准则，如师德，即教师的职业道德，是教师在长期的教育实践活动中形成的比较稳定的道德观念、行为、规范和品质的总和，是一定社会对教师职业行为提出的基本道德要求，是教师思想觉悟、道德品质和精神面貌的集中体现或者是调节教师与他人、教师与集体及社会相互关系的行为准则。

（2）第二种类型：狭义的师德，从劳动性质出发，理解为教师从事传授知识劳动的职业道德。而广义的师德，具有两个方面的内涵：育人，身体力行培养学生积累公民的基本道德；教书，对学生因材施教，对已科研创新。

（3）第三种类型：把师德看成外在与内在的并列。例如认为师德是指从事教师工作的人们，在教育劳动过程中应该遵循的道德规范，以及自觉形成的与道德规范要求相适应的道德观念、道德品质和道德情操的总和。

（4）第四种类型：把师德看成教师主体的职业道德。如认为师德是指教师作为职业活动行为的主体在个体一般道德基础上，出于对职业的热爱和对职业理解所秉持的职业认识、职业情感，以及在从业活动中表现出来的职业行为。

总体来说，师德包括了两个方面的内容：一是关于教师从事教育活动所必须遵守的调节各类教育关系的道德规范和行为准则，是社会对教师职业行为的基本要求和规范体系，是外在的，有待于行为主体的内化，可称之为规范伦理；二是关于教师的必备品德，指教师在从事教育活动时所表现出来的职业行为，在职业行为中表现出来的比较稳定的品德特征与倾向，这种品德使教师在教育实践中可以不断地获得发展并超越自己，我们可以称之为德性伦理。因此，李清雁（2009）认为教师道德比起教师职业道德在内涵上更加广泛，不仅包括教师的职业道德，还包括了教师的个体道德，是教师个体道德和职业道德的综合体。从这个意义上说，师德不是教师职业道德的简称，而应当是教师道德的简称，它是指作为职业活动行为主体的教师在个体一般道德基础上，发自内心对职业生活各种要求的认同，是教师所秉持的职业道德认识、职业情感以及在从业活动中所表现出来的职业行为，对职业伦理规范的自觉遵守并践履，以德性的面貌展示出来的一种品质，是对教师职业生活的一种整体把握。

由此可看出，一般意义上的师德指教师作为社会公民的普遍性道德要求和从事教师职业所需要的情感态度和道德品质，这种内涵诠释比起教师品格要相对狭窄。当然，也可将教师品格视为广义上的师德，它既包括从事教师教育工作的规范性德育要求、条件性德育要求，也包括成为优秀教师的理想性德育要求。

2.4.2　数学教师品格的内涵结构

其实，无论是东方还是西方，在传统的人才标准中，人们都将高尚的道德品性列为第一位的尺度，是人才的首要标准（林崇德，2016）。在 1933 年，我国学者青士（1933）就撰文论述了教师的专业精神，认为教师应该具备认定教育为终生的事业、对于教育有坚定的信心、深切的兴趣和求进的意志等专业精神，并认为如果一所学校各个教员都有这样的精神，则“学校未有不发展者”。杨启亮（2001）认为相比较知识和能力，教师的品格是隐性的，对学生的影响是潜移默化的，但十分重要。教师具有积极高尚的品格会对合格人才的培养起着正面作用，相反则会起负面作用，而偏离教育的本质目的。这些都说明，教师品格对教育的重要性，对培养合格人才的价值。因此，在教师品格方面，各学科教师具有较强的一致性，数学教师的专业品格与一般的教师专业品格有着相同的内涵和要求。

如果说教师品格的价值是毋庸置疑的，那么教师品格应该包括哪些内容？不同学者有着不一样的观点。例如，张春玲（2000）认为，教师品格系指反映在教师一切言行之中的道德品质、人格、作风等心理特征与行为。杨启亮（2001）认为教师品格包括教师对学习的认知、情感、态度、意向等诸多方面的个人特征。胡银根等（2014）认为教师品格按照先后，可以包括正直善良的思想道德品质、热爱学生尊重规律的师范品质、博而有专的文化品质、探究创新的研究品质四个要素。李继宏（2010）从职业的角度分析教师的品格，认为教师品格应该包括崇高的职业理想、高尚的思想道德境界、融真善美于一体的教学风格、严谨的治学精神、高超的教育智慧五个方面。侯秋霞（2012）从教学角度分析教师的品格，认为教师的品格应该包括教学主体意识和责任自觉、教学情怀和教学智慧，以及求真和求善相融合的教学品质这三个方面。许序修（2013）认为教师品格包括广博的情怀，丰富的情感，真诚的态度，无私的行为，执着的精神，高尚的境界，远大的理想，坚定的信仰，敢为生生不息的伟大事业而献身。在规范性文件中，也对教师职业道德进行了规约。教育部在 2008 年颁布的《中小学教师职业道德规范》中，将教师职业道德规范分为爱国守法、爱岗敬业、关爱学生、教书育人、为人师表和终身学习六个方面。

国外对教师品格的研究较少，认为这是教师理所应当具备的，一些学者对学生应该具备的品格进行了研究，希望让学生以核心主流价值观规范行为，成为有责任感和创造性的社会成员（Tattner，1998）。Khramtsova 和 Saarnio 从智慧、勇气、爱、公正、克制和高尚角度编制了 24 种品格，分别对学生和教师进行调查，发现教师品格和学生品格的相关性系数为 0.87（刘波，2010）。这表明，学生、教师品格优点与课堂品格教育实践具有较强的正相关性。因此，也可将此认为是教师所应具备的品格。一些学者就品格教育中教师品格对学生品格的影响进行了研究，不仅指出品格教育应该融入各学科教育和学校活动中，还指出教师品格与学生品格发展具有正相关性（Thompson，2002）。一些国外学者还对教师品格和教师信念的联系进行了研究， Schutz 等（2007）研究发现教师的情感和其他品质会影响学生的信念和情感，而且情感和信念的改变往往是一致的，这表明教师的教学情感等品质是教师品格的重要组成部分。

由此可见，教师的品格不仅体现为教师外显的行为规范，也包含了教师内在的道德品质和情操。无论在行为上还是在品性方面，教师品德都需要有底线，也需要有较高的追求，这也被称为"底线师德"和"师德崇高"（李敏等，2008）。为此，结合教师开放式调查的结果，可将数学教师品格的内涵结构，从低到高分为公民品德、教育情怀和人格品质三个部分。各部分的具体内涵（表 2-13），简述如下。

（1）公民品德，指数学教师作为普通公民所应具备的基本品德，要求数学教师的思想政治觉悟高，能爱国爱党，具有正确的政治观、价值观，不做违法乱纪的事情，可概括为思想政治和遵纪守法两个子要素。这可视为教师品格的底线，具有原则性的要求，是原则性品格。

（2）教育情怀，指教师从事本职工作所应具备的道德品质，对自身的职业有较高的认同，关爱学生，能在行为上为人师表，发挥良好的示范作用，可概括为职业认同和关爱学生两个子要素。这可视为教师职业所特有的道德规范，既有自觉性也有一定的约束性，是规范性品格。

（3）人格品质，指教师为了更好地履行本职工作所体现出的勤奋好学、有毅力、有耐心、较强的约束力等优良品质，可概括为勤奋好学和自我约束两个子要素。这可视为教师专业发展所应具备的良好品性，既是教师实现自我职业理想的保障，对周围的同事和学生也具有较强的品格示范作用，是理想性品格。

表 2-13　数学教师品格内涵结构

一维要素	二维要素	具体内容
公民品德	思想政治	思想政治觉悟高、爱国爱党，具有正确的政治观、价值观
	遵纪守法	遵守国家、社会和学校的各项规章制度，不做违法乱纪的事情
教育情怀	职业认同	热爱数学教师职业，有饱满的工作热情，有高度的敬业心，在行为上为人师表
	关爱学生	在数学课堂内外，都能关心和爱护学生，以学生的全面发展为工作的中心
人格品质	勤奋好学	不断追求和完善数学教学工作与自身的专业发展，并为此而不断努力、终身学习
	自我约束	能抵制各种不良诱惑，在工作中有毅力、有耐心、有牺牲精神

2.5　数学教师能力的内涵与构成

能力是一个抽象的概念，目前在国内外还没有一个公认的、明确的、合理的界定，因此什么是教师能力也还没有达成共识，在一些学者的研究中也用教师胜任力、教师技能、教学能力等词汇。但是，对于教师能力的重要性，各方都持一致态度，都认为教师能力是教师专业素养的重要体现，也是教师胜任教师职业的基本条件。

2.5.1 国内外的教师能力研究

在我国，有较多学者从心理学角度诠释能力的内涵。例如，有学者认为，能力是以人的一定生理和心理素质为基础，在认识和实践过程中形成的，发展并能表现出来的能动力量，它是体力和智力的有机结合，是物质和精神的动态统一（罗树华等，2000）。《中国大百科全书》中也认为，能力是掌握和运用知识技能的条件并决定活动效率的一种个性心理特征。而教师能力，是指教师在教育和教学活动中形成并表现出来的、直接影响教育教学活动的成效和质量，决定教学活动的实施与完成的某些能力的结合（王洪，2001）。在国外，教师能力有 teacher capacities、teacher abilities、teacher competences、teacher proficiencies、teacher faculties 等表达词汇。其中最为常见的是 teacher competences、teacher capacities 与 teacher abilities。teacher competences 和 teacher abilities 主要是指教师由于掌握了某些教学技能，如授课技能、组织技能等而表现出的相应具体教育教学能力。而 teacher capacities 是指作为教育行业的从业者，教师应当具备的综合素质，它回答的是"具有哪些具体能力、才能的人才能够称为合格教师"这一问题（龙宝新，2015）。由此可见，虽然 competence 有时也指素养，但是在表示能力的时候，它和 ability 较为接近，但是它们与 capacity 的含义是有差异的，competence 和 ability 多指教师具有的实际能力，capacity 多指从事特定职业应该具有的能力。相比较而言，teacher capacities 更能体现教师职业所应具备能力的综合性和持续发展性，但是在国外文献中，有关 teacher competences 和 teacher abilities 的文献数量也是比较多的。

1. 社会对教师能力的要求

在社会发展的不同阶段，对教师的能力也有着不同的需求，从教育的发展历程分析可看出，无论国内还是国外，教师能力的社会需求都有着鲜明的阶段性，关注焦点逐渐由表及里、由单一到多元。归纳起来，社会对教师能力的要求大致可分为三个阶段。

（1）第一阶段，对业务能力的需求。在教师职业开始出现后，业界所关注的就是教师的业务能力，关注他们自己能否在所教的领域或学科中有较好的业务能力。例如，教授音乐和美术类的教师，要求他们自己首先要具备较好的音乐水平和美术能力；教授数学的教师，自己的数学解题能力、应用数学的能力要达到一定水平；等等。这个阶段对教师能力是一种经验性的认识，也是一种最为基本的要求，确保教师要具备所教学科的业务能力。

（2）第二阶段，对业务和行为能力的需求。随着教育规模的扩大，以及教育重要性的日益增强，社会对教师也有了更高的要求。除了掌握所教学科的业务能力，还要求教师要教得好，关注焦点从“能教”逐渐转移到“会教”。这个阶段的“会教”，更多地体现在教师的教学行为能力方面，包括语言表达、神态、语态、课堂节奏、组织管理等外显性的行为能力。

（3）第三阶段，对业务、行为和可持续发展能力的需求。随着社会的发展，知识的深度和广度在逐步加强，对教师如何才能更好地教有了更高的要求。不仅要求教师学科业务能力强、外在的教学行为能力好，还需要具备较强的教学研究能力。能通过研究，加深对知识的了解；通过学习，掌握最新的教学技术；通过思考，在教学中能创新，更好地适应时代背景下社会对人才的需求。

由此可看出，社会对教师能力的要求，逐步从基本的学科业务胜任力，扩大到了教学行为能力，进而拓展到了教学研究、教学设计、信息技术和教学创新等能力，对教师能力的要求更加深入和多元。这种变化过程和社会的发展、教育的进步都是相符合的，也表明了教师的专业化水平需要不断提高，教学能力需要不断增强，才能更好地适应社会和教育的发展。

2. 教师能力的研究历程

以上分析了社会对教师能力需求的变化，这个过程和社会发展的大趋势有关，因此国内和国外都具有较强的一致性。但是在教师能力的研究中，由于社会和教育背景的差异，国内外有着一定的差异。有学者（朱旭东，2011）在研究中，将国内外的教师能力研究分为了萌芽期、发展期和成长期三个阶段，具体时间和特点的比较情况如表 2-14 所示。

表 2-14　国内外教师能力研究历程比较

阶段	国内		国外	
	时间	特点	时间	特点
萌芽期	新式教学以前	古代经典著作中提出了一些教师能力观，以经验性论述为主。注重对教师知识和语言表达的要求，同时也侧重教师能力与道德（伦理）的联系	20 世纪初以前	教师较为缺乏，对教师能力的要求不高，更是缺乏对教师能力的研究。如果有，也仅仅是教育管理者对教师能力的基本要求和经验性的看法
发展期	1949 年到 1999 年	对教师能力的要求逐渐增多，但是受应试教育的影响，存在将教师能力等价于教师课堂教学能力的现象，以学生的考试成绩来衡量教师的能力水平	20 世纪初至 20 世纪 80 年代	随着社会的发展，教育受到更多的重视，以美国为代表的西方国家开始对教师能力进行一些实证研究，提出了教师有效教学所需要的若干能力要求

续表

阶段	国内		国外	
	时间	特点	时间	特点
成长期	2000 年至今	逐渐树立了素质教育本位的教师能力观，对教师能力的研究更加系统，关注了学生的主体性，并从教师专业发展角度审视教师的能力发展	20 世纪 80 年代初至今	对教师能力的要求更加深入，用到了更多的研究方法和分析手段，研究成果更加丰富，提出了较多的教师能力结构模型，在教师能力的测评方面也取得了较好的进展

尽管国内外教师能力研究都经历了相同的三个时期，但是从文献分析来看，我国目前关于教师能力的研究主要停留在理论层面，实证的研究还不多。王丽珍等（2012）对我国教师能力研究文献的分析表明，系统的、可用于实践操作的教师能力研究成果还不多，关于教师能力评价与培训的研究成果更少，目前也缺乏符合我国特色的具有普遍推广意义的教师能力发展策略；在研究人员方面，以高校的研究者为主，成果一般发表在综合性期刊和学报较多，发表在专业期刊上的论文相对较少；但是经济发展水平不同的地区，对教师能力的关注程度没有明显的差异。

2.5.2 数学教师能力的内涵结构

数学教师与其他学科教师在教师能力方面具有较强的一致性，为此，在探讨数学教师能力过程中，对有关教师能力的文献进行了综合分析。有关教师能力的研究文献较多，本书将部分有代表性的观点归纳如表 2-15 所示。

表 2-15　教师能力结构归纳表

提出者	一维要素	二维要素
陈安福（1988）	1. 一般教学能力 2. 教学管理能力	1. 搜集教学资料的能力、组织教材的能力、言语表达能力 2. 言语表达能力、因材施教的能力、教学反馈的能力、教学诊断的能力
孟育群等（1991）	1. 认识能力 2. 设计能力 3. 传播能力 4. 组织能力 5. 交往能力	1. 逻辑思维能力和创造性能力 2. 教学设计能力 3. 语言和非语言表达能力、运用现代技术能力 4. 组织学生能力和组织管理自己能力 5. 师生交往能力
睢文龙等（1994）	1. 了解学生的能力 2. 对所教知识进行加工处理的能力 3. 向学生传授知识和施加影响的能力	

续表

提出者	一维要素	二维要素
周建达等（1994）	1. 教学认识能力 2. 教学操作能力 3. 教学监控能力	
郭玉霞（1997）	1. 教学技能 2. 专业决策能力 3. 反省能力	
叶澜（1998）	1. 理解他人和与他人交往的能力 2. 管理能力 3. 教育研究能力	
靳莹等（2000）	1. 基本认识能力 2. 系统学习能力 3. 调控与交往能力 4. 教育教学能力 5. 拓展能力	1. 观察力、注意力、记忆力、想象力、思维力 2. 自我能力、专业能力、信息加工和利用能力、外语能力 3. 行为与心理的调控能力、人际交往能力 4. 组织管理能力、表达能力、现代教育技术运用能力 5. 自我发展规划能力、教育教学知识的扩展运用能力、开展创造型教学的能力、教育教学科研能力
申继亮等（2000）	1. 教学监控能力 2. 教学认知能力 3. 教学操作能力	
罗树华等（2001）	1. 基础能力 2. 职业能力 3. 自我完善能力 4. 自学能力	1. 智慧能力、表达能力、审美能力 2. 教育能力、班级管理能力、教学能力 3. 自我完善能力 4. 扩展能力、处理人际关系能力
傅敏等（2005）	1. 基础能力 2. 数学能力 3. 数学教学能力 4. 拓展能力	1. 认识能力、语言表达能力、人际交往能力、信息素养和终身学习能力 2. 空间想象能力，抽象概括能力，推理论证能力，运算求解能力，数学地提出、分析和解决问题的能力 3. 数学教学设计能力、数学教学实施能力、数学教学监控能力、数学教学反思能力 4. 数学教研能力、创造能力
王宪平等（2006）	1. 教学选择能力 2. 教学设计能力 3. 教学实施能力 4. 教学评价能力 5. 教学创新能力	

续表

提出者	一维要素	二维要素
吴华等（2008）	1. 数学基础能力 2. 基本能力 3. 教学能力 4. 自我发展能力	1. 空间想象能力、抽象概括能力、推理论证能力、运算求解能力、数据处理能力、数学建模能力和数学探究能力 2. 认识能力、有效地交流沟通的能力、组织管理能力 3. 数学知识选择能力、运用传统和现代媒体教学的能力、评价教学效果和学生发展的能力、反思数学教学的能力 4. 自我更新观念、知识和技能，教育科研能力
周启加（2012）	1. 学科知识和技能 2. 教学认知能力 3. 教学设计能力 4. 教学操作能力 5. 教学评价能力 6. 教学研究能力 7. 教学智慧	
王丽珍等（2012）	1. 一般能力 2. 教育能力 3. 拓展能力	1. 一般认识能力、一般实践能力 2. 教学能力、育人能力 3. 教育科研能力、创新能力、反思能力、合作能力、终身学习能力
李田伟等（2013）	1. 教学科研能力 2. 自我发展能力 3. 人事能力 4. 资源整合能力	
吴琼等（2015）	1. 教学设计能力 2. 教学实施能力 3. 教学监控能力	
王艺芳（2017）	1. 自主发展能力 2. 职业规划能力 3. 自我反思能力 4. 信念与使命能力 5. 教学研究能力 6. 教学机制能力 7. 师生互动能力	
刘晓慧（2018）	1. 教育教学能力 2. 教育科研能力 3. 学术相互交流能力 4. 终身学习的能力 5. 信息资源的开发与利用能力	

续表

提出者	一维要素	二维要素
Simpson（1966）	1. 传授知识能力 2. 组织教学能力 3. 处理人际关系能力	
Holmes（1986）	1. 教学实践能力 2. 反思能力 3. 良好的读写能力 4. 运用多种教学风格的能力 5. 提出分析和改进教学的能力 6. 调查研究能力 7. 交流能力	
Manning（1988）	1. 制订教学计划的能力 2. 教学活动能力 3. 课堂管理能力 4. 知识传授能力	
NCTM（2000）	1. 扩展数学知识能力 2. 数学教学能力 3. 评价学生数学学习能力 4. 因材施教能力 5. 使用媒体和技术加强数学学习能力 6. 培养学生数学创新能力	
Shmelev（2002）	1. 能履行复杂的教育职责 2. 口语好、身心健康、稳重、宽容 3. 沟通合作能力、机智、想象力和领导能力	
Kabilan（2004）	1. 动机 2. 技能知识思想 3. 自我学习能力 4. 交互能力 5. 计算机能力	1. 教师的动机、决心、自信、鼓励等 2. 教师的技能、知识、思想、思考能力等 3. 自我学习、学习的自我管理、学习的自我否定等 4. 合作和交互能力、共享、深思、交流等 5. 计算机、网络、软件运用等技能
Department for Education（2012）	1. 计划能力 2. 教学能力 3. 评价监控和反馈能力 4. 反思和学习能力 5. 学习环境创设能力 6. 沟通合作能力	

续表

提出者	一维要素	二维要素
Danielson（2015）	1. 计划与准备能力 2. 布置与管理课堂环境能力 3. 课堂教学能力 4. 专业发展能力	1. 对教学内容与方法的了解、对学生的了解、预计教学结果、对评估学业的了解、教学设计等 2. 创设课堂环境、管理学生行为等 3. 与学生交流、提问和讨论、灵活性与应对能力等 4. 反思、沟通交流、终身学习等
Livingston 等（2017）	1. 理解学生学习能力 2. 选择和评估课程与教学的能力 3. 促进学生学习能力 4. 教师自我发展能力	

从表 2-15 可看出，国内外教师能力的构成有类似之处，也有不同的地方，例如都比较强调教师的教学技能、沟通合作和个人反思，但是国外学者还更为注重课堂环境的创设和班级管理，而我国学者相对更为重视学科能力、教学设计和教学研究。这种差异性和东西方的社会文化、教育目标和教学方式等不同是有直接联系的。

从文献分析，结合对教师的开放性调查，可发现数学教师的基本特征，本研究认为数学教师的能力可主要归结为教学行为能力、教学设计与发展能力，以及沟通合作能力等三个方面。其中，教学行为能力是教师胜任课堂教学的关键能力，也是教师应该具备的最基本能力；教学设计与发展能力是教师成长所必须具备的能力，是新手教师成长为专家教师的关键性能力；沟通合作能力是教师在工作过程中不可缺少的能力，无论教学还是其他教育工作，教师都需要与人沟通、合作，这项能力是教师专业发展的润滑剂和催化剂。各种能力的具体内涵（表 2-16），简述如下。

（1）教学行为能力：这是数学教师需要具备的最基本能力，也是直观、外在的能力，主要包括课堂教学的语言表达能力（语速、语态、节奏）、非语言表达能力（表情的类型、表情反馈的时机）和动作反应能力（板书和课堂演示能力、课堂反应能力和课堂组织能力）三个方面。

（2）教学设计与发展能力：教学行为是外在、孤立的，只能为有效课堂教学提供外在基础，而教学能力的核心在于教师对课堂教学的设计与组织是否合理、有效。这需要教师对数学教学进行思考与研究，包括根据实际情形设计恰当的课堂教学，通过教学组织落实所设计的教学过程，以及不断提高自身的教学设计与组织能力。这是数学教师成长所不可缺少的能力，它是内隐的，但却是十分重要的，主要可分为教学设计与实施能力、数学教学的研究能力以及教学自我提升能力三个方面。

（3）沟通合作能力：在现代社会，沟通合作是十分重要的，在教学中需要与学生沟通合作，在工作和专业发展中需要与同事沟通合作，在我国还表现得较为重要的一点就是教师需要经常和学生家长沟通合作。因此，沟通合作能力也主要包括同事之间的沟通与合作能力、师生之间的沟通与合作能力和家校之间的沟通与合作能力三个方面。

表 2-16　数学教师能力内涵结构

一维要素	二维要素	具体内容
教学行为能力	语言表达能力	语速、语态、节奏等语言性能力
	非语言表达能力	表情的类型和表情反馈的时机等能力
	动作反应能力	板书和课堂演示能力、课堂反应和课堂组织等能力
教学设计与发展能力	教学设计与实施能力	数学课堂教学的设计能力、掌握数学教育的技术等能力
	数学教学的研究能力	具备较强的数学解题能力、对数学知识的钻研、对数学教学方式的探索，以及对数学学科和数学教育的深度理解与认识等能力
	教学自我提升能力	对课堂教学的反思、对自身数学教学知识结构的审视、对教育理念和方式的反思及自我学习等能力
沟通合作能力	同事之间的沟通与合作能力	同事、领导之间在工作上的沟通与合作等能力
	师生之间的沟通与合作能力	课堂内外和学生之间的沟通与合作能力
	家校之间的沟通与合作能力	在工作中和家长之间的沟通与合作能力

2.6　数学教师知识的内涵与构成

知识在教师的专业发展中扮演着重要的角色，教师的有效教学需要具备哪些知识也是近 20 多年来教育研究的热点之一。而知识是一个复杂的概念，具有较强的内蕴性，基于不同的认识论，就会得出不同的知识观，不同的教师知识观也会导致不同的教学范式。从某种意义上说，教育改革落实的关键，就在于教师知识观的转变（李琼等，2004）。教师知识，指教师在从事教育和教学工作中所需要的知识，对于一般教师来说，有效教学所需要的知识占据了很大的比重，所以有时候也把教师知识称为教师教学知识，它是教师职业特征的重要标志。

知识是个体的核心特质，教师知识直接影响着教师的教学行为，间接影响教师的教学设计（黄友初，2017）。国内外一些学者的研究表明，新手教师和专家教师的教学知识存在显著性差异（Kagan，1992b；Kwon，2012）；而且教师的教学效果与教师的教学知识存在正相关（Fennema et al.，1992；李琼等，2006）。

这说明，教师所拥有的教学知识是衡量教师素养的重要标志。鉴于教师知识对教师专业发展的关键性，国内外学者对教师知识已有较多的研究。

2.6.1 国内外教师知识研究

1. 国外的教师知识演变

早在 20 世纪 30 年代，美国学者 Dewey（1938）就撰文指出了教师的知识结构对教师有效教学的影响。此后，欧美学者对有效教学所需要的知识进行了广泛而深入的研究。审视欧美教师知识的发展，发现其演变过程可分为关注教师的学科知识和教学行为、关注教师的认知过程与教学特性、关注教师知识的生成过程和构成要素以及关注教师的学科内容知识与教学内容知识四个阶段，各阶段分别体现了理性主义、经验主义、建构主义和后现代主义等知识观的特征。

1）关注教师的学科知识和教学行为

教师所拥有的知识对教学会产生怎样的影响，很早就引起欧美学者的关注。但是，在很长的一段时间里，人们认为教师只要具备了某一学科的专业知识，就能够很好地教授该学科，将教师的学科知识等价于教师知识，并未对其内涵进行深入探讨（Cannon，2008）。随着教育问题的日益突出，人们开始意识到教师有效教学所需要的知识和教师所具备的学科知识并不是完全等价的，于是学者们逐步对教师知识的内涵和表现进行深入的研究。由于知识的内蕴性和抽象性，其时的欧美学者更多的是从教师的教学行为和学科知识背景等外在因素对教师知识进行研究。从 20 世纪 60 年代开始，受行为主义理论的影响，学者们逐渐对教师的教学行为进行观察和分析，希望从教学行为和学生学业表现之间的联系中揭示教师知识的表现。这类研究取得了一定的成果，尤其是在教师的教学行为该如何更好促进学生的学习方面。例如，有研究发现教师引导学生参与课堂等行为可以有效提高学生学业成就（Doyle，1977）。但是从总体上说，这类研究忽视了教育的复杂性，将教育活动归结为简单的、线性的因果关系；而且研究主要采用观察法，缺乏关注教师实施行为的内在因素，导致研究的结果与教育现实有着较大的偏离，难以反映教育的本质现象。

为此，一些学者开始转向研究教师的学科知识背景对教师教学效果的影响，就教师在大学或研究生阶段所学习过的专业课程的数量或者教师的学历水平进行研究，并将其与学生学业表现之间的联系进行分析。这类研究也取得了一定的效果，例如有研究发现，教师在大学里所学习的专业课程数量在一定程度上与学生的学业成绩呈正相关，但是超过了一定的数量后，则不具有这种相关性（Begle，1972）。这些研究的方法看似规范，实则也是将教育问题简单化，教学归因单一化，所得出的研究结果与教育现实有着较大的出入（Even，1993），有的研究结果不但相互矛盾而且显得十分幼稚。统计表明，这类研究中的大部分都认为教师在大学里所学的课程数量、考试成绩、学历和学生的学业表现没有太大的关系，也有部分研究（约 10%）认为存在正相关，还有部分研究（约 8%）认为存在负相关（Begle，1979）。这说明这类研究的结果缺乏说服力，未能真正体现教师知识的本质特征。

由此可看出，这一时期学者对教师知识的认识还较为狭隘，在一定程度上将其等价为教师所具有的学科知识，并希望通过教师的教学行为、教师学历、所修读过的专业课程数量等因素来分析教师知识，将教育问题简单化。究其原因，可认为当时学者秉持了理性主义的知识观，用机械化的视角看待教师知识。理性主义知识观起源于古希腊的柏拉图，后经笛卡儿、康德和黑格尔等的发展而渐具影响。他们把知识当作外在于主体的客观存在，认为一切知识均源于理性所显示的公理，是一种“绝对的”“永恒的”存在，而且知识是可以通过“科学的”“线性的”方式进行测评和分析的（袁维新，2005）。这种知识观将教师知识看作静态的、孤立的理论性知识，忽视了教师知识的教育性和实践性等本质特征，研究的结果也必然未能揭示教师知识的实质内涵。

2）关注教师的认知过程与教学特性

由于理性主义知识观下教师知识的研究结果与教育现实有着较大差距，学者们逐渐意识到，教师在教学中所需要用到的知识和教师所学习过的知识有着很大的不同（Hiebert et al.，2002）。随着认知心理学的兴起，20 世纪 70 年代中后期，学者们的研究焦点逐渐转向教师的认知过程，关注教师的决策和思维。知识的个体性、主体性、主观性和情境性开始进入研究者的视野。学者们也从关注教师的学科知识和教学行为，逐渐转移到关注课堂教学的一般特性，教师知识的差异性、情境性和经验性逐渐得到学者们的认可。这表明，欧美学者的教师知识观已逐步从理性主义转变为经验主义。经验主义知识观认为人类的知识来源于经验，真正的知识就是对外界事物忠实的反映，它们是经验的产物而不是理性的产物（燕良轼，2005）。这种认识具有一定的合理性，因为从本质上说，知识的内在性根源于人的生理、心理特征的局限性和知识借以表征的语言、逻辑、概念的人为性，不存在冷冰冰的、置身于人类活动之外的纯客观的、绝对的知识（潘洪建，2004）。经验主义教师知识观认为教师的实践活动会对教师知识的产生发挥重要的影响，研究的重点应从教师客观外在的知识和行为，逐渐转变为教师的个人实践活动。这类研究多以新手教师和专家教师的教学比较为主。研究结果可主要归纳为两个方面：一是揭示了教师的默会知识对教师教学行为的影响；二是指出了教师知识的实践性和情境性。

鉴于早期的教师知识研究忽略了教育的复杂性，有学者认为教学研究应该远离行为主义的研究取向，回归教学的本来面目；也有学者认为教学是复杂情境下的专业实践，只有从实践性的视角才能更好地研究教师教学知识。这些观点有一个共同的特征，即都认为教师知识是教师在专业实践活动中逐渐形成的，指出了教师知识具有实践性这一特点。这其中，以 Elbaz 和 Schon 的研究影响最大。Elbaz（1983）认为课程是理论的，但教学是实践的，而教师是从理论到实践的联结体，只有实践才能让教师成长，教师也只有通过实践才能获得教学所需要的知识，因此教师知识是经验的、内隐的和难以编码的，是一种默会的经验性知识。Schon（1983）在认同教师知识实践性的同时，还十分看重教师的反思。他认为教学活动是个复杂的、不确定的、不稳定的和存在价值冲突的情境，不可能完全规则化，需要教师在专业实践中利用自己的智慧，重构教学所需要的专业知识。为此，他还提出了行动中的反思和对行动的反思这两种教师知识活动的模式。

经验主义知识观不但认同实践对教师知识的影响，也重视实践环境对教师知识的作用，认为在教学实践中，周围的环境会对教师教学所需要的知识产生较大的影响。有学者研究表明，知识是个体与社会情境和物理情境互动的结果，不仅受个体自身条件的制约，也受到特定情境的限制，因此在不同的环境下教师教学知识的内涵也是不同的（Brown et al.，1989）。有学者通过观察研究，认为同一个人在不同的情境中会有不同的反应，因此知识都是情境的，会随着情境的变化而变化（Lave，1988）。有学者研究认为，教师知识是在学校的具体环境和课堂情境中形成的，而不是脱离于环境之外的、原则性的、可用于任何情境的那种“生成知识”（Leinhardt，1988）。也有学者认为教师知识就是教学情境，是教师对所处环境进行反思的结果，是在学校的具体环境和课堂情境中生成的（Olson，1988）。这些研究都说明教学环境会对教师知识产生影响，指出了教师知识的情境性，不仅拓宽了教师知识的内涵，也拓展了研究的视野。

由此可见，经验主义知识观下的教师知识研究摒弃了教师知识的客体论和外在论，突出了教师教学知识的情境性、个体性和体验性，较好地反映了教师知识的本质特征。但是，由于研究视角的不同，对教师知识内涵的阐述也各异，有从缄默性知识的视角，有从日常行为的视角，也有从实践哲学视角。它们都有各自的合理性，但也存在不足之处。而且在研究方法上，该类研究更多的是观察教师的课堂表现，或者是演绎性的案例研究，缺乏对教师自身的了解，研究结果也就未能全面诠释教师知识的内涵。

3）关注教师知识的生成过程和构成要素

经验主义知识观下的教师知识研究，突出了教师的实践活动，无论是强调教师个体对教师知识形成的重要性，还是侧重于环境对教师知识的影响力，都说明了教师知识的具身性，揭示了不同教师在教学知识方面存在差异的重要原因。但是这类研究对于教师知识都包含哪些内涵还了解不多，未能阐明教师有效教学都需要具备哪些知识；所提出的默会知识概念，虽然解释了新手教师和专家教师教学知识的差异所在，但是对于默会知识都包含哪些内容，该怎么获得，都缺乏必要的研究，具有较强的神秘主义色彩。因此，从总体上说，这些研究对如何有效地发展教师教学知识的启示性不够。有必要从教师专业发展的实用主义视角，分析教师有效教学所需要的知识结构，并探讨教师知识结构的构建和完善，于是建构主义知识观逐渐成为研究的主流。

进入 20 世纪 80 年代后，教师知识已经成为欧美教育研究的一个焦点议题。1986 年，美国学者 Shulman（1986）对当时的教师知识研究中过于强调教学情境和教学技能，而忽视教师学科知识的现象给予了批判，认为这是“缺失了的范式”，并提出了“教学内容知识”的概念。此后，他通过对教师个案的研究，认为教师知识是教师在实践活动中通过与环境的相互作用构建而成的，它包括了一般教育法知识、课程知识、PCK 等七个部分（Shulman，1987）。Shulman 的工作，尤其是 PCK 概念的提出，引起了学术界的强烈反响。据不完全统计，在此后的 20 年间，Shulman 的这两篇论文被引用的次数超过了 1200（Ball et al.，2008）。很多学者从教师专业发展的角度，就教师知识的内涵进行了研究，提出了较多的教师知识结构模式。

例如，Grossman（1990）通过对 6 位中学教师的研究，认为教师知识可以分为学科内容知识、一般教学法知识、教学内容知识和情境知识四个方面。此后，他又将该教师知识结构细化为内容知识、学习者与学习的知识、一般教学知识、课程知识、情境知识和自我知识六个方面（Grossman，1995）。该分类不但吸收了 Shulman 的教师知识模式，也吸收了其他研究者的成果，体现了教师知识包含了学科知识、教育学知识、教学环境、学生知识、教师信念等方面知识的联系。Tamir（1991）采用类似的方法，研究认为教师知识包括博雅教育知识、个人表现的知识、学科知识、一般教学知识、学科特定的教学知识和教学专业基础知识六个部分。Cochran 等（1993）以多位教师的成长为例，研究表明教师知识既不是教师通过感觉，也不是通过交际而被动获得的，而是教师通过积极主动的建构，新旧知识不断互动而产生的结果，因此采用教学内容认知（pedagogical content knowing，PCKg）的概念，比 Shulman 的 PCK 更合理，更能说明教师知识的产生过程。在该理论中，将教师知识分为教育学知识、学科内容知识、有关学生的知识和有关教学环境的知识四个方面。

由此可见，建构主义知识观和经验主义知识观有较多的类似之处，都强调知识的个体性、情境性和实践性。但是，建构主义更加注重分析教师知识的内涵结构，在发展上认为教师知识是教师在实践活动中，通过教学工作的积累不断构建而成的。这类研究多以个案研究为主，通过分析教师知识的建构过程，厘清教师知识所具有的成分，研究的结果具有较强的参考价值，尤其是可以为教师教育中如何更好发展教师知识指明方向。但是，建构主义知识观有其不足之处，例如过于强调教师自身和教学环境对教学知识的影响，过于强调教师知识在不同环境下的特殊性，忽视了知识的确定性和普遍性，忽视了存在可适用于各种环境的教师知识，这也导致了研究结果的多样性，给教育研究和教师教育带来一定的困惑。

4）关注教师的学科内容知识与教学内容知识

为了促进人类对知识性质有更好的认识和理解，以便为当代和未来社会提供一个更加合理、完整和开放的知识基础，随着后现代思潮的兴起，学者们逐渐对知识的基本性质以及所造成的思想和社会后果进行了深刻的批评，并认为知识性质已经从客观性转变为文化性、从普遍性转变为境域性、从中立性转变为价值性（石中英，2001）。这种知识观的转变，对教师知识的研究也产生了较大的影响，主要体现在教师知识的生成机制实践化、内涵诠释明确化和研究方法多样化三个方面。

在教师知识生成机制方面，学者们普遍认同教师的教学实践是构建教师知识的重要渠道，教师也只有经历了教学实践活动，才能更好地形成具有自身特点的教学知识结构。但这并不意味着要排斥理论性知识，而是认为理论性知识是对教育实践属性的揭示，不过后现代主义知识观认为理论性知识只有通过教师的实践，才能转化为潜在意义下的观念信息，通过内化与理解，使其成为个人的品质和行动准则，才能纳入教师的知识体系之中。不仅理论可以指导实践，而且教学实践也可以创造出新的、适合教师自身的教学知识，先行而后知，行有后果而后得知（陈向明，2009）。在内涵的结构化诠释方面，虽然有不少学者基于自身的研究，提出了多种教师知识内涵的框架结构，但是这些结构在本质上都可以分为“教什么”和“怎么教”两个部分。至于这两者之间何为重点，学者们持有不同的看法。例如有学者研究表明，学科知识越丰富，教学越有效，因此教师了解教什么十分重要（Kahan et al.，2003）。而有学者认为教学所需要的课程知识、了解学生的知识、教学设计和课堂组织的知识等是影响教学行为的主要因素（Leinhardt et al.，1991）。也有学者对此持同等重要的态度，认为教师知识包括学科内容知识、课程知识和教学知识这三个组成部分，其中学科内容知识是基础，而教学知识是教师如何教学的核心，两者同等重要（An et al.，2004）。在研究方法方面，学者对教师知识的研究方法进行了更加深入的探讨，认为知识具有较强的抽象性和复杂性，只有采用多种方式、多个角度才能较好地分析教师知识的内涵。例如，有学者指出，现有的教师知识研究缺乏对内部的专门研究，缺乏教师实践层面的探讨，应该更多地关注教学知识是如何帮助学生的学习的，因而在研究方法上不能仅仅是调查，而应该采用理论构建、实证和实践相结合的研究方式（Ball et al., 2001）。为此，这一时期的教师知识的研究更加多样化，多采用质性和量化相结合的方式。在一些研究项目的支持下，欧美学者对研究样本的采集更广，观察时间也更长久，以确保更为有效地研究教师有效教学所需要的知识。这其中最值得一提的是美国学者鲍尔及其团队的工作，她们以数学教师为基础，提出了教学所需要的数学知识（mathematical knowledge for teaching，MKT）理论，该理论对一般学科的教师知识研究也具有较强的参考价值。

针对以往研究中，缺乏具有广泛共识的教师知识内涵结构，鲍尔团队以数学教师为例，在提高教学研究（study of instructional improvement，SII）和学习教学中的数学（learning mathematics for teaching，LMT）这两个研究项目的支持下，对教师有效教学所需要的知识进行了广泛而深入的研究。通过长期对教师、学生和家长的大样本测评、访谈和观察，该团队认为教师知识可以分为学科内容知识（subject content knowledge，SMK）和教学内容知识（PCK）两个部分，其中学科内容知识包括一般内容知识（common content knowledge，CCK）、专门内容知识（specialized content knowledge，SCK）和水平内容知识（horizontal content knowledge，HCK），而教学内容知识包括内容与学生知识（knowledge of content and student，KCS）、内容与教学知识（knowledge of content and teaching，KCT）和内容与课程知识（knowledge of content and curriculum，KCC），具体框架结构如图 2-1 所示（Ball et al.，2008）。

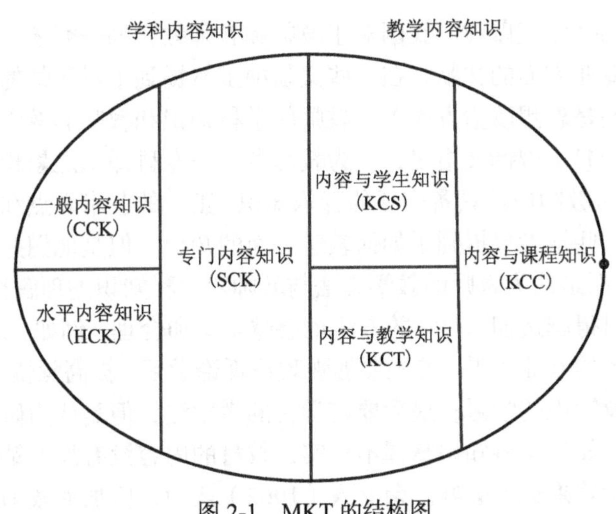

图 2-1　MKT 的结构图

由此可以看出，MKT 理论将教师知识归纳为学科内容知识和教学内容知识两个方面，较好地诠释了教师在教学中“教什么”和“怎么教”这两个最为关键的问题。而且，该理论的 6 个子类别，也比较全面地概括了教师有效教学所需要具备的知识，不仅包括静态的理论性知识，也包括动态的实践性知识。鉴于该结构有着诸多的合理性，近年来 MKT 理论受到了各国学者的广泛关注，成为目前教师知识研究的重要参考之一。当然，由于知识的内蕴性和后现代知识观的不确定性，欧美的教师知识研究还在不断地发展和完善之中。

由此可以看出，从理性主义到后现代主义，从静态到动态，从客体到主体，在不同知识观的指引下，欧美学者对教师知识的揭示越来越合理，研究方法越来越丰富，研究结果也越来越有效地诠释了教师有效教学所需要的知识结构。这可为分析我国的教师知识研究，提高教师教育的有效性提供有益参考。通过树立正确的教师知识观，可以更深刻地理解教师知识的内涵，更好地构建教师的知识体系，从而更有效地促进教师的专业发展。

2. 我国的教师知识研究

虽然我国的教师知识研究起步较迟，相比较国外的教师知识研究，在原创性的教师知识理论和框架结构方面还缺乏丰富的成果。但是，在研究的演变历程方面和国外较为相似，也经历了从关注教师的学科知识到综合知识的过程。通过对文献的分析，可将我国的教师知识研究归纳为关注教师的学科知识、教师的学科知识和教育知识并重以及关注教师有效教学所需要的知识体系三个阶段。

1）关注教师的学科知识（20 世纪 80 年代以前）

在 20 世纪 80 年代以前，我国对于教师和教师教育的研究还不多，尤其缺乏专门探讨教师专业方面的文献，在一些文献中虽然提到了对教师的要求，但是以教师品格（主要是思想政治方面）、教师的学科知识和教师的教学技能为主。例如，梅贻琦（1941）曾撰文指出，“为教师者……专科知识之累积也”。胡腾骧（1956）认为音乐教师应该具备广泛的音乐知识、正确的艺术观点和基本的文艺理论知识。虽然一些学者也提到了如何教学方面的知识，但是他们并未认为这是一块独立的知识，而是认为教师的教学方法与教师对学科知识的理解程度密切相关，对学科知识钻研得越透彻，教学的方法也会越丰富和合理。例如，刘一鸥（1957）认为要提高教师的专业水平，首先要加强政治理论学习，提高觉悟；其次要全面、系统地进行专业知识的学习；最后要有学科的教学法，但是认为研究的根本还是在于吃透教材，如果学科知识掌握不扎实，教材的内容没有深入钻研，即使教学花样再多，教学效果也不会好。余立人（1962）认为，应加强教师的在职教育，让他们在政治、文化和业务上得到提高，其中文化主要指学科知识，业务主要指教育政策和教材研究。苏甫（1979）对教师队伍建设的标准进行了分析，除了政治素质高、忠诚党的教育事业和“活到老，学到老，改造到老”的革命精神以外，他认为教师要精通所任学科的专业知识、技能和技巧，具有比较广博的文化修养，掌握一般的教育理论和所任学科的教学方法。

这种现象和时代背景是分不开的，在当时教师数量较为缺乏，很多文化程度不高的人作为民办教师或代课教师进入了教师队伍，因此首先需要提高教师的科学文化素质，确保所教授学科在知识上的正确性。例如，陈润（1959）在分析小学一年级学生学习拼音字母所出现的困难时，指出这个问题的关键不在于学生，而是很多教师本身就掌握得不好，更不用说知识的熟练性和教学的灵活性了。而在教学方法的研究方面，这个时期的教师或学者更多的是强调对教材的钻研。例如，安徽省教育厅中学教师进修研究组（1962）和蔡培祖（1963）在介绍数学教师的教学经验时，都提到教师最为关键的要素就是能吃透教材。或许正是基于这种传统，后来各师范院校的学科教学法课程也被称为某学段某学科的教材教法，例如《中学数学教材教法》、《小学语文教材教法》和《中学物理教材教法》等。从根本上说这还是属于学科知识的范畴，强调对学科知识的结构体系和相互连接的理解和掌握。

2）教师的学科知识和教育知识并重（20 世纪 80 年代至 2000 年）

1978 年改革开放后，我国的教育事业逐步恢复，并取得了快速的发展。1978 年 10 月，教育部印发了《关于加强和发展师范教育的意见》，指出教师是教育发展的基础，要大力发展和办好师范教育。该意见明确了师范教育的重要地位，为此后的教师专业发展奠定了基础。1978 年 12 月，党的十一届三中全会后，我国的教师教育逐步恢复，并取得了快速的发展，逐步建立了较为完善的教师教育体系。到了 1980 年，全国师范院校达到了 172 所，是 1977 年的 3 倍（金长泽，2002）。为化解缩短教师培养周期与尽快解决教师缺口的矛盾，1980 年 6 月教育部召开了改革开放后第一次全国师范教育工作会议，确立了中师、高师院校专科和本科的三级教师教育体制，其中高等师范本科主要培养高中教师，专科主要培养初中教师，中师培养小学及幼儿园师资。该体制为我国培养了大批合格的教师，对改善我国师资的短缺现象做出了重大的贡献（金长泽，1994）。因此，随着教师事业的推进，如何教学方面的知识越来越受到学者的重视。例如，徐德（1981）认为教师学一点教育科学知识，在教学实践中，懂得了按教育规律办事，有利于克服盲目性，提高自觉性。黄志益（1982）认为，教学能力的知识是教师很需要的一种知识。周康年（1983）也指出，教师的知识结构中应该包括教育教学知识，教师需要懂得教学、教育活动的过程、原则、途径和方法等知识，只有这样才能按照教育的规律来实施教育教学行为。

尽管教师和学者注意到了学科教育方面的知识，但是从总体上说，较多教师和学者还是持学科本位的教师知识观，例如有学者认为教师应该具备深厚的学科专业知识和广博的科学文化知识（孟育群，1991）；陈云英和华国栋（1994）通过调查，发现小学教师所应具备的知识和技能包括本学科的专业知识及有关学科知识、乡土知识，能分析和理解大纲，会利用参考书和工具书的知识，会分析教材的逻辑结构，把握教材的重难点，会选择补充教材及课外阅读材料，能准确领会教材中有关概念的内涵和外延，会分析和选定课本中的练习和作业，以及会进行知识的系统归纳整理九个方面，仔细分析不难发现，这九个方面大多以学科专业知识为主。尽管不少学者提到了教育教学知识，但是更多地认为这是教师在实践中摸索、积累而形成的（黄志益，1982）；或者将学科知识和教育教学知识相割裂，认为教学的内容取决于教师的一般文化知识和学科专业知识，而教学手段属于教师的教育科学理论知识（晓理，1989）。

但是，随着改革开放的深入，国外的教师知识研究文献逐渐对我国学者产生了影响，而且我国的教育研究也逐步深入，学者们对教育教学知识在教师教学中所扮演的角色进行了更加深入的思考。进入 20 世纪 90 年代后，学者们对教师的教育教学知识有了两个方面的变化趋势。一是对教育教学知识更加重视，例如周海钦和黄汉寿（1993）将教育学、心理学及学科教学法等教育知识看作教师所应具备的首要知识。辛涛等（1999）将教师知识结构分为了本体性知识、条件性知识、实践性知识和文化知识等四个部分，其中条件性知识指教师所具有的教育学与心理学知识，实践性知识指教师在面临实现有目的的行为中所具有的课堂情境知识以及与之相关的知识，这两者都属于如何教方面的知识。二是提出了有别于模块化的教师知识结构模型，例如夏根（1995）提出了飞机模型的教师知识结构模式，认为教师知识体系包括宏观教育论（主要包括教育哲学、教育经济学、教育社会学等学科知识，起着机头作用，是教师知识的导向和领航）、科学技术知识论（主要包括教师的专业科技知识与基础科技知识，起着机身作用，也是最为核心的部分）、微观教育论（主要包括教育管理学、教育心理学、教育统计学、教育伦理学、教育工艺学、课程教学法、青少年生理和心理、学习心理学、心理咨询学等知识和技能或较为复杂的教师知识结构，起着机翼作用，是优秀教师的必要条件）以及信息接收工具论（主要包括汉语、外语、计算机科学、情报科学和资料检索学等知识）与科学研究工具论（主要包括研究学、情报学、创造学、统计学、写作学等知识），这部分知识起着两翼的作用。叶澜（1998）认为，教师的知识结构应该包括三个层次，首先是有关当代科学和人文两方面的基本知识，第二层是学科的专门性知识，第三层是教育学科类。由此可看出，进入世纪之交，我国学者对教师的知识结构有了更深、更广的认识。

3）关注教师有效教学所需要的知识体系（2000 年至今）

进入 2000 年后，教育研究在我国已逐渐成熟，教师知识也成了其中的热点之一，而且国外的教师知识研究对我国产生了重要的影响，对教师知识的认识更加全面、深刻，很多学者就国外教师知识本土化转换提出了若干教师知识结构模型。例如，白益民（2000）认为教师的学科教学知识是教师知识结构中独立的一个部分，其主要内容是将特定内容向特定学生有效呈现和阐释的知识。杨彩霞（2006）认为，教师的教学知识是教师关于如何将自己所知道的学科内容以学生易于理解的方式加工、转化、表达与教授给学生的知识，它具有与教学内容相关、实践性、个体性和情境性等特点。岳定权（2009）认为教师教学知识是教师在具体教学情境中对具体教学主题进行有效表征、组织与呈现，以促进学生良好学习的一种指向教师实践的综合性的知识。值得一提的是，这些学者所提出的教师知识结构模型都是在分析归纳了国外教师知识研究文献的基础上所得出的，这说明了国外的教师知识研究对我国产生了较大的影响。

在我国的教师知识研究中，实践性知识得到了学者们的广泛关注，著名学者陈向明、叶澜和钟启泉等都对教师实践性知识的特征进行了分析。叶澜等（2001）认为，实践性知识一般是指教师关于课堂情境和在课堂上如何处理所遇到的困境的知识，是建立在前一时期专业学科知识和一般教学法知识基础上的，是一种体现教师个人特征和智慧的知识，它更能集中反映课堂教学的复杂性和互动性的特征。陈向明对教师的实践性知识进行了较多的研究，她不仅指出了教师实践性知识是教师专业发展的基础，分析了教师实践性知识的知识论基础和构成要素（陈向明，2009），此后又撰著对教师实践性知识的认识论基础、定义、内容类型、表征形式、构成要素和生成机制、生成媒介等方面展开了论述（陈向明，2011）。钟启泉（2004，2005a，2005b）通过对日本学者的系列访谈探究了实践性知识的内涵和特征，强调教师知识的体验性、实践性、情境性以及缄默性。这些学者的影响力和研究能力，使得教师实践性知识在我国有了较大的影响，吸引了很多学者对此进行研究。例如，刘清华（2004）、姜美玲（2006）、张立新（2008）和陈静静（2009）等的博士学位论文，都对教师的实践性知识进行了分析和探索，这些研究也进一步厘清并丰富了教师实践性知识的特征和内涵。

应该看到，无论是理论性知识还是实践性知识，都是教师有效教学所需要的知识体系的重要组成部分，它们相互依存、相互促进、缺一不可，构成了教师知识的内在逻辑。理论性知识是教师知识的基础，对实践性知识有着指引作用。没有理论的支持，仅靠实践训练和自主反思，教师知识的发展就会具有盲目性。理论性知识主要来自教学实践，从实践的经验积累到理论知识的形成是一个长期的过程。教师在教学实践中，对偶然事件的反思虽然可以构成经验，但这些经验还只是一种实践理性，只有随着实践和反思的深入，理性才能逐渐复杂化、抽象化，在沉淀的过程中逐步上升为理论。理论性知识体现了教育教学的一般性原理，是教师实施教学行为的理论前提，如果缺乏了理论对各种实践情境的属性的揭示，教师的实践和反思也会显得空洞无物，教学的深度也必将难以企及（黄友初，2016）。教师的理论性知识主要通过职前和在职教师教育所获得，它们一般注重学理结构[①]和逻辑联结，具有明显的简化、客观、确定、间接等特征，但也存在高度抽象与概括，忽略知识的现实情境原点，难以体现个体经验与体验等不足（刘丽红等，2014）。教师倘若缺乏相关的参与性经验，所学的理论性知识就会停留在重复记忆和简单表征的客观性层面，教育理论也缺乏生命力。只有通过教学实践，教师才能较好地将理论性知识转化成潜在意义的观念信息，并将其内化为个人的品质和行动准则，促进高水平的认知建构与思维创新，形成具有个人特色的实践性知识。研究表明，优秀教师或专家型教师之所以对教学情境具有敏锐的观察力与判断力，对问题的分析更为清晰和透彻，解决问题的方法和策略更具有独创性、新颖性和恰当性，就在于他们拥有丰富的实践性知识（赵昌木，2004）。实践性知识对教师的教学实践有直接指导的作用，它能让教师在变化不居的教学情境下，将学科知识以学生需要的方式呈现出来，更有效地进行教学实践活动。

在教师知识体系中，理论与实践并不是单向的逻辑联系，而是能相互促进，不仅理论指导实践，实践也能积累经验，并通过提炼后升华为教学知识。应该看到，教师不是被动的知识传递者，而是真正意义上的教育者。教师在教学中具有不可忽视的话语权，他们也能通过自身的实践和反思，将这些经验升华为具有个人特色的教学知识。教师处理实践问题的过程，就是对情境进行解释的过程，也是一个自我建构、丰富知识体系的过程。正是在理论性知识和实践性知识的共同指引下，教师才能恰当地实施各种教学行为，才能在教学活动中不断深化、丰富自身的教师知识。发展学生的核心素养，不仅要完善学生的知识体系，更需要培养学生的关键能力和必备品格。这种背景下，教师必须以丰富的理论性知识为依托，掌握扎实基础知识和拓展知识，同时结合自身特点，形成较强的实践性知识，能准确、有效地促进学生核心素养的发展。

除了对实践性知识的探讨，这个阶段 Shulman 的 PCK 理论和鲍尔的 MKT 理论也是我国教师知识研究所关注的热点，在阐述国外教师知识理论的同时，也在量化研究、实证研究方面进行了探索，这也是本阶段教师知识研究的一大特色。例如，梁永平（2012）就教师如何根据 PCK 理论构建教师知识进行了分析；皇甫倩（2015）就如何根据 PCK 理论编制教师知识测评问卷进行了分析。曹一鸣和郭衎（2015）根据 MKT 理论编制测评问卷，对中美教师的教学知识进行了测评和比较；黄友初（2016）就如何根据 MKT 理论发展职前教师的教学知识进行了探讨。由此可见，实践性知识、PCK 和 MKT 是这个阶段教师知识研究所关注的焦点。

① 一般指学术理论上的逻辑结构。

随着教师知识研究的深入，我国学者还就教师知识的发展进行了探讨，提出了各种阶段化发展的理论，对教师教育具有一定的参考作用。例如，岳定权（2009）从教师自身学科教学知识的发展水平出发，将其发展总结为四个阶段：分离阶段、初步形成阶段、融合阶段、个性化阶段。蔡铁权和陈丽华（2010）从教师自身的学科知识转化为可教的知识这个思路来进行划分，将教师知识的发展分为理解、转化、教学、评价、反思、新理解等六个相互循环的阶段。郑志辉（2010）根据教师关注点的差异，将教师知识的发展分为初始、充实和丰富三个阶段，并认为这种发展阶段揭示了教师知识随着教师实践的积累而呈现出一个螺旋上升的态势。

这些都表明了，教师知识已经成了目前我国教育研究的热点之一，这种现象和教师知识对于教师专业发展的重要性是密切相关的。知识具有复杂性和内隐性，对教师知识的研究还将会继续深入地探讨，尤其是在核心素养的视域下，教师需要构建与其相适应的知识体系。

3. 核心素养视域下教师知识的解构与建构

教育是一个复杂的体系，教师需要根据不同的要求和不同的教学对象，调整自身的知识结构。因为任何知识在产生过程中都会受到文化背景、现实境域和社会价值的指引，相应地，教师知识也具有文化性、境域性和价值性等特征（石中英，2001）。因此，在三维目标的课程体系下，教师也必然要建构与之相契合的教学知识体系，但是在这种目标下的教师知识体系不仅在内部存在难以调和的矛盾，也难以适应核心素养教育目标对教师知识的要求。

1）三维目标下的教师知识内涵与矛盾

2000年前后，我国掀起了新一轮的课程改革，2001年6月教育部印发了《基础教育课程改革纲要（试行）》，提出要“改变课程过于注重知识传授的倾向，强调形成积极主动的学习态度，使获得基础知识与基本技能的过程同时成为学会学习和形成正确价值观的过程”。随后发布的国家课程标准中，指出课程“应体现国家对不同阶段的学生在知识与技能、过程与方法、情感态度与价值观等方面的基本要求”。于是，知识与技能、过程与方法以及情感态度与价值观也自然地被认为是课程与教学的“三维目标”，这是本轮课程改革的亮点之一，受到了广泛的热议。有学者分析认为，三维目标体现了崭新的学力观、现代学科的内在价值和学科教学的对话与修炼本质，是对传统双基的超越、传统学科观的扬弃和应试教育的荡涤（钟启泉，2011）。有学者认为三维目标是顺应时代发展的必然举措（任京民，2009），也有学者认为三维目标是课程目标在内容上的创新（靳玉乐，2003）。应该说，教育的本质目的在于促进人的发展，这种发展不仅仅体现在知识上，还应该体现在能力和情感态度方面。因此，三维目标体现了一定的合理性，表明了课程改革方向的正确性和理念的先进性。

（1）三维目标下的教师知识内涵与争议。

在课程的三维目标下，教师需要以所教学科为基础，构建与三维目标相对应的教师知识体系。课程的第一维目标（知识与技能）意指人类生存所不可或缺的核心知识和基本技能；第二维目标（过程与方法）的“过程”意指应答性学习环境与交往体验，“方法”指基本学习方式和生活方式；第三维目标（情感态度与价值观）意指学习兴趣、学习态度、人生态度以及个人价值与社会价值的统一（钟启泉，2010）。因此，教师必须具备所教学科扎实的程序性知识和陈述性知识；该如何教好与学好该学科内容的教育学、心理学和学科教学的策略性知识；以及对学科情感、价值的认识和自我监控的元认知。这三者知识结构中，学科知识是基础，是教师从事本职工作的知识前提；教与学过程的策略性知识是教师有效教学的保证，也是教师专业水平的重要体现；情感态度价值观的元认知是教师教学的动力，也是教师教学的归宿。

自该轮课程改革实施以来，三维目标就成了教师和研究者所关注的焦点。在有关部门的大力推行下，三维目标已为教师所熟知，也在一定程度上影响了他们的专业工作方式，但它却是理论研究中争议最多的一个概念（袁德润，2016）。这种争议，不仅体现在三维目标的内容表述上，也体现在它在教学的实施中。例如，有学者分析认为，“知识与技能”目标存在僵化与虚化，“过程与方法”目标存在简单应对与形式主义，“情感态度与价值观”目标存在标签化等不足，这也导致了部分教师不管有没有关系都在课堂上加一段思想品德教育的内容，体现所谓的情感态度与价值观（杨九俊，2008）。有学者分析认为，三维目标既彼此纠缠，又顾此失彼，目标过多、过繁，不仅导致教师的教学不堪重负，而且会弱化核心目标的落实（张悦群，2009）。有学者调查显示，虽然大多数教师都清楚三维目标的具体内容，但是他们只有在公开课和观摩课的教学设计中，才会从这三个维度描述教学目标并在课堂中努力实现这三个维度的目标，平时的教学实践并不会从三维目标去设计，即使设计了，也停留在课程描述的抽象状态，与自身实际的教学并无直接的关联（刘兰兰等，2015）。由此可见，三维目标虽然有其合理的一面，但也存在抽象化、简单化和理论化等不足，在教学实践中难以有效落实。

（2）三维目标下的教师知识矛盾与紊乱。

深入分析可发现，造成这种混乱的根源在于三维目标有着各自的独立性，它们分别有着不同的理论基础，三者之间并不完全协调，甚至存在矛盾之处，这必然阻碍了教师知识的进一步发展。知识与技能，也就是传统意义上的“双基”，一直以来受到师生广泛的重视，这是学生学习的基础，它的直接理论基础是行为主义，该理论把学习解释为刺激与反应的联结，提出的一系列学习律均是使学生掌握基础知识、发展基本技能的学习策略。过程与方法，强调学习的过程与体验，重视学习中的顿悟，把发展学生解决问题的能力和元认知能力作为教学目标，它的直接理论基础是认知主义；而情感态度与价值观，注重知识与情感的结合，以情感因素为基本动力，以情知协调活动为轴心，恰好是人本主义的基本理念（喻平，2017）。由此可见，三维目标是由三种理论分别支撑的，它们呈现的是一种并列的关系，而这三种理论又不是完全和谐，要实现这三个目标就需要三种各自相对独立的行为。这就意味着，在达成各自目标的教学操作中，教师会受到三种不同理论的相互干扰，不仅在教学实践中难以同时达到这三个维度的教学目标，也给教师教学知识体系的构建带来了较大的困难。

从知识观视域下审视三维目标，可发现它们的达成途径也是有着较大差异的。行为主义知识观认为知识是刺激后的反应，它是独立于主体的客观存在，而且对学生的强化和刺激越厉害，学习效果就会越明显。认知主义知识观虽然也认同知识的客观性，但是认为知识的获得并不完全依赖于教师的刺激，而是和学生已有知识结构有关，教师需要创设情境，引导和激发学生去发现知识。而人本主义知识观注重的是人性的养成和人格的培养，认为知识的内容是次要的，重要的是经历学习知识的过程，教师需要让学生在学习过程中通过体验、感受在知识、信念和情感方面都得到全面的发展。因此，从“教什么”和“怎么教”两个角度分析教师的教学知识，可发现这三个维度的课程目标对教师在该“怎么教”的知识方面，有着较大差异的要求。这也就必然导致了教师在教学实践中难以同时兼顾，教师知识的构建也将处于矛盾和凌乱之中，极大地影响了课程目标的有效落实（黄友初，2019a）。

2）*核心素养视域下的教师知识建构*

针对目前基础教育所存在的问题，2014年教育部印发《教育部关于全面深化课程改革落实立德树人根本任务的意见》，在其中明确界定了学生的核心素养，指出学生应具备适应终身发展和社会发展需要的必备品格和关键能力，并要求在课程改革中逐步树立以发展学生的核心素养为中心的观念。这种背景下，基础教育的课程目标将从三维目标过渡到核心素养，教师也需要建构基于核心素养的教师知识结构体系。为此，教师需要对基于三维目标的教学知识体系进行解构，从确立生命知识观、注重教师知识的过程性和参与性，并在理论指导下实践生成等方面建构符合时代发展的教师知识体系。

（1）确立生命知识观。

素养是一个抽象性较强的概念，基于不同的视角就会有不同的解读。《现代汉语词典》解释为平日的修养，《辞海》解释为经常修习培养（潘小明，2012）。鉴于学生素养发展在教育中的重要性，学者们从教育视角对素养的内涵进行了剖析，认为素养是个体以先天禀赋为基础，后天养成的比较稳定的心理品质（王子兴，2002）。它不仅包括了知识和技能，还包括了态度或价值观，集中表现为应对或解决复杂现实问题过程中所体现的综合性品质。而核心素养是个体素养中的核心要素，它不必包罗万象，却体现了最基本、最关键的品格和能力。而品格和能力，与个体的知识都有着密切的联系。一般来说，能力主要体现为技能和思维这两个层面，其中技能是在陈述性知识基础上所生成的程序性知识；而思维的培养更是不能脱离知识的学习，如果离开了知识谈论思维品质，就会犯与“三维目标”类似的割裂性错误。作为素养的品格是价值内化的结果，它是个体在学习知识的过程中逐步领会和感悟而形成的。这些都说明了，发展学生的核心素养，知识是基础，首先需要做好知识的教育。它不仅仅是文本的智育知识，还包括了有关技能的知识、情感态度的知识、价值观的知识等等。鉴于知识对素养的重要性，一些学者从知识的角度对核心素养的内涵进行了剖析。例如有学者将核心素养的内涵，由低到高分为“双基”层、问题解决层和学科思维层三个部分（李艺等，2015）；也有学者将学生核心素养分为知识理解、知识迁移和知识创新三个水平层次（喻平，2017）。

应该看到，教育的本质目的就是促进人的全面发展，核心素养的教学目标，旨在发展学生的必备品格和关键能力，与教育的本质目的是相契合的，体现了终身教育和生命教育。生命与知识看似无关，实则是个统一体，不仅知识是由生命创造的，知识也创造了生命（燕良轼，2005）。当知识与人的精神成长通过理解而发生关联并产生意义的时候，知识就获得了生命价值。而在理解的过程中，知识也进入了人的精神世界，这种精神的力量与人的经验也会反作用于知识，知识就真正地与人生与精神发生了关联（金生鈜，1997）。因此，核心素养教育目标背景下，教师要确立生命知识观，它以知识的教育为基础，以发展学生的品格和能力为目标，超越了工具理性的束缚，体现了教育的生命价值。

教师的生命知识观，不是新鲜产物也不神秘莫测，而是与传统的教师知识观有着密切的联系，它从生命哲学观的视角审视教师知识。生命知识观注重的是教师的内在经验价值，要求教师能从关注自我转向关注他者。事实上，不论是三维目标还是核心素养目标，都离不开教师自身对课程的理解和把握，而每一位教师都会从自身的经验出发，对这些方向性的要求产生具体的理解。教师自身的理解和解释，也是教师教学实践的基础，这就要求教师能理解和领会素养目标的内涵，树立“儿童意识”，从促进学生全面发展的角度审视自身的知识结构体系，通过感悟、体验和反思，确立和完善教师的生命知识观。

（2）注重教师知识的过程性和参与性。

理性主义知识观将教师知识看作静态的、孤立的理论性知识，忽视了教师知识的教育性和实践性等本质特征。经验主义和建构主义知识观对此进行了修正，它们摒弃了教师知识的客体论和外在论，突出了教师知识的情境性、个体性和体验性；经验主义知识观认为人类来源于经验，真正的知识就是对外界事物忠实的反应，是经验的产物而不是理性的产物；而建构主义知识观认为教师知识是教师在实践活动中通过教学工作的积累不断构建而成的。基于核心素养的教育，以促进学生的全面发展为目的，注重过程性教学，在学习方式上，接受学习和发现学习相结合，在教育形式上，形式教育和实质教育兼具。这表明，在核心素养的视域下，教师知识应体现过程性和参与性。

个人知识在本质上是一种自我经验，在外界刺激下，通过同化和顺应而不断生成。这种变化是动态的、连续的，是对现有事物不断改造的过程，也是个体能动创造的过程。人的生命本身就是一种活动，是一种有生之年不会结束的活动，人的自我经验也就处在不断的变化、更新和创造之中。从这个意义上说，只有当下的、此刻的真理，没有永恒的、固定的真理。为了更好地发展学生的核心素养，教师需要随时关注学生行为的变化、学科知识的变化和教学环境的变化，以此调整或创建自身的教学知识，以更好地促进学生必备品格和关键能力的有效发展。这些都表明教师知识应具有过程性。知识是人的知识，它具有深刻的人性特征，需要教师经历实践活动才能生成的存在。自我经验，特别是内在自我经验是无法通过旁观、欣赏走进生命的。旁观只能获得外在的自我经验，只能获得认知层面的自我经验，而无法获得体验型自我经验。属于生命的内在自我经验一定是体验型自我经验，它的获得需要学习者切身参与其中（燕良轼，2005）。如果在教学过程中忽视了教师的个体性和主动性，将会使得教学活动流于技术主义和形式主义。这表明了，核心素养视域下，教师知识应具有主动参与性。

教师知识的过程性和参与性特征，也对教师提出了新的要求和挑战。在核心素养的课程目标下，教师已有的学科知识和教学经验，已难以适应新的教学要求。学生必备品格和关键能力的发展需要教师主动参与，需要教师在教学过程中能随时反馈学生的学习状况，需要教师不断深化和拓展自身“教什么”的知识，调整和发展“怎么教”的知识，从而逐步完善自身的教学知识体系。

（3）教师知识理论指导下的实践生成。

在教师知识生成机制方面，学者们普遍都认同教学实践是构建教师知识的重要渠道，教师也只有经历了教学实践活动，才能更好地形成具有自身特点的教学知识结构。但这并不意味着要排斥理论性知识，理论性知识是对教育实践属性的揭示，一方面它能指导实践活动的开展，另一方面通过教师的实践，理论性知识才能转化为潜在意义下的观念信息，并实现对其内化与理解，使其成为个人的品质和行动准则，成为个体的教学知识。

鉴于教师知识的重要性，很多学者对教师知识的内涵进行了探讨。尽管不同教师知识理论的内涵阐述各异，但是它们都从不同视角揭示了教师知识的基本特征，但是在本质上，它们都可以将教师有效教学所应具备的知识体系分为“教什么”和“怎么教”这两个部分。教师可以在某种教师知识理论的指导下，审视自身的知识体系，这不仅可以反思自身的知识结构缺陷，也能避免教师知识发展的盲目性，更有针对性地促进自身知识结构的完善。例如，Shulman（1987）将教师知识分为学科内容知识、一般教学法知识、课程知识、教学内容知识、学习者知识、教育环境知识和教育目标知识等七个部分。MKT 理论将教师知识分为一般内容知识（指学过该学科的人都应该了解的知识）、专门内容知识（指教师所特有的学科知识）和水平内容知识（指学科知识的联系与演化）；而教学内容知识包括内容与学生的知识（指学生的学情与学科知识之间的联系）、内容与教学的知识（指教学内容与教育学知识之间的联系）和内容与课程的知识（指学科课程方面的知识）等六个部分（Ball et al.，2008）。诸如此类的研究结果较多，也都具有较强的合理性和参考价值，教师可以选取某种教师知识理论框架为指导，在学习中理解和领会教师知识的内涵，在实践中甄别和审视自身的教学知识结构，有针对性地提高和完善，并构建适合核心素养课程要求的教师知识。只有在理论的指导下，教师知识发展才能更加合理，教学实践也将更加有效，更好地促进了教师的专业发展。

由此可见，在核心素养视域下，只有对基于三维目标的教师知识进行解构，重新建构适合课程要求的教师知识结构体系，才能在教学活动中更好地发展学生的必备品格和关键能力。

2.6.2 数学教师知识的内涵结构

要厘清数学教师知识的内涵结构，需要对已有的教师知识内涵结构研究进行分析和归纳。和其他的教师专业素养类似，在教师知识的内涵结构方面，学科差异不大。为此，本研究首先对国内外的教师知识内涵结构进行归纳，当然由于文献数量较多，只能选取部分具有代表性的观点进行整理。具体结果归纳如表 2-17 所示。

表 2-17 教师知识结构归纳表

提出者	一级指标	二级指标
简红珠（1994）	1. 一般教学法的知识 2. 学科的知识 3. 学科教学的知识 4. 情境的知识	
张惠昭（1996）	1. 学科知识 2. 情境知识 3. 一般教学知识 4. 学科教学知识	
柳贤（1999）	1. 学科知识 2. 一般教学知识 3. 课程知识 4. 学科教学知识	

续表

提出者	一级指标	二级指标
陈国泰（2000）	1. 教育目标知识 2. 学科内容知识 3. 一般教学法的知识 4. 学科教学法知识 5. 受教者的知识 6. 情境知识 7. 自我知识	
吴明崇（2002）	1. 一般教学知识 2. 学科专长知识 3. 学科教学知识 4. 有关学生学习的知识 5. 教与学运用情境的知识 6. 课程知识	
范良火（2013）	1. 教学的课程知识 2. 教学的内容知识 3. 教学的方法知识	
刘清华（2004）	1. 学科内容知识 2. 课程知识 3. 一般性教学知识 4. 学生知识 5. 教师自身知识 6. 教育情景知识 7. 教育目的及价值知识 8. 学科教学知识	
姜美玲（2006）	1. 学科内容知识 2. 学科教学法知识 3. 一般教学法知识 4. 课程知识 5. 教师自我知识	
董涛（2008）	1. 学科教学的统领性观念知识 2. 特定专题的学与教的知识	1. 教学目的知识 2. 教学内容知识 3. 内容组织的知识 4. 学生理解的知识 5. 效果反馈的知识 6. 教学策略的知识

续表

提出者	一级指标	二级指标
徐章韬（2009）	1. 学科知识 2. 内容组织的知识（课程论） 3. 教的知识（教学论） 4. 学的知识（学习论）	
黄毅英等（2009）	1. 一般教学法知识 2. 有关数学学习的知识 3. 数学学科知识	
李琼（2009）	1. 学科知识 2. 学科教学知识	1. 数学知识 2. 数学观 3. 学生的思维特点 4. 诊断学生的错误概念 5. 教师突破重难点的策略 6. 教学设计思想
马敏（2011）	1. 教学目标知识 2. 学生知识 3. 课程知识 4. 教学策略和方法知识 5. 评价知识	
陈向明（2011）	1. 关于自我的知识 2. 关于科目的知识 3. 关于学生的知识 4. 关于情境的知识	
张庆华（2015）	1. 学科知识 2. 课程知识 3. 学科教学知识 4. 学科教学与自我关系的知识 5. 教学情境知识	
岳晓婷（2017）	1. 学科知识 2. 学生知识 3. 教学知识	1. 知识表述、模型建构和知识应用 2. 学生角色、合作交流和学生误解 3. 知识讲解、知识案例和知识提问
吕冰（2018）	1. 学科知识 2. 课程知识 3. 一般教学法知识 4. 学科教学知识 5. 学生知识 6. 教师自我知识 7. 情境知识	

续表

提出者	一级指标	二级指标
Elbaz（1981，1983）	1. 学科知识 2. 课程知识 3. 教学法知识 4. 关于自我的知识 5. 关于学校背景的知识	
Shulman（1987）	1. 学科内容知识 2. 一般教学法知识 3. 课程知识 4. 教学内容知识 5. 有关学生的知识 6. 教育环境知识 7. 教育目标知识	
Smith 等（1989）	1. 学生概念的知识 2. 教学策略的知识 3. 形成和阐述内容的知识 4. 课程材料与活动的知识	
Tamir（1991）	1. 博雅教育知识 2. 个人表现知识 3. 学科知识 4. 一般教学知识 5. 学科特点的教学知识 6. 教学专业基础知识	
Fennema 等（1992）	1. 数学知识 2. 教学方法知识 3. 学生数学认知的知识	
Cochran 等（1993）	1. 教育学知识 2. 教学环境知识 3. 学科内容知识 4. 有关学生的知识	
Bromme（1994）	1. 数学内容知识 2. 学校数学哲学 3. 一般教育学知识 4. 学科教育学知识 5. 不同学科认知的整合知识	

续表

提出者	一级指标	二级指标
Grossman（1995）	1. 内容知识 2. 一般教学知识 3. 课程知识 4. 情境知识 5. 自我知识	
Veal 等（1999）	1. 学科知识 2. 关于学生的知识 3. 教学知识（含评价知识、课程知识、情境知识等） 4. 学科教学知识	
Meijer 等（1999）	1. 学科内容知识 2. 学生知识 3. 关于学生和学习理解的知识 4. 关于教学目的的知识 5. 关于课程的知识 6. 关于教学技巧的知识	
An 等（2004）	1. 学科内容知识 2. 课程知识 3. 教学知识	
Hashweh（2005）	1. 学科知识 2. 学习和学习者的知识与信念 3. 教学知识和信念 4. 背景知识 5. 资源知识 6. 课程知识 7. 目标、目的和哲学知识	
Ball 等（2008）	1. 学科内容知识 2. 教学内容知识	1. 一般内容知识 2. 专门内容知识 3. 水平内容知识 4. 内容与学生知识 5. 内容与教学知识 6. 内容与课程知识
Petrou 等（2011）	1. 课程知识 2. 学科内容知识 3. 教学内容知识	

从表 2-17 分析可看出，国外学者的教师知识结构研究比国内要早，成果也较为丰富，对国内学者的研究也有较大的影响。或许也正是由于这个缘故，国内外学者对教师知识结构的差异不大，都强调了学科知识和教学知识，只是在具体的内容和细节方面有所不同。其实，教师有效教学所需要的知识可以归结为“教什么”和“怎么教”这两个方面，前者主要是所教学科的本体性方面知识。

对于数学教师来说，教学知识点要熟悉，不但能正确理解、准确表述，还能求解、证明等运用数学知识。这只是最为基本的知识要求，优秀教师还需要对所教知识点有更深入的了解，例如，与其他数学知识点之间有着怎样的联系；在知识网络或谱图中处于什么位置；它的前置知识和后续知识分别是什么；从哪个知识点过渡在逻辑上会更自然；与其他学科的知识有哪些联系；该知识点是如何发展变化而来的，有哪些相关的文化背景资料；“数学课程标准”中对该知识点有哪些要求；教材中常见的知识呈现形式是怎样的；教材习题和考试中的常见题型、难度大致如何。这些都属于学科知识的范畴，对它们的了解程度决定了教师的教学流畅程度和教学的深度。在“怎么教”方面，有部分知识和学科知识相关，例如所教知识点与其他知识的联系性以及课程的要求等知识；但是大部分知识属于教育学和心理学的范畴。例如，各个年龄段学生的心理特点、常见的数学教学方法及其优缺点以及教学设计、教学软件和教育信息技术等方面的工具性知识。

从文献分析，结合对教师开放性调查的结果，可将数学教师的知识主要归结为基础性知识、关联性知识和教育性知识三个方面。其中，基础性知识主要指数学学科知识的范畴，是教师所应具备的知识基础，直接决定了教师能否胜任教学工作；关联性知识是教师专业水平的重要表现，要求教师对与教学知识点相关的数学学科内外知识都有较为清晰深刻的理解，既包括数学知识也包括数学教学知识；教育性知识是教师能否根据学生的数学认知规律进行有效教学的关键，教师应掌握各种数学教学方法的知识、设计教学的知识和运用教育技术的知识。各结构的具体内容，简述如下。

（1）基础性知识：指教师对所教学知识点的掌握情况，主要包括数学知识的理解和数学知识的运用两个方面，这是数学教师需要具备的最基本知识。要求教师能正确地表述教学知识点，没有知识性错误，还具备教学知识点的运用能力，包括能正确求解和证明等。

（2）关联性知识：是优秀数学教师所应具有的，也是最为关键的知识。主要包括数学知识点之间关联的知识、数学课程标准中与教学知识点有关的知识和数学教科书中各知识点之间关联的知识三个部分。教师需要对数学知识有较为深刻、广泛的认识，构建知识图谱，了解教学知识点的发展历程，熟悉数学知识点与学科内外其他知识的联系；还需要了解教学知识点在数学课程标准中的具体要求，以及不同版本教科书对教学知识点的内容和习题是如何编排设计的，设置如何难度的等。

（3）教育性知识：如果说以上两者更多地属于学科知识的范畴，那么教育性知识则更多地属于教学知识的范畴，是优秀教师所应具备的知识。主要包括学生的知识、教育的知识和工具性知识三个部分。要求教师能较为准确地了解学生已有的数学知识基础、该年龄段的学习特征，能准确地判断学生在数学学习中的重难点，熟悉适合教学数学知识的教育学和心理学知识，并能根据教育规律采取恰当的教育教学方式。此外，教师还需要具备撰写教学设计、运用教育信息技术等工具性知识。

具体结果如表 2-18 所示。

表 2-18　数学教师知识内涵结构

一维要素	二维要素	具体内容
基础性知识	数学基本概念和性质的知识	能正确表达
	数学基本运用的知识	能正确求解、证明等运用
关联性知识	数学知识点之间相关联的知识	与本学科其他知识点的联系、与其他学科知识之间的联系、知识点的发展历程
	数学课程标准有关要求的知识	课程标准对教学知识点具体内容、难度和教学的要求
	数学教科书有关内容编排的知识	教材对教学知识点内容和习题的编排设计、难度设置
教育性知识	学生的知识	判断学生知识基础与学习特征知识
	教育的知识	与知识点有关的教育学和心理学知识
	工具性知识	教学设计、教育技术等知识

2.7　数学教师信念的内涵与构成

教师在学习、生活和工作过程中，对于知识的本质、知识的学习、知识的教学和学生的教育等方面会逐渐形成自己的理解和看法，这就是教师信念，它会在很大程度上影响教师的教育教学工作。例如，教师如果认为数学的学习主要靠熟练地做题，那么在教学中他就会较多地强调解题训练；教师如果认为数学学习的关键在于对数学知识的理解，那么他在教学中就会比较重视概念的教学；等等。教师信念不仅影响教师的教学行为，也将影响学生的学习和生活，国内外很多学者（Blömeke et al.，2008；刘展等，2014）的研究都表明了教师的数学信念对学生的数学信念有着重要的影响。

20 世纪 20 年代，社会心理学家对信念的本质和它们对人们行为的影响产生了很大的兴趣，但是难以客观地评价信念，而导致研究兴趣逐渐消退。到了 60

年代，随着认知心理学的发展，心理学界对信念的研究又开始复兴。如今，对于教师信念的内涵和外延虽然还缺乏共识，但是学者们都普遍认同教师信念是专业素养的重要组成部分，它在很大程度上影响了教师的行为，对于教师的品格和知识也有着重要的影响。

2.7.1　国内外的教师信念研究

学者们对个体信念的研究由来已久，在古希腊时期，柏拉图和亚里士多德就对信念进行了研究，柏拉图在《理想国》中首次提出了信念（belief）的概念，认为信念是比知识更低一级的概念，表示那些不属于知识的、简单的客观现实（朱旭东，2011）。此后，信念逐步被引入到哲学、社会学和教育学的领域，多被认为是个体对某事（物）的认识、情感和主张。由于信念较为复杂，学者们对其内涵的诠释也较为多样。

1. 信念的内涵特征

要了解教师信念以前，首先需要分析信念的内涵。信念是一个我们经常会提到且经常听到的词，但是信念的定义却难以精确描述。因为每个人的关注点不同，对信念的表述也会有区别，甚至也有人将信念与态度、信仰、观念等概念相混淆。为此，有必要就教师信念的内涵特征和有关概念进行梳理。

1）信念的内涵

在明确信念的内涵和特征以前，先了解一下学者们对信念的定义，由于这方面的文献数量较多，仅选取部分代表性观点，并按时间顺序排列如下：

信念是一系列以“我相信”为开头的句子所表示的观念，它可以从个体的言行中推测的一切简单命题，信念可以是有意识的表现，也可以是无意识的、隐含的心理表征（Rokeach，1968）。

信念是人们为了某一特定的目的或在一个必需的环境中对知识的控制和使用（Abelson，1979）。

信念是关于自然界和社会的某些原理、见解、意见、知识，人不怀疑它们的真理性，认识它们有无可争议的确凿性，力图在生活中以它们为指针（克鲁切茨基，1984）。

一种浓缩和整合在图式结构或概念之中的由经验形成的心智结构，这种心智结构被其持有人认定为真，并且用于指导行为（Sigel，1985）。

有足够正确性、真实性或可信性的现实在个人思想中的表征，这种表征被其持有人用以指导其思维和行为（Harvey，1986）。

信念是一种对任务、行动、事件或他人之间关系的描述和人们对此的态度

（Eisenhart et al.，1988）。

人们对待某人、某事或某种思想的态度倾向（中国大百科全书总编辑委员会《心理学》编辑委员会，1991）。

信念是人在一生中，做出选择的最佳指标（Pajares，1992）。

心理所持有的关于世界的、感觉为真的理解、假设或命题（Richardson et al.，2001）。

自己认为可以确信的看法（中国社会科学院语言研究所词典编辑室，1997）。

信念是个体对于有关自然和社会的某种理论观点、思想见解坚信不疑的看法，是人们认识世界和改造世界的精神支柱，是从事一切活动的激励力量（俞国良等，2000）。

信念是人们在社会的文化因素与经济因素影响下，所形成的一种持久性的态度、价值观及意识形态，会随着社会的变迁而加以改变（王恭志，2000）。

信念是个人对一类事物持有的基本的、总体的观念（李士锜，2001）。

信念（包括情感因素）是个人主观知识的一部分，它在不断的变化与评价中，个人的信念系统就是一个意识到和没有意识到的信念、假设或期望的结合体（Furinghetti et al.，2002）。

信念是个体对生活准则的某些观念抱有坚定的确信感和深刻的信任感的意识倾向（林崇德等，2003）。

信念是人们对于生活准则的某种观念抱有坚定的确信感和深刻的责任感的意识倾向（黄希庭等，2005）。

信念是人们对自然界和社会秉持的一些基本观点所形成的一个相对稳定的、带有一定意动成分的认知结构，信念与客观、普适、价值中立的公共知识体系不同，它是具有强烈个体意义的、带有情感性的个体知识（林一钢，2008）。

信念是指在实践过程中形成的、被主体采纳为真实的关于事物本质的解释、评价、结论或者预测，并成为主体行动的指导原则（秦立霞，2012）。

信念是人们在自身知识、经验和其他因素的基础上形成的、带有明显个人印记的，关于处于某种具体情境中的事件的判断性命题，它是用于指导自身思维和行动的内隐性理论（徐泉，2013）。

信念是坚定不移的想法，是认知和情感的有机统一体，是人们在一定认识基础上确立的对某种思想或事物坚定不移并身体力行的心理态度和精神状态（喻平，2016）。

由此可见，尽管从社会学和心理学等不同角度，国内外学者给出了不同的信念概念，但是对其本质的认识较为一致，均认为信念指的是个人所拥有的，且不易察觉的，相对稳定的关于自然和社会的一些基本观点、思想等坚定不移的看法或观念。

2）信念的特征

在信念的特征方面，学者们都普遍认同信念的强度存在差异性，Rokeach（1968）从关联的角度分析信念的基本特征。他认为个体的信念成一个系统状，以“中心–边缘”形式组织，越接近中心的信念越强烈，对整个信念系统的影响越大，也越难转变。Green（1971）提出了三个维度来分析信念的基本特征，第一个维度是近似逻辑性：信念并不是按照逻辑法则的前提和结论组成，而是按照主体的看法来排列的。正是因为信念系统缺乏逻辑，因此一个人可以同时持有互相矛盾的信念。第二个维度是心理中央性：信念可以按照心理上的重要性来组织，因此信念系统存在中心信念与边缘信念的层级关系。第三个维度是群组结构性：信念是以一组组（cluster）的形式聚合在一起，由于信念具有评价和情感的成分，因此个体会把好的判断与坏的判断分成不同的组别加以组织。

综合国内外学者的研究，徐泉（2013）将信念的基本特征归结为信念是一种命题，具有个人特质、个人主观性、内隐性、情境性、发展性、层次性、类别性、含义模糊性以及实践指导性九个方面的特点。这种归纳比较全面，但是面面俱到也导致了信念关键特征的突出不足。为此喻平（2016）将其归纳为四个方面，则更为清晰。他认为信念有其独有的特征，主要可归结为主观性、综合性、导向性和稳定性四个方面。

主观性：信念是个体基于自己的知识经验、思想观念、愿望或喜好对事物作出的一种主观判断，具有明显的主观性；

综合性：信念是一种综合性的心理现象，既包含认知的成分，又包含情感和态度的成分，是认知成分和非认知成分的有机融合和统一；

导向性：信念是对某种理论、思想、观点或学说的心悦诚服，并以此作为行为的指南，对个体的心理活动或行为具有促动或引导作用，能过对个体的实践和认识成果产生一定的影响；

稳定性：个体的信念一旦形成，便不易改变，具有相对的稳定性，当然稳定的程度和信念的强弱有关。

2. 教师信念的内涵与特征

教师信念是随着对教师研究的深入而被学者所关注，国外对教师信念的研究起步较早。在20世纪50年代，行为主义有着广泛的影响，那时的学者更多的是关注教师的教学行为。在此过程中，学者们发现教师的行为与教师的态度和观念有直接或间接的联系，这可认为是教师信念研究的初始阶段。进入20世纪70年代后，随着认知科学的发展，学者更多地关注了教师的内在认知结构和心理特征，教师内在的思想、认识和观念逐步成了研究的重点之一。于是在进入20世纪80

年代后，教师信念成了西方学者研究的热点之一，学者们就教师信念的定义、内涵、特征和影响进行了研究，相关文献也较为丰富。到了20世纪90年代，学者们普遍接受了信念是决定教师教育教学工作的重要因素，对学生的学习成就也有着重要的影响（Anderson，1997）。对教师信念的内涵也有了较为深刻的认识，出现了大量有关教师信念和教师变革关系的研究。进入21世纪后，对教师信念研究的方法更加多元，不再仅仅阐述教师信念的内涵和价值，而是对教师信念的测评和影响因素进行深入的分析和探讨。

我国的教师信念研究于2000年后逐渐兴起，教师教育研究的深入和国外教学信念文献的影响是两个重要的推手。总体上看，我国的教师信念研究以介绍教师国外的研究成果和探讨教师信念的价值和内涵居多，研究方法方面更多的是在理论上的思辨性分析或是对文献的统计和整理，在实证性的研究方面还不多。对于教育所关心的教师信念的影响因素、教师信念对教师教学的影响以及教师信念对学生信念的影响等方面，我国的研究还不多，需要进一步摸索，本研究也可看作是这类探索之一。

教师信念是个体信念系统中一个部分，是信念的一种类型，因此教师信念也必然具有前述的信念特征，学者们根据信念的内涵和教师教育活动的特征，对教师信念的定义进行了论述。主要观点按照时间顺序可归纳如下：

教师信念是教师对教学的取向，其中包含了教师对学生、学习过程、学校在社会中的角色、教师自身、课程和教学的信念（Porter et al.，1986）。

教师信念一种特殊的具有煽动性的个体知识，是职前或在职教师关于学生、学习、课堂和教学内容内隐的、不为主体意识到的假定（Kagan，1992a）。

教师信念是指教师在教学情境与教学历程中，对教学工作、教师角色、课程、学生、学习等相关因素所持有且信以为真的观点。其中包含教师对学生、学习过程、学校在社会中的角色、教师自身以及课程和教学等与教学相关因素的认识、情感与评价（Pajares，1992）。

教师信念是教师关于学习者和学习、关于教学、关于学科、关于学习怎样教学以及关于自我和教师角色五个相互关联领域的信念（Calderhead，1996）。

教师信念是指教师对有关教与学现象的某种理论、观点和见解的判断，它影响着教育实践和学生的身心发展，它包括教学效能感、教师控制点、对学生的控制、与工作压力有关的信念四个方面的内容（俞国良等，2000）。

教师信念是教师个人价值观、态度和观念等较为抽象的认知（Meijier et al.，2001）。

教师信念主要有教师的效能感、教师的归因风格、教师对学生的控制和教师与工作压力有关的信念等四种（周雪梅等，2003）。

教师信念是教师自己确认并信奉的有关人、自然、社会和教育教学等方面的思想、观点和假设，是教师内在的精神状态、深刻的存在维度和开展教学活动的内心向导，它是教师专业素质的核心要素之一（赵昌木，2004）。

教师信念是教师在其人生信念的指导下通过对其在教育教学交互作用中的行为的反思批判，建构并被始终坚信、敬奉和践行的个性化的实践知识体系，它包含着对教育本质、理想、教育与人生、教育与社会的关系、教育的价值和意义等的自我解读（姬建峰，2006）。

教师信念是一个很广泛的概念，教师的信念应包括教育和教学两个层面，教育信念是一个宏观性的概念，包括教育观、学生观、教育活动观、课程观、学校角色；而教学信念是一个相对微观性的概念，所指的主要是围绕学科、教学及学习、教学法、师生角色、评估等方面（谭彩凤，2006）。

教师信念不仅仅指教师关于教学方面的信念，更主要是指教师关于教育整体活动的信念，是教师教育实践活动的参考框架（谢翌等，2007）。

教师信念是教师对教育、教学的假定，它以“中心–边缘”的方式组织，越中心的教师信念越难改变，而边缘的教师信念日积月累的变化也能导致中心信念的变化，进而转变整个教师信念系统（林一钢，2008）。

教师信念是教师在教育教学中所形成的对相关教育现象，特别是对自己专业以及自己的教学能力和所教学生的主体性认识，它影响着教师的教育实践和学生的身心发展（王慧霞，2008）。

教师信念是根植于自身教学认知基础上的教学理念，是高度概括的行为指令组成的个人教学思想或理论，是教师个体对生命意义的理解和体验（李家黎等，2010）。

教师信念就是教师个体所确信的、能够对其教育教学行为起到间接和直接支配作用的一系列相互关联、相互支持的价值判断系统。其中包括教师的生命信仰、社会理想及职业价值观，也包括在此基础上形成的教师对自己所教学科课程的意义、教学方式与策略的价值判断，教师对自身专业发展途径的选择等（马莹，2013）。

教师信念是教师个体所持有对教学、学生以及学科等教育教学过程中的客观对象所持有的信以为真的前提和假设，它是以准逻辑的，按照不同情节以“信念簇”的形式存储起来的（脱中菲，2014）。

由此可看出，教师信念是教师对于学生的教育、学科的教与学以及知识本身所持有的基本观点和基本态度，它是教师在学习、生活和从事教育教学过程中逐步形成的，对教师的教学行为有着重要的影响。教师信念具有个体性、情境性和相对稳定性，它会随着认知和非认知因素的变化而逐步发生改变。

3. 信念和教师信念的有关概念辨析

由于信念具有较强的内隐性，而且对个体的认知和非认知都有着重要的影响，因此信念和教师信念也常与其他概念相混淆，有必要对其进行辨析。

1）信念的有关概念辨析

在国外的文献尤其是早期的文献中，曾对信念和知识以及信念和情感、态度等概念相混淆，后期明确了用 belief 表示信念，但是学者分析表明，信念和知识、情感、态度等因素有着较强的联系性。例如，汤普森（Thompson，1992）认为知识在特定情况下可以转化为理论，并成为个体所信奉的一种理念，而个体曾经所持有的理念，也会随着新的理论而逐渐被接受成为一种知识。戈尔丁（Goldin）则将信念与态度、情绪都划分为情感的领域，但是认为信念比态度具有更高的认知成分，比情绪更稳定（脱中菲，2014）。Leder 等（2002）认为信念是知识和行动的桥梁，它具有解释的功能。Blömeke 等（2008）认为信念是一种知识，但与一般的知识有区别，一般的知识是一种纯粹的认知建构（purely cognitive construct），而信念是有关动机、情感和认知方面的知识。

在我国，也有一些人将“信仰”“信念”“观点”这三个相近概念相混淆，或者认为它们所表达的意思是一样的，只是说法不同而已。但实际上，信念有其独有的特征，其内涵与观念、信仰在本质上是有区别的。

（1）信念与观念。

在《现代汉语词典》中，认为“信念”坚信正确而不肯改变的观念（吕叔湘等，2012）。这表明信念是一种观念，但是这个观念的前面有修饰词，它是坚信正确而不肯改变的观念。也有学者（马莹，2013）认为，从内容所属的性质来看，信念与人的价值需要紧密相连；从认识的深度及确信的强度上来看，信念较一般的观念程度更高，因此具有较高的稳定性，一般不会轻易改变；从信念的内容指向来看，信念是对未来事物及其关系的判断，并且能够支配主题的认识选择。而一般的观念则不具备上述特点。因此，可认为信念从属于观念，是一种特殊的观念，是观念中最不易改变的核心部分。人人都有观念，但是不是所有观念都是信念，只有观念中我们坚信是真的这部分才是信念。

（2）信念与信仰。

在《现代汉语词典》中，认为“信仰”是对某种理论、思想、学说极其信服，并以此作为自己行动的指南（吕叔湘等，2012）。在学术界有信仰即信念的说法，认为信仰就是信念，两者只是称呼不同。虽然信仰与信念有许多相似之处，但是两者还是有区别的。例如，赵志毅等（2000）认为信仰是精神领域中最高的主宰，是人们关于生命和宇宙最高价值的信念，是主体对于某种思想或现象的真诚信服。它是一种附着于一定对象的相信心态，这种心态以信念为核心，将知、情、意组织起来，成为统一的共同体。而信仰是信念的提升，是信念的信念，只有那些具有极高乃至最高价值的信念才是信仰（孙丽娟，2018）。因此，可认为信仰是一切信念中最重要并支配其他信念的最高信念，它具有专一性，不仅是对真理的确认与价值的认同，而且有情感皈依。而信念更切实，它无时无刻不在指导着我们的行为。

由此可看出，观念、信念、信仰三者紧密相连，但又有所区别，相互影响。三者统属于精神范畴，关系依次递进，信念是坚定不移的观念，信仰是最至高的信念。如果可以用一棵树来代表一个人的观念世界的话，所有的观念构成这棵树的整体。信仰是树的根部，信仰使人的观念世界有一个牢固的根基，枝枝叶叶都会因之有所依托并相互联系。信仰会影响人信念的内容和水平，信仰会对个体的精神生活和实践行为产生深远的影响。马莹（2013）将观念、信仰和信念的关系归纳为图 2-2 所示。

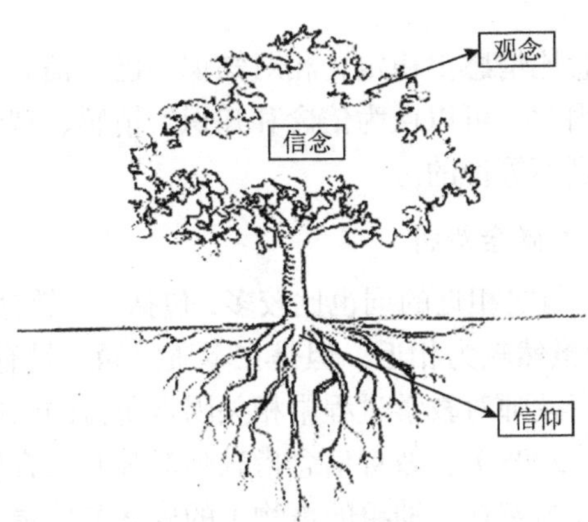

图 2-2　个体的观念、信念及信仰之间的关系

So（2004）从确认程度、内容成分、结构方式三个维度对这三者进行了区分，以明确信念的本质内涵，具体如表 2-19 所示。

表 2-19　信念、知识与态度的差异归纳表

内容	信念	知识	态度
程度确认	1. 有不同程度的确认 2. 没有共识，有争议性 3. 个人的建构 4. 不受外界评价影响 5. 存在的预设	1. 没有不同程度的确认 2. 肯定的，符合真理标准 3. 社会的建构 4. 百分百有效 5. 眼前的现实	
内容成分	1. 包含情感和评价成分 2. 包含较多的认识成分 3. 包含行动成分，间接对人的行为产生影响	1. 不包含情感和评价成分 2. 只包含认知成分	1. 包含较多的情感和评价成分 2. 包含一些认知成分 3. 包含较多行动成分，直接对人的行为产生影响

续表

内容	信念	知识	态度
结构方式	1. 根据人的看法而排列，有一套属于自己的近似逻辑 2. 心理上最重要的信念居于信念结构的中心 3. 可以同时有互相矛盾的信念 4. 按好的判断和坏的判断分组 5. 个人经验或事件以情节式随机储存	1. 由符合逻辑法则的前提和结论组成 2. 不按心理重要性排列 3. 不可以有互相矛盾的知识 4. 不会按评价而组织 5. 信息以意义的网络储存	

由此可看出，信念比情感更稳定，相对知识而已，信念又具有更多的情感成分，也有程度之分。因此，可以认为信念和知识、情感、观念、信仰等概念密切相关，但是在内涵上是不等价的。

2）教师信念的有关概念辨析

在教师信念方面，与之相近的词也比较多，包括了“教育信念”“教学信念”“教学观念”等，它们虽然较为相近，但是在本质内涵上是有差异的。

教师的教学信念指教师对教学过程中相关因素所持的信以为真的观点、态度和心理倾向（郭晓娜，2008）。教育信念指教师对某些教育事业、教育理论及基本教育主张、原则（较为宏观、抽象的事物）的确认和信奉（教育大辞典编纂委员会，1998）。教育观念是人们在教育改革与发展的实践过程中逐步形成的、对教育及教育过程中重要问题的基本认识和看法（教育部中小学教师综合素质培训专家委员会，2000）。教育信念是人们对教育理想、教育观念、教育理论及基本教育主张的确认和坚信，它包括社会公众的教育信念、教育管理者的教育信念和教师的教育信念（宋宏福，2004）。刘莉等（2008）认为，可将教师教育信念等价于教师信念。其实，从教师信念和教育信念的内涵上说，这两者还是有区别的，相对来说教师信念的概念更加广泛，而教育观念和教育理念具有较强的相似性。

由此可看出，教师信念的内涵最为广泛，是教师在教育教学实践中所持有的与之相关的信念，包括了教育信念、教学信念和教育观念等。其中，教学信念最为关键，例如有学者认为在教师的信念系统中，教学信念是核心（解芳等，2006）；也有学者认为教师信念主要指教师的教学法信念（Borg，2001）。

2.7.2 数学教师信念的内涵结构

要探讨数学教师信念的内涵结构，首先需要厘清教师信念的内涵结构，以及国内外数学教师信念的研究现状。为此，将有关教师信念和数学教师信念内涵结构的研究结果作如下整理。

（1）数学教师信念包括教师关于数学学科的信念、关于数学学习的信念、关于数学教学的信念和关于教师自我的信念等四个方面（Op'Teynde et al.，2002）。

（2）数学教师信念包括数学是什么，实际的数学教与学的过程是什么样的，理想的数学教与学的过程应该是怎么样的等三个部分，其实质上是数学知识信念、数学教学信念和数学教育信念三个方面（Ernest，1989）。

（3）数学教师信念包括教师关于数学的信念、关于自我的信念、关于数学教学的信念和关于社会环境的信念四个方面（Op'Teynde et al.，2002）。

（4）数学教师信念包括教师关于数学的信念、关于数学本质的信念、关于数学学科的信念、关于数学任务来源的信念、在数学中关于自己的信念、关于数学教学的信念和关于数学学习的信念七个方面（Op'Teynde et al.，2002）。

（5）教师信念包括教师关于学习者和学习的信念、关于教学的信念、关于课程科目的信念、关于学习教学的信念以及关于自身和教学角色的信念五个部分（Calderhead，1996）。

（6）数学教师信念包括教师关于数学的信念、关于数学学习的信念、自己作为学习者的信念、教师角色的信念和数学学习的其他信念等五个方面（Op'Teynde et al.，2002）。

（7）教师信念包括教师关于学科知识的信念、关于学习的信念、关于教学的信念、关于课程或教学项目的信念以及关于将学科教学作为职业（专业）的信念五个方面（Richards et al.，2000）。

（8）从心理学的角度上分析，可将教师信念分为教师关于学习者的信念、关于学习的信念以及关于教师自身的信念三个部分（Williams et al.，2000）。

（9）教师信念是指在教育或教学领域里，教师自己认为可以确信的看法，通常包括教师对课堂教学、语言、学习、学习者、内容、教师自我或教师作用等的看法（Borg，2001）。

（10）教师信念是教师自己确认并信奉的有关人、自然、社会和教育教学等方面的思想、观点和假设，是教师内在的精神状态、深刻的存在维度和开展教学活动的内心向导，是教师专业素养的核心要素之一（赵昌木，2004）。

（11）教师信念包括教师对自身、学生、教学目标、教学方法、教材使用、教学环境和教学评价七个方面的信念（郭晓娜，2008）。

（12）教师信念包括了教师对教师效能、知识的本质、激发行为的原因、自我觉知和自我价值、自我效能感和具体科目的信念（王慧霞，2008）。

（13）教师信念包括教师对教学、学习、课程、教师自我或教师作用等方面的信念（王红艳等，2009）。

（14）从外到内可将教师信念分为四个层次：第一层次，教师关于青少年发展及其文化背景的信念；第二层次，教师关于教育政策、标准和问责制的信念；第三层次，教师关于学生、课堂互动和教学内容的信念；第四层次，教师的身份认同和教学效能感（朱旭东，2011）。

（15）理想的教师信念结构可以分为三个层次：首先是生命信仰层，即教师对于生命之最高价值的认识；其次是教育信念层，即教师对于自己所从事职业之社会价值的认识；最后是教学信念层，即教师对所在学科教学完成教育责任之特殊作用与实现途径的认识（马莹，2013）。

（16）数学教师信念包括教师的数学信念、数学学习信念和数学教学信念三个维度。其中数学信念包括对数学本质的认识、对数学对象的认识、对数学价值的认识；数学学习信念主要包括对做数学的认识、对数学问题的认识、对数学学习的认识；数学教学信念主要包括对数学教学的认识、教师教学效能感（李美玉，2013）。

（17）数学教师信念包括教师的数学学科信念（数学观）、数学教学信念、数学学习信念三类（脱中菲，2014）。

（18）教师认识信念可分为教师对知识的认识信念、对学习的认识信念、对教学的认识信念和对学生的认识信念四个部分（喻平，2016）。

综上教师信念和数学教师信念的结构可看出，最少的由三个部分组成，最多的由七个部分组成，尽管内容各不相同，但是都包括了几个核心的信念。首先，是有关学科知识的信念。包括知识的本质是什么（例如，是观念的还是实在的），知识是怎么来的（例如，数学知识是发明的还是发现的），知识是主观的还是客观的，等等。喻平（2016）认为知识信念包括二元绝对论、多元绝对论、分离性相对绝对论、联系性相对绝对论和相对可误论等五种类型。其次，是有关教学的知识。包括教学本质是什么（例如，是教师主体、学生主体还是双主体），教学的目的是什么（例如，为了考试还是兼顾学生的身心发展），怎么教才会更有效（例如，常用的教学方法有哪些，学生最能接受的教学方式是什么），等等，这个部分是教师信念的核心，直接影响着教师的教学行为。最后，是有关自我的信念。包括教师自身所秉持的教育观是什么，教师对职业持何种情感态度，教师的教学效能感是怎样的，等等，这个部分更多地涉及教师的教育观和职业情感，对教师职业的内驱力有着重要的影响。

因此，根据文献分析，结合对教师开放性调查的结果，可将数学教师的信念主要归结为数学知识信念、数学教学信念和数学教师自我信念三个方面。其中，数学知识信念主要指教师对数学学科知识的认识，例如，对于数学知识的性质和来源，教师是持经验主义知识观、理性主义知识观、实用主义知识观、逻辑主义知识观，还是后现代知识观？教师对数学知识的不同认识，就会形成不同的数学学科知识信念，进而影响到个人的教学理念和教学行为；数学教学信念主要指教师对于数学的教与学所持的基本观点，例如教师对行为主义、认知主义、人本主义、建构主义和情境认知主义等理论下的教学观和学习观持何种态度，有怎样的认识，等等，这是影响教师教学行为最为重要的信念；数学教师的自我信念主要指教师对自己职业的认同、对自己的职业自信程度、自我效能感和归因类型等内容，是教师专业发展内驱力的重要来源。这三者信念中，数学知识信念与知识的联系最为紧密，数学教学信念次之；而数学教师自我信念与情感的联系较为紧密。

值得一提的是，教师信念是教师所秉持的观点，它与教师的品格、能力、知识等专业素养不同，并不存在最低要求或最基本条件，只有合适和不合适。为此，喻平（2016）根据不同的信念倾向，从传统到现代将数学知识信念和数学教学信念分别划分了五种类型。其中，数学知识信念分别为二元绝对论、多元绝对论、分离性相对绝对论、联系性相对绝对论和相对可误论；数学教学信念分别为行为主义、认知主义、信息加工建构主义、个人建构主义和社会建构主义。在数学教师自我信念方面，还没有学者对其类型进行探讨，一般来说，可从消极到积极地对其进行分类。各结构的具体内容，简述如下。

（1）数学知识信念：指教师对数学知识的认识和所秉持的观点，主要包括教师对数学知识范畴的信念、知识性质的信念、知识价值的信念和知识结构的信念四个部分。其中，数学知识范畴包含两层含义，一是数学知识本质的认识，二是数学知识来源的认识；数学知识性质指人们对数学知识真理性的判断；数学知识价值指人们对数学知识价值的判断，包括强调知识的价值在于为社会服务和为育人服务两个方面；数学知识结构包含两层含义，一是知识之间、知识与生活之间是相互联系的还是相互分离的；二是除了显性知识外是否还有隐性知识。

（2）数学教学信念：指教师拥有与数学的教与学有关的信念，包括数学教育信念、数学课堂教学信念和数学学习信念三个部分。其中，数学教育信念主要指教师的教育理念和数学教育观；数学课堂教学信念主要指教师对数学教学本质和目的的认识、数学教材操作的认识和学生数学学习的认识；数学学习信念主要指学生数学学习过程的认识、数学学习归因的认识和学生数学发展的认识。数学教学信念是教师信念的核心，对教师的教学行为有着直接而强烈的影响。

（3）教师自我信念：指数学教师对自身定位和发展方面的信念，主要包括数学教师的职业认识、归因类型和自我效能感三个部分。积极的自我信念是教师专业发展动力的源泉，会让教师的工作充满积极性，对职业有信心，恰当地扮演自己在教学和工作中的角色和位置；相反，消极的自我信念将阻碍教师的专业发展，不利于学生数学素养的发展。

具体结果如表 2-20 所示。

表 2-20　数学教师信念内涵结构

一维要素	二维要素	具体内容
数学知识信念	数学知识范畴信念	客观认识论与主观认识论
	数学知识性质信念	绝对主义与可误主义，理性主义与经验主义
	数学知识价值信念	社会性与育人性，功利性与认知性，工具性与训练性
	数学知识结构信念	联系性与孤立性，外显性与内隐性
数学教学信念	数学教育信念	教师对数学教育价值、目的和方式的基本认识
	数学课堂教学信念	教师对数学课堂教学本质、目的、教材的价值和学生的课堂学习的基本认识
	数学学习信念	教师对学生在数学学习过程中的思维特征、学习方式和学习障碍的基本认识
教师自我信念	自我效能信念	教师对自身教育能力与影响力的自我判断、信念与感受
	归因类型信念	对教育教学工作成功与失败的归因
	职业认识信念	对数学教师职业的认识、职业发展前景的判断和工作的自信心

2.8　本 章 小 结

无论是社会对教师专业的需求，还是教师专业自我发展的需要，都有必要发展与核心素养教育相契合的专业素养。经过文献分析和现实调查，本研究对数学教师专业素养的内涵和构成进行了诠释。

综上所述，数学教师专业素养是数学教师在先天条件基础上，经历养育、教育和实践等各种后天途径逐步养成，对教师的数学教育、数学课堂教学活动有着显著影响的素质和修养，是数学教师从事符合时代发展的职业活动所需要的各种心理品质的总和。数学教师专业素养的内涵在纵向上与教师的专业化发展一脉相承，在横向上与素养背景下的教师专业诉求相契合，是教师专业发展的时代产物。

根据数学教师专业素养的内涵，其构成可归纳为教师品格、教师能力、教师知识和教师信念 4 个一级维度，进而分为公民品德、教育情怀、人格品质、教学行为能力、教学设计能力、沟通合作能力、基础性知识、关联性知识、教育性知识、数学知识信念、数学教学信念和教师自我信念 12 个二级维度，再细分为思想政治、遵纪守法等 33 个三级维度，具体归纳如表 2-21 所示。

虽然，由于研究的需要将数学教师专业核心素养分为了四个维度，但在教师的教育实践中，他的品格、能力、知识和信念之间是密切联系着的。其中，教师信念最为关键，它对教师知识、教师能力和教师品格都有着重要的影响；教师品格会在很大程度上影响着教师的行为，也会影响着教师的知识观；而教师知识是影响教师能力的重要因素。当然，这种影响关系也不是单向的，教师在实践过程中也能产生新的知识，教师知识和能力的变化也会影响教师品格形成，而教师的信念也会随着知识、能力和品格的变化做出适当的调整，它们的具体框架结构如图 2-3 所示。

表 2-21　数学教师核心素养内涵结构

一维要素	二维要素	三维要素
教师品格	公民品德	思想政治
		遵纪守法
	教育情怀	职业认同
		关爱学生
	人格品质	勤奋好学
		自我约束
教师能力	教学行为能力	语言表达能力
		非语言表达能力
		动作反应能力
	教学设计能力	教学的设计与实施能力
		数学教学的研究能力
		教学自我提升能力
	沟通合作能力	同事之间的沟通与合作能力
		师生之间的沟通与合作能力
		家校之间的沟通与合作能力
教师知识	基础性知识	数学基本概念和性质的知识
		数学基本运用的知识
	关联性知识	数学知识点之间相关联的知识
		数学课程标准有关要求的知识
		数学教科书有关内容编排的知识
	教育性知识	学生的知识
		教育的知识
		工具性知识
教师信念	数学知识信念	数学知识范畴信念
		数学知识性质信念
		数学知识价值信念
		数学知识结构信念

续表

一维要素	二维要素	三维要素
教师信念	数学教学信念	数学教育信念
		数学课堂教学信念
		数学学习信念
	教师自我信念	自我效能信念
		归因类型信念
		职业认识信念

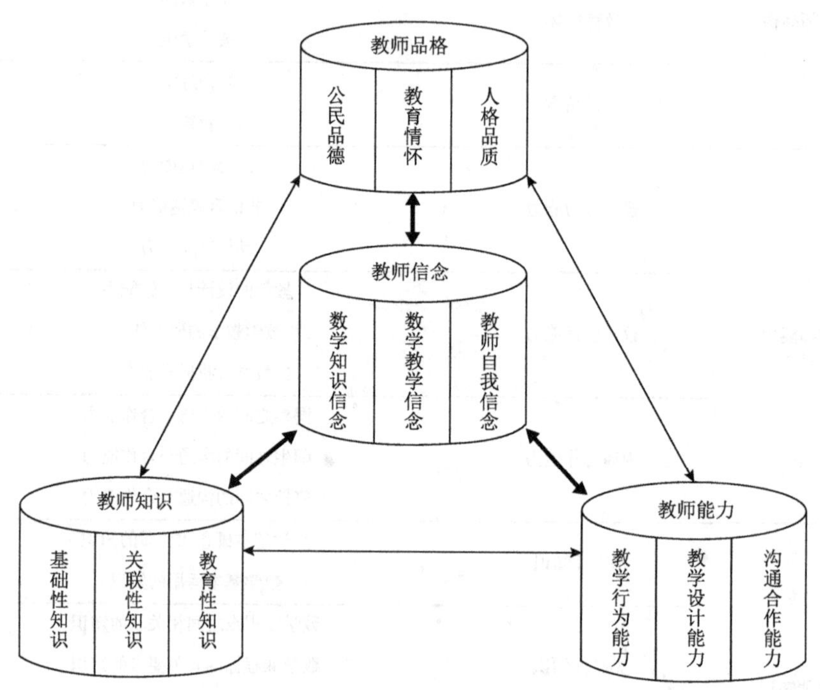

图 2-3　数学教师专业核心素养结构图

正是教师专业核心素养之间有着紧密的联系，这也导致了一种素养的改变必然会对其他素养的变化产生影响，在探索教师专业核心素养发展的研究中，也可对教师专业素养之间的相关性进行深入分析和探讨。

第 3 章　数学教师专业素养的测评

测评就是依据某种法则，给观测对象的某种特性赋予符号或数字的过程，即通过深入观察过程，对其某种特性的种类、程度和大小等进行区分，并依据某种法则，给这种特性赋予符号或数字的过程（张红霞，2009）。测评是教育研究中的一个关键环节，无论是了解教育现状还是验证教育的变化情况，都要将测评结果作为依据。在教师专业素养的研究中，需要了解优秀教师专业素养的基本特征，不同群体教师的专业素养存在怎样的差异，以及该如何更好地促进教师专业素养的发展等，这些都离不开教师专业素养的测评。对此，要避免两种极端的认识。一是教师专业素养的不可测论，认为教师的专业素养具有个体性、情境性和内隐性，是不可测的，这种认识有一定依据，但这只能说明测评的难度较大，并非完全不能测评，研究者应该不断探索，尽量排除无关因素的干扰，从不同角度去揭示测评对象的素养。二是教师专业素养测评的全面论，认为可以通过一个量表或一份问卷，就能较为全面地测出教师的专业素养；这种认识显然是高估了自身测评工具的有效性，也低估了教师专业素养的复杂性。教师专业素养是一个复杂的系统，为了研究需要可以将其分为若干部分，但是要对其测评还是一个较为复杂的过程，往往需要多种方式、多个角度相结合进行分析。因此，在本研究中，既有对数学教师核心素养某一维要素测评的探索，又有对某二维、三维或更为细致的要素进行的测评和分析，在对数学教师专业素养进行探索的同时，也为后续研究提供参考。

3.1　常用的教师专业素养测评方法

教师专业素养的测量和评价，属于教育研究中数据收集的范畴。教育研究主要可分为定量研究、定性研究和混合型研究。定量研究主要通过对数值型数据进行分析，认为对象是可观察和测量的，可以通过结构化的、经验证的数据收集工具进行精确测量，结果具有客观性和可推广性，是一种“自上而下”的方法。定性研究主要依据非数值型数据（如文字、图片、视频等）的分析，认为对象是主观的、精神的和个人的，具有较强的情境性、个体性和不可预见性，因此只能通过访谈、观察、田野记录和文本分析，获得描述性的数据，是一种“自下而上”的方法。但是近年来，定性研究也逐渐注重研究过程的严谨性，注重分析结果的数据化呈现，体现了较强的质性研究特色。混合型研究综合了定量和定性两种类型，认为对象既有主观性，也具有客观性，需要两种方法相互支持。例如，在定量测评前先用定性分析结构和框架，在定性的描述和观察后，再利用定量的方法将结果数值化和结构化。由于混合型研究方法能从多角度分析，具有更强的合理性，因此在目前的教育研究中使用较为普遍。

在教师专业素养的测评中，主要的测评方法包括问卷测评、试题测评、访谈测评、观察测评和文本测评五种方式。其中问卷测评、试题测评和访谈测评都属于需要被测者进行解答的直接测评，结果可以直接量化或根据某种分析标准将其量化；观察测评和文本测评属于间接的测评，观察测评需要对其言行进行分析，文本测评则是对其教学设计、反思日志等文本材料进行分析，它们都需要建立分析框架，将结果量化。尽管这五种测评方法的分析对象、测评方式不同，但是测评的准备阶段一般都需要经过以下四个环节。

（1）概念界定：对于测评的教师专业具体素养要明确内涵，能依照某种理论，给出概念的操作性定义；

（2）维度确定：将测评目标分解为若干类别，一级类别中还可以再细分二级类别，维度层次越多，测评将会越细致，如果研究将采用探索性因素分析，则维度的划分可以弱化，否则必须有明确的理论依据和严格的分类标准；

（3）分析框架：构建用于测评结果分析的框架，包括什么情形属于什么类别、什么水平等级等，该框架对访谈、观察和文本分析等质性数据的分析尤为重要；

（4）预测检验：无论是调查的问卷、测验的试题、访谈的提纲、观察的维度，还是文本分析的框架都需要经过预研究的检验，反复调整，获得满意的指标后，才能实施正式的测评。

不同的测评方式在具体的形式和步骤上会有差异，但大多数都要遵循以上各环节的要求。而且，鉴于教师专业素养的内隐性和复杂性，仅仅采用一种数据收集方式有其局限性和不完整性，往往需要多种方式混合、优势互补。下面将对这五种常用的教师专业素养测评方式进行介绍和分析。

3.1.1　问卷测评

问卷是一种自陈式的数据收集工具，研究者可以通过问卷获得测评对象的想法、感受、态度、认知、人格和行为意向等特质的信息（约翰逊等，2015）。问卷可以用于收集定量数据、定性数据和混合型的数据。大多数情况下测评对象通过自己答卷完成，也可以由研究者根据测评对象的口头回答来填写。问卷测评法的最大特点是标准化程度较高，问卷的设计、问题的选择、测评的实施、结果的处理和分析都严格按照一定的原则和要求来进行，以保证测评的科学性、准确性和有效性，避免了测评的盲目性和主观性。问卷测评还有一个突出的优势，就是可以在较短时间内收集到较多的样本资料，而且由于问卷中问题和答案都预先有了分析和处理框架，因此测评结果的处理可以借助计算机软件，不仅快速而且分析得更加深入有效。也正是基于上述优点，问卷法在心理和教育科学研究领域有着广泛的应用，特别是在某些主客观条件限制的情况下，问卷法的价值尤为突出（董奇，2004）。当然，在问卷测评中，如果问卷编制较为随意，缺乏必要依据，其测评结果也缺乏说服力。因此，如何编制质量较高的问卷是该类测评的关键。

一般来说，教师专业素养的问卷测评主要可分为封闭性选择、开放性问卷和倾向性选择这三种类型。其中，封闭性选择主要是选择题，可单选或多选，采用选项人数的百分比统计数据作为测评结果；开放性问卷可以是多选题形式，也可以是填空题形式，调查对象根据题目要求选择或填写相关内容，研究者根据教师的回答进行编码、归类再统计；倾向性选择主要是利克特量表（Likert scale）类型的选择题，根据教师的得分进行统计。相比较而言，对于封闭性选择教师的填写较为便捷，接受程度较高，但是对测评结果的分析难以深入，单纯地列出百分比只能说明一些较为表面的现象，缺乏对相关性和差异性的解读；开放性问卷可以较好地了解教师专业素养的真实情况，但是相对于选择题，填写文字需要用时更多，实施的便捷性稍低；倾向性选择属于选择类型，具有较强的便捷性，也易于测评结果的深入分析，可利用 SPSS 等软件，对测评结果进行因子分析和方差分析，厘清专业素养不同群体之间的差异性和不同因素之间的相关性，是较好的教师专业素养测评方式。在具体实施中，可采用利克特法设计倾向性选择问卷。对于一些封闭性选择的问卷题目也可以改编成倾向性选择。

例如，对于封闭性选择题：

对你课堂教学风格影响最大的因素是（　）。

A. 作为学生时，某一位或几位教师的教学；

B. 工作后，某一位或几位同事（同行）的教学；

C. 师范学习时，指导教师或任课教师的指导；

D. 个人的性格；

E. 书本学习的启发。

该题可改编成多个倾向性选择题：

以下题目中，认同度最高（最强）的选择 5，最低（最弱）的选择 1，请在对应□内打√：

（1）作为学生时，某一位或几位教师的教学对我课堂教学风格的影响程度（　）。

□ 1　　□ 2　　□ 3　　□ 4　　□ 5

（2）工作后，某一位或几位同事（同行）的教学对我课堂教学风格的影响程度（　）。

□ 1　□ 2　□ 3　□ 4　□ 5

（3）师范学习时，指导教师或任课教师的指导对我课堂教学风格的影响程度（　）。

□ 1　□ 2　□ 3　□ 4　□ 5

（4）个人的性格对我课堂教学风格的影响程度（　）。

□ 1　□ 2　□ 3　□ 4　□ 5

（5）书本学习的启发对我课堂教学风格的影响程度（　）。

□ 1　□ 2　□ 3　□ 4　□ 5

经过这种改变后，题目的数量虽然增多，但是有利于测评结果的深入分析比较。当然，具体该采用何种方式，研究者还需要考虑研究的实际情况。

无论是何种问卷测评方式，题目的编制十分关键，测试题的内容既要符合所测试目标的维度要求（效度要求），其表述和呈现形式又要能较好地测出教师真实的素养水平（信度要求）。此外，问卷测评是测评对象根据自己的判断作出选择，这就意味着会存在他们所选择的是他们认为应该具备或应该做到的，而不一定是自己实际上所具备的。这种现象在问卷调查中是难以杜绝的，只能尽量避免，这就要求研究者具备较高的问卷编制能力，能通过各种“旁敲侧击”或者能让被测者在填写时有所思考，尽可能测出教师专业素养的真实内容和水平。为此，研究者在编制问卷的过程中，应遵循若干编制原则，使得问卷更加合理、精致。

1. 问卷编制的原则

在编制问卷过程中，应该有一些值得注意的原则，主要归纳如下。

1）匹配性原则

在编制问卷之前，一定要有较为扎实的文献梳理作为基础，厘清测评对象的具体内涵，以及所涉及的各级维度。问卷题目要与研究目标匹配，每一题要与具体的维度相对应。同时维度要全面，避免出现数据收集完毕才意识到漏掉某一维度的错误。

从理论上说，某一维度所对应的问卷题目越多越好，但是这会增加问卷长度和测评时间，导致信度下降。一般来说，一个维度需要至少 3 道题的支撑才能作为衡量指标，对于特别不稳定的维度，则需要更多道题（Punch，2005）。

2）通俗性原则

编制问卷之前，要对测评对象有较为清晰的认识，能在问卷中采用较为通俗且让被测者易懂的语言文字，尽量避免使用学术性、专业性太强的语句。如果必须使用技术性用语，需要在边上作出较为通俗的解释。在长度方面，尽量使用简洁、简短的句子，避免使用长句。这样有利于教师的理解，熟悉的语言可以让他们感到轻松，有利于测评信度的提高。

3）明确性原则

不能在问卷中出现倾向性和暗示性的语句，也不能出现含糊不清和有争议性内涵的用词，尽量避免出现双重否定语句。对于敏感性或刺激性的问题，要谨慎使用。一个题目对应一个目的和一个问题，避免出现一个题目多个目的和多种提问。

4）排斥与封闭性原则

对于封闭性选择问卷，各个选项既要做到相互排斥，不能有重叠，又要做到能穷尽所有可能，适合所有潜在的回答。选择题答案若是等级型的，一般等级要均衡，且多采用奇数，体现中立性和强弱（或同意、不同意）的平衡。

2. 问卷的设计与实施

1）问卷的基本结构

问卷的结构一般由标题、前言、指导语、问题、选择答案和结束语等部分组成。其中，标题一般都是需要的，当然可以根据具体的测评内容和对象对标题做一些技术性变更，避免影响测评的有效性；前言指对测评目的、意义和内容的简要说明，务必简明扼要；指导语是对本次测评填写规则的一些说明性文字，包括填写方法、时间、注意事项（例如，独立完成）等；问题是问卷的核心，务必按照规范编制，做到目的性强、表述恰当；选择答案务必全面、合理，若是开放性填空题，则答案要留出空白（最好能画线留白），也可规定填写的数量（例如，请写出五个你认为教师需要具备的能力）；结束语一般表示感谢，或者留一些空白让被测者填写自己的感想或建议。

为了提高测评的有效性，问卷测评一般是匿名进行的，但是为了做群体差异的比较分析，多数情况下要求教师填写性别、年龄、教龄、职称、学历和地域等信息。由于目前网络较为普及，一些测评如果通过网络发放，为了防止被测者盲目答题，会设置若干反向计分题和“测谎题”（例如，可给出两道本质上是一样的题目，选项顺序不同，将其分布在问卷的不同位置，根据答题结果来推断被测者是否认真填写）。

2）问卷题目的排列

问卷题目的排列方式是影响问卷回收率和有效性的一个重要因素，不可随意放置，应该仔细思考，根据问题的内容和被测者的心理特征，作出较为科学合理的编排。当编制问卷题目时，一般是根据维度来设计，但是用于实施测试的问卷可以不必按照这种方式排列，因为同一维度下的题目由于内容相近容易引起相互干扰。

一般来说，问卷排列的顺序按照先易后难、先简单后复杂、先一般后特殊、敏感等原则，把容易回答的、感兴趣的、一般性的问题放在前面，再放置复杂的、具体的问题，这种设计也称为“漏斗顺序”（董奇，2004）。有时间顺序的问题，应该依次排列，保持连续性。“测谎题”之间应该有一定量题目的间隔，避免引起干扰。

3）问卷质量的检验

测评的一个重要环节就是要对量表进行预研究，对其各个指标进行分析，检验其信度和效度。由于在检验过程中一般会剔除若干题目，因此在编制初始问卷时，题目可以稍微多一些。但是在正式测评时，问卷的题目不宜太多，一般以被测者能在 30 分钟完成的量为宜，否则可能会影响被测者答题的专注度。

检验问卷质量，指问卷初稿编制完成后，选取部分样本进行预测评，并对预测评的结果进行项目分析和效度分析，检验问卷的有效性。

（1）项目分析。

项目分析需要对每个题目的回答赋值，因此人格测评中一般不作项目分析，但是教师专业素养的测评量表一般都需要对题目进行项目分析。项目分析主要采用临界比（critical ratio，CR）分析和同质性检验，其中同质性检验还分为相关性分析、一致性检验和共同性检验这三种类型。

临界比检验需要将教师根据累计总分从高到低排列（每个题目的每一个答案都会得到对应的分值，每一个问卷都会累计得到一个总分），将得分前 27% 的样本称为高分组，后 27%的样本称为低分组。对高分组和低分组教师在各个题目中的得分做独立样本 *T* 检验，若没有显著性差异，表明该题的鉴别度不够，删除；若存在显著性差异，但是检验统计量不是很高（一般指 *T* 值小于 3.0，最好较严格的量表一般以 3.5 为检验标准），则表明该题需要进一步分析。例如，在 SPSS 软件中执行“分析–比较均值–独立样本 T 检验”，就会出现如图 3-1 所示界面。其中 x1、x2、x3 和 x4 是需要比较的题目，要选入右边的检验变量处，X 是高分组和低分组分类的标记，应选入右边的分组变量处，然后单击“确定”即可。

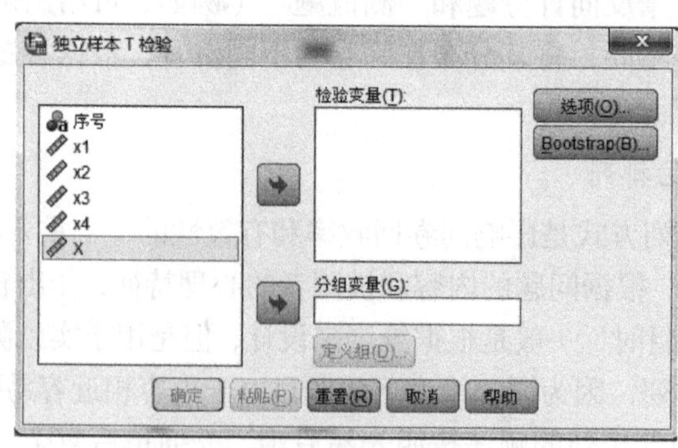

图 3-1　独立样本 *T* 检验界面示意图

执行独立样本 T 检验后，会出现如表 3-1 所示的结果。第一个显著性值（第三列，如中文版出现的是“显著性”）如果大于 0.05，则表明方差没有差异，此时应选取“假设方差相等”这一行所对应的后一个显著性值（如表 3-1 圆圈所在的列），若显著性值小于 0.05，则表明方差差异显著，此时应选取“假设方差不相等”这一行所对应的后一个显著性值。后一个显著性值如果小于 0.05，则表明当显著性水平为 0.05 时，显著相关；反之则没有统计学上的显著相关性。例如，表 3-1 中，x1 和 x2 的第一个显著性值分别为 0.967 和 0.239，均大于 0.05，应该选择第一行（假设方差相等），对应的后一个显著性值，分别为 0.983 和 0.530，均大于 0.05，表明没有达到显著水平；x3 和 x4 的第一个显著性值，分别为 0.002 和 0.006，均小于 0.05，则应该选择第二行（假设方差不相等），对应的后一个显著性值，分别为 0.043 和 0.138，这表明 x3 存在统计学上的显著性差异，而 x4 没有显著性差异。这个临界比分析结果表明，x1、x2 和 x4 这三道题都不是太理想，建议删除；x3 虽然 T 值达到显著水平，但是数值较低（2.059 < 3.0），有待进一步观察。

表 3-1　独立样本 *T* 检验结果表

题项		方差方程的 Levene 检验		均值方程的 T 检验						
		F	显著性	T	df	显著性（双侧）	均值差值	标准误差值	差分的 95%置信区间 下限	差分的 95%置信区间 上限
x1	假设方差相等	0.002	0.967	–0.021	362	0.983	0.000	0.020	–0.041	0.040
	假设方差不相等			–0.021	71.008	0.983	0.000	0.020	–0.041	0.040
x2	假设方差相等	1.391	0.239	0.629	362	0.530	0.041	0.066	–0.088	0.171
	假设方差不相等			0.606	68.895	0.546	0.041	0.068	–0.095	0.178
x3	假设方差相等	9.888	0.002	2.216	362	0.027	0.151	0.068	0.017	0.285
	假设方差不相等			2.059	67.191	0.043	0.151	0.073	0.005	0.297
x4	假设方差相等	7.713	0.006	–1.632	362	0.104	–0.105	0.064	–0.231	0.022
	假设方差不相等			–1.500	66.709	0.138	–0.105	0.070	–0.245	0.035

同质性检验指个别题目与量表总体的联系紧密程度，一般通过相关性、一致性和共同性等方式来判断。相关性分析可通过 SPSS 软件，执行“分析—相关—双变量”将样本的每题得分与总分导入右边的“变量”栏，将相关系数中的“Pearson”和“标记显著性相关”打钩，选中显著性检验中的“双侧检验”，即可单击“确定”执行。具体如图 3-2 所示。

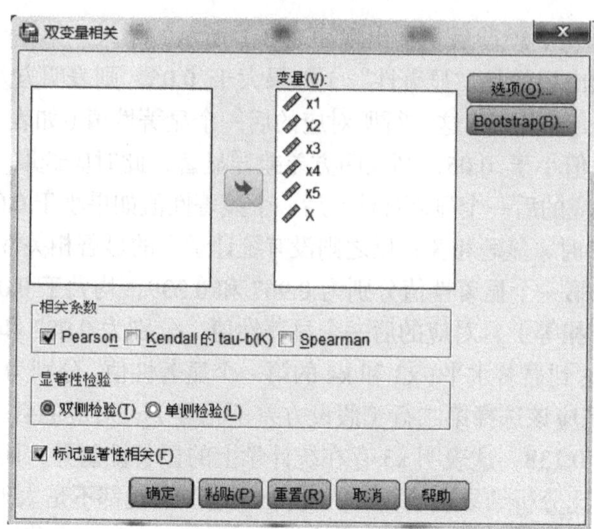

图 3-2　相关性分析检验界面示意图

相关性分析要求题目与总分的相关程度不仅要显著，而且相关系数不能低于 0.4。如表 3-2 所示，最后一列就是总分 X 与各个题项 x1、x2、x3、x4、x5 的相关程度。其中，x2、x4、x5 和总分的同质性较好，不仅相关系数都大于 0.4，而且都显著相关（显著性都小于 0.01）；x1 虽然与总分 X 显著相关（0.018<0.05），但是相关系数只有 0.333<0.4，这表明该题需要进一步观察；而 x3 与总分不存在显著相关（0.480>0.05），而且相关系数只有 0.102<0.4，这表明该题需要删除。

表 3-2　相关性检验结果表

题项		x1	x2	x3	x4	x5	X
x1	Pearson 相关性	1	0.315*	0.075	0.084	0.091	0.333*
	显著性（双侧）		0.026	0.605	0.563	0.528	0.018
	N	50	50	50	50	50	50
x2	Pearson 相关性	0.315*	1	0.235	0.706**	0.589**	0.645**
	显著性（双侧）	0.026		0.101	0.000	0.000	0.000
	N	50	50	50	50	50	50
x3	Pearson 相关性	0.075	0.235	1	0.232	0.192	0.102
	显著性（双侧）	0.605	0.101		0.104	0.181	0.480
	N	50	50	50	50	50	50
x4	Pearson 相关性	0.084	0.706**	0.232	1	0.627**	0.798**
	显著性（双侧）	0.563	0.000	0.104		0.000	0.000
	N	50	50	50	50	50	50

续表

题项		x1	x2	x3	x4	x5	X
x5	Pearson 相关性	0.091	0.589**	0.192	0.627**	1	0.672**
	显著性（双侧）	0.528	0.000	0.181	0.000		0.000
	N	50	50	50	50	50	50
X	Pearson 相关性	0.333*	0.645**	0.102	0.798**	0.672**	1
	显著性（双侧）	0.018	0.000	0.480	0.000	0.000	
	N	50	50	50	50	50	50

注：*表示在0.05水平（双侧）上显著相关；**表示在0.01水平（双侧）上显著相关

一致性检验，主要采用克龙巴赫 α（Cronbach's Alpha）系数来检验量表内部的一致性程度。在 SPSS 中执行"分析–度量–可靠性分析"，出现如图 3-3（a），将全部题目从左边选入右边的"项目"栏，在"模型"中选中"α"。然后单击"统计量"，出现如图 3-3（b），将其中的"如果项已删除则进行度量"打钩。单击"继续"退出后，再单击"确定"，即可运行。

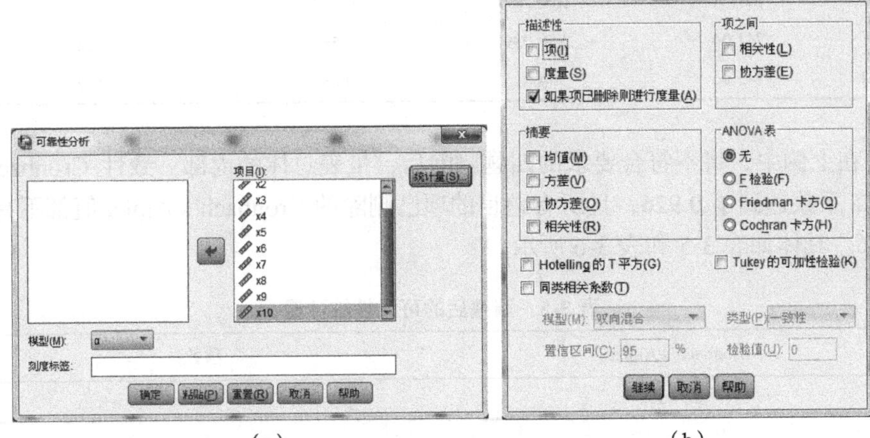

（a）　　　　　　　　　　（b）

图 3-3　一致性分析检验界面示意图

一份好的量表，内部一致性 α 系数要在 0.8 以上（表示高度相关），如果在 0.5 以下，表示低度相关，需要进一步修改。一般来说，量表的题目越多，内部一致性 Cronbach's Alpha 系数就会越高。表 3-3 显示，该量表的内部一致性 Cronbach's Alpha 系数为 0.684，属于中度相关，这和该量表只有 10 个题目有关系。

表 3-3　可靠性统计量

Cronbach's Alpha	项数
0.684	10

在表 3-4 中，“校正的项总计相关性”这列表示该题与其他题目总和的相关性，该指数如果低于 0.4，表示该题与其他题目低度相关，一般需要删除。“项已删除的 Cronbach’s Alpha 值”这列表示该题删除后，量表内部一致性 Cronbach’s Alpha 系数的值。该值如果高于量表总体的内部一致性 Cronbach’s Alpha 系数，则表示该题与量表总体不同质，需要删除。表 3-4 中的 x1、x3、x7 和 x8 都低于 0.4，且项已删除的 Cronbach’s Alpha 值都高于 0.684。这表明，这四道题需要删除。

表 3-4　一致性检验结果表

题项	项已删除的刻度均值	项已删除的刻度方差	校正的项总计相关性	项已删除的 Cronbach’s Alpha 值
x1	731.64	974.439	0.077	0.724
x2	741.34	846.678	0.516	0.628
x3	748.94	1087.976	–0.095	0.724
x4	746.74	714.400	0.700	0.573
x5	741.48	916.540	0.595	0.635
x6	741.00	927.102	0.624	0.637
x7	732.38	961.996	0.097	0.721
x8	747.64	1055.460	0.034	0.701
x9	741.04	850.039	0.561	0.622
x10	745.96	744.815	0.687	0.582

在上例中，将不符合要求的四题删除后，量表总体的内部一致性 Cronbach’s Alpha 系数达到了 0.926，且所有题目的项已删除的 Cronbach’s Alpha 值都不高于 0.926。具体如表 3-5 和表 3-6 所示。

表 3-5　调整后的可靠性统计量

Cronbach’s Alpha	项数
0.926	6

表 3-6　一致性检验结果表

题项	项已删除的刻度均值	项已删除的刻度方差	校正的项总计相关性	项已删除的 Cronbach’s Alpha 值
x2	404.98	691.449	0.823	0.908
x4	410.38	601.914	0.871	0.906
x5	405.12	824.679	0.721	0.926
x6	404.64	832.521	0.775	0.924
x9	404.68	703.161	0.860	0.903
x10	409.60	631.388	0.863	0.904

共同性表示该题能解释量表共同属性的变异量，将量表视为一个因素，分析每个题目与共同因素之间的共同性。一般来说，共同值低于 0.2（此时因素负荷量小于 0.45），表示该题与量表的共同性不密切，可考虑删除。在 SPSS 中，执行“分析–降维–因子分析”，即可弹出如图 3-4（a）所示界面。将量表包含题目选入右边“变量”栏，然后单击“抽取”，即可弹出如图 3-4（b）所示界面。选取“主成分”，然后单击“因子的固定数量”，在空格中填写数字“1”，单击“继续”后退出该界面，然后单击“确定”执行分析。

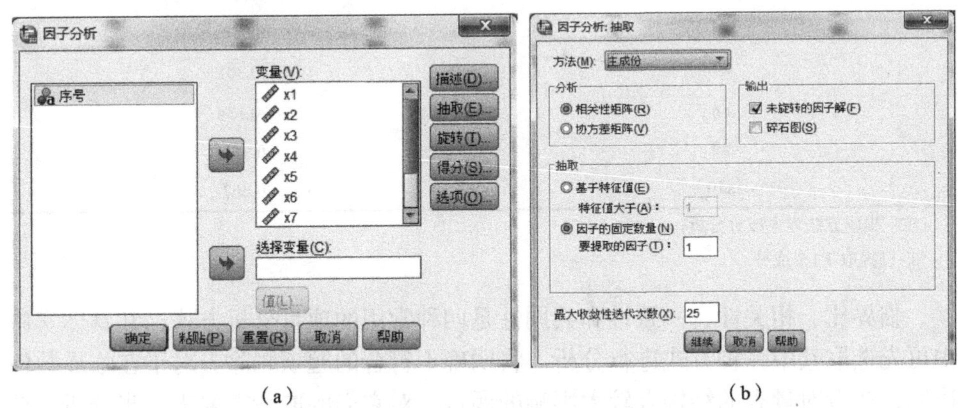

（a）　　　　（b）

图 3-4　共同性分析检验界面示意图

从表 3-7 中可看出，x1、x3、x7 和 x8 的共同值都低于 0.2，从表 3-8 中可看出，x1、x3、x7 和 x8 的因素负荷量都低于 0.45。这表明，这四道题需要删除。

表 3-7　共同性公因子方差

因素	初始	提取
x1	1.000	0.103
x2	1.000	0.794
x3	1.000	0.114
x4	1.000	0.762
x5	1.000	0.644
x6	1.000	0.709
x7	1.000	0.091
x8	1.000	0.024
x9	1.000	0.833
x10	1.000	0.751

注：提取方法为主成分分析

表 3-8 共同性成分矩阵

因素	成分[a]
	1
x1	–0.320
x2	0.891
x3	–0.338
x4	0.873
x5	0.803
x6	0.842
x7	–0.301
x8	–0.154
x9	0.912
x10	0.867

注：提取方法为主成分分析；

a. 已提取了1个成分

临界比、相关性、一致性和共同性是四种常用的项目分析方式，在具体实施中可先选取其中一种方式进行分析，将明确不符合的题项删除。对于在临界数值边缘，或者对量表的结构有较大影响的题目，对它们的取舍需要进一步分析，此时可选择其他方式进行检验。如果经过多种方法分析，结果都不符合要求，则需要将该题删除。值得一提的是，如果一些题目项目分析不合格是由表述不合理引起的，则在修改表述后需要再进行调查，再次做项目分析，得到符合要求的结果后，才能进入后续的实施阶段。

（2）效度分析。

效度（validity）即有效性，它是指测量工具或手段能够准确测出所需测量事物性质或特征的程度，可分为内在效度和外在效度。内在效度是指研究结果能被明确解释的程度；外在效度是指研究结果能被推广到其他总体条件、时间和背景中的程度；内在效度是外在效度的必要条件，但不是充分条件；效度分析的常用方法有内容效度（专家效度）、构想效度（建构效度）和效标效度（杨小微，2018）。任何一份问卷（或量表）的效度并非全有或全无，只是程度上有高低的差异。效度无法直接测量，只能从现有信息作逻辑推论或从实证资料作统计检验（吴明隆，2010）。效度分析是收集效度证据以支撑对分数的解释或推断的审查过程，这也是一个永无止境的过程，获得的效度证据越多，对自己的解释和推论就会越自信（约翰逊等，2015）。

一般来说，效度证据主要包括基于内容的证据（也称内容效度或专家效度证据）、基于内部结构的证据和基于与其他变量关系的证据（也称效标效度）这三种类型。基于内容的证据，主要通过该领域的专家对问卷的结构、内容进行审查和分析，判断内容和结构的一致性程度。基于内部结构的证据主要指运用因素分析或同质性检验，对题目与各层级维度之间的相关性进行分析。基于与其他变量关系的证据指将测评分数与另一个已知效标进行比较，以判断测评是否能够按照其预想区分出不同类别的差异。由于效标关联效度需要较多的外在条件，因此一般的教育和心理研究中以专家分析和因素分析为主，最好是采用专家效度和建构效度相结合。

建构效度主要借助 SPSS 等软件，对预研究的结果进行因素分析，验证题目和子维度、总维度之间是否具有较强的相关性，即验证所编制的测试题目 44+是否能较好地测出所设定的目标维度，而不是其他内容。因素分析主要有探索性因素分析（exploratory factor analysis，EFA）和验证性因素分析（confirmatory factor analysis，CFA）两种类型，在预研究中主要采用探索性因素分析，根据预研究数据构建因素层面，用最小的层面解释全部最大的总变异量（吴明隆，2010）。探索性因素分析一般在项目分析之后，将剩下的题目数据导入 SPSS，选择“分析–降维–因子分析”，即可出现图 3-5 的界面（不同版本会略有差异）。如果在文献分析中，认为某素养结构的共同因素层面是彼此独立的，一般采用直交转轴法，否则采用斜交转轴法，最普遍的直交转轴法是最大变异法。在图 3-4 中，将需要分析的测试题目从左边移到右边的“变量”栏，如图 3-4（a）所示。然后在右上角的“描述”栏中，将“KMO 和 Bartlett 的球形度检验”栏打钩（图 3-5（a））；在“抽取”栏中选择“主成分”，如果不限定因素个数就选择“特征值大于 1”，如果限定个数就选择“因子的固定数量”，并填入具体的因素个数；在“旋转”栏，一般选择“最大方差法”（图 3-5（b））；其他可默认，单击“继续”后再单击“确定”即可。

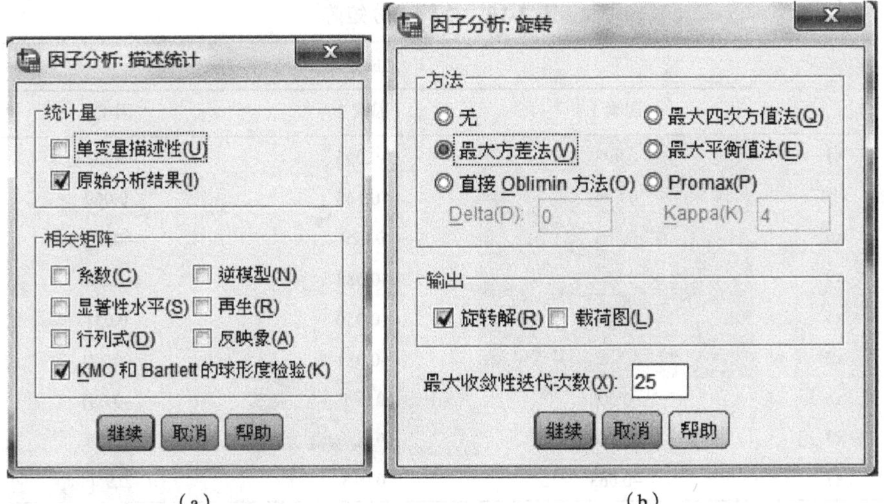

（a）　　（b）

图 3-5　因素分析界面示意图

一般来说，根据文献分析所设定框架编制的题目，与因素分析的结果会有出入。此时，首先判断 KMO（Kaiser-Meyer-Olkin）值是否大于 0.60，如果满足表明勉强适合进行因素分析；若 KMO 值大于 0.80，表明题项变量间的关系良好，较适合进行因素分析。然后分析结果中与原先设计较为接近的因素保留，差异较大或个数较少因素中的题目删除。删除题目需要逐一进行，每删除一次重新分析一次，不断探索，直到符合理论基础为止。所得结果中，所有因素的累积解释变异量不能低于 50%。例如，在表 3-9 所示的例题中，KMO 值为 0.714，可以进行因素分析。

表 3-9　KMO 和 Bartlett 检验

取样足够度的 KMO 度量		0.714
Bartlett 的球形度检验	近似卡方	468.340
	df	36
	显著性	0.000

分析结果如表 3-10 所示，这表明 9 个变量被分为 3 个因素，其中因素 1 有 6 道题，因素 2 有 2 道题，因素 3 有 1 道题，具体如表 3-10 所示。虽然这 3 个因素的解释变量累积百分比达到 83.668% > 50%（表 3-11），但是因素 2 和因素 3 中的题目个数太少（一般一个因素最低需要 3 个题目）。因此，根据检验结果，先将 x7 删除，再进行因素分析，如不满足再逐个删除分析，直至满意的结果为止。

表 3-10　旋转成分矩阵

	成分[a]		
	因素 1	因素 2	因素 3
x4	0.908	–0.096	0.055
x10	0.896	–0.145	0.069
x6	0.868	0.029	–0.071
x9	0.861	–0.083	–0.340
x5	0.837	–0.050	0.031
x2	0.832	–0.081	–0.371
x8	–0.006	0.941	–0.087
x3	–0.160	0.922	0.124
x7	–0.063	0.013	0.956

注：提取方法为主成分分析；旋转法为具有 Kaiser 标准化的正交旋转法；

a. 旋转在 4 次迭代后收敛

表 3-11　解释的总方差

成分	初始特征值			提取平方和载入			旋转平方和载入		
	合计	方差的百分比/%	累积百分比/%	合计	方差的百分比/%	累积百分比/%	合计	方差的百分比/%	累积百分比/%
1	4.745	52.725	52.725	4.745	52.725	52.725	4.543	50.483	50.483
2	1.687	18.744	71.469	1.687	18.744	71.469	1.783	19.807	70.290
3	1.098	12.199	83.668	1.098	12.199	83.668	1.204	13.377	83.668
4	0.672	7.468	91.135						
5	0.439	4.876	96.012						
6	0.212	2.356	98.368						
7	0.098	1.086	99.454						
8	0.029	0.323	99.777						
9	0.020	0.223	100.000						

注：提取方法为主成分分析

如果采用限定抽取共同因素法，操作过程基本一致，在图 3-4（b）界面中，输入限定的共同因素即可。限定抽取共同因素的分析结果中，如果有少量题目与原计划因素不同（例如，原计划该题为因素 1，因素分析归入因素 2 中），且内涵与欲测量的潜在特质明显不同，则删除该题后，再进行因素分析。

如果在量表编制过程中，已经遵循了严格的理论，题目的设定也较为严谨，对于哪个题目属于哪个层面较为明确，一般已经过专家效度修正，此时可不对量表整体进行因素分析，但需要对各子类别分别进行因素分析，删除不符合该类别的题目。在进行子类别因素分析时，如果只有一个成分，说明题目和类别的契合度较好，此时只要信度较高（主要靠 Cronbach’s Alpha 值来判断），就表明该类别量表的设定符合要求；如果出现多个成分，需要首先删除次要成分中负荷量最高的因素（因为该题目偏离最为严重），再次进行因素分析，直到只有一个成分为止。

（3）信度分析。

信度（reliability）是指测验结果的一致性、稳定性及可靠性，可分出内在信度和外在信度（杨小微，2018）。内在信度指在给定的相同条件下，资料收集、分析和解释能在多大程度上保持一致。外在信度涉及的是一个独立的研究者能否在相同或相似的背景下重复研究。信度分析的常用具体方法有重测信度、复本信度、内部一致性信度（分半信度、同质性信度）、评分者信度。在量化测评中，信度分析主要采用内部一致性信度，尤其是其中的同质性信度（Cronbach’s Alpha 值）。

一般来说，根据各个维度设计的量表，不仅需要对量表总体进行信度分析，也需要对各维度内部的一致性程度进行分析。在预研究中，可根据信度分析的结果，删除部分试题，提高量表的信度。例如，在 SPSS 中选择“分析–度量–可靠性分析”操作后，在弹出的界面中将某维度下各题目从左边移到右边（如果整个量表信度分析需要全部试题都移过去），具体如图 3-6（a）所示。然后单击右上角“统计量”，出现图 3-6（b）界面，将“如果项已删除则进行度量”选项打钩，再单击“继续”和“确定”，即可得到运行结果。

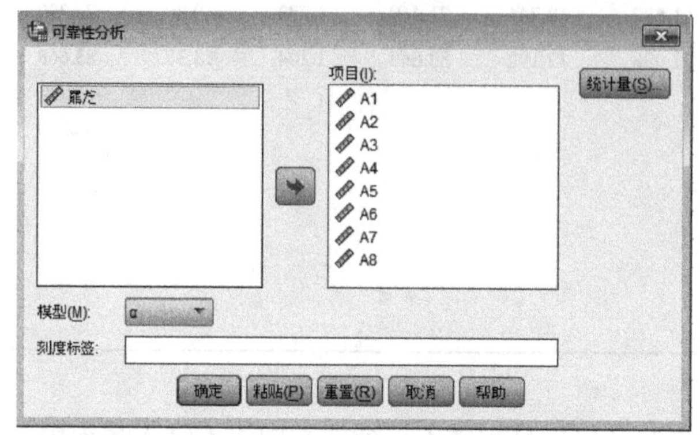

（a）

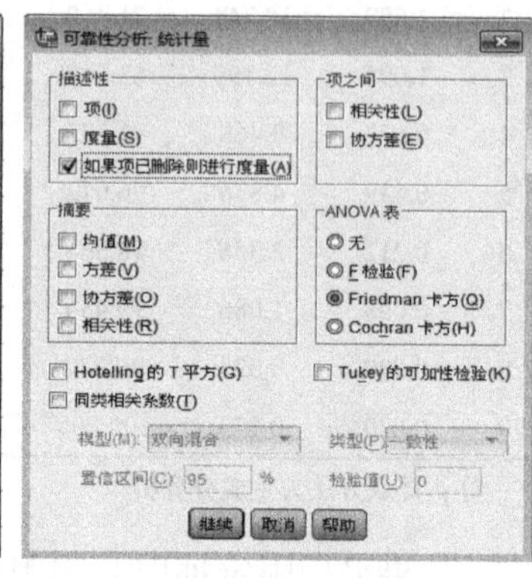

（b）

图 3-6　可靠性分析界面示意图

如果可靠性分析的结果如表 3-12 所示，这表明原始内部一致性 α 系数为 0. 630，标准化信度的 α 系数为 0.742，属于基本可接受的范围。一般来说，测评总体量表的信度要在 0.7 以上，子量表的信度在 0.6 以上。

表 3-12　可靠性统计量

Cronbach’s Alpha	基于标准化项的 Cronbach’s Alpha	项数
0.630	0.742	8

表 3-13 显示了量表各项总体的统计量，其中最后一列的数据表示该题删除后，量表的总体信度，这个数值越高，表明这道题对整体量表信度的负面影响越大。例如，A4 达到了 0.789（圆圈处），高于量表总体系数 0.630。

表 3-13　项总计统计量

题项	项已删除的刻度均值	项已删除的刻度方差	校正的项总计相关性	项已删除的 Cronbach’s Alpha 值
A1	22.33	5.067	0.508	0.568
A2	26.00	4.800	0.671	0.535
A3	25.33	5.067	0.508	0.568
A4	23.00	6.800	–0.306	0.789

续表

题项	项已删除的刻度均值	项已删除的刻度方差	校正的项总计相关性	项已删除的 Cronbach's Alpha 值
A5	24.00	3.200	0.569	0.510
A6	22.33	5.067	0.508	0.568
A7	22.50	4.300	0.747	0.488
A8	24.67	5.467	0.156	0.640

若将其删除后，则量表的总体信度达到了 0.789（表 3-14）。但是，此时 A5 所对应的项已删除的 Cronbach's Alpha 值为 0.845（表 3-15），高于此时的 Cronbach's Alpha 值 0.789。因此，需要将 A5 删除后继续计算量表的信度，以此类推，直至达到满意的信度为止。

表 3-14　调整后可靠性统计量

Cronbach's Alpha	基于标准化项的 Cronbach's Alpha	项数
0.789	0.852	7

表 3-15　调整后项总计统计量

	项已删除的刻度均值	项已删除的刻度方差	校正的项总计相关性	项已删除的 Cronbach's Alpha 值
A1	18.17	5.367	0.670	0.745
A2	21.83	5.367	0.670	0.745
A3	21.17	5.367	0.670	0.745
A5	19.83	4.167	0.415	0.845
A6	18.17	5.367	0.670	0.745
A7	18.33	5.067	0.631	0.742
A8	20.50	5.500	0.389	0.785

在教师专业素养的测评研究中，文献分析是必不可少的，这是测试题目编制的依据。但是，所编制的试题是否能有效反映该因素，需要经过对量表进行预测，对预研究的结果进行项目分析和因素分析，确保量化的信度和效度。

4）问卷测评实施的一般程序

在形成正式问卷后，如何实施测评也十分关键，其主要程序包括以下几个部分。

（1）抽样：抽样是实施测评的重要环节，决定了测评结果对总体的反映程度。一般可分为简单随机抽样（完全随机）、系统抽样（将抽样框中的样本按照某种顺序排列后，再按照某种规则选取，如间隔 K 个选一个）、分层随机抽样（按照某种标准将抽样框中的样本分成不同层级，然后随机选取）、整群随机抽样（随机抽取某个群体，一般样本量较大）和非随机抽样（如方便抽样、定额抽样、滚雪球抽样等）。

（2）发放：问卷的发放可以采用发送问卷（研究者本人或委托人亲自发放）、访问问卷（研究者或委托人根据问卷题目对测评对象进行访问，根据回答填写问卷）、间接发放（邮寄或网络发放）。

（3）回收：问卷的回收率取决于发放方式（一般访问问卷回收率最高）、测评内容、问卷质量和外界支持程度等等。

（4）处理：问卷回收后，首先要剔除无效问卷（包括目测没有认真填写的问卷），然后录入分析。为提高有效性，可以多人（一般 3 人）重复操作，根据处理结果的差异性，检查处理方法，确保数据处理的质量。

3. 问卷测评的不足

问卷测评虽然具有较多的优点，但也存在一些不足。有分析表明，问卷测评的不足主要可归纳为灵活性不强、指导性不高和深入性不够三个方面（董奇，2004）。

1）灵活性不强

问卷法格式较为固定，这必然导致弹性较差，不够灵活，不能根据每个人的特定情况，有针对性地进行调查。例如，一些结构性较强的问题，难以兼顾特定群体；一些用词容易让人费解、误解或起到误导作用。

2）指导性不高

一般情况下，问卷测评时研究者都不在场，难以全面了解问卷回答情况，例如，若出现对卷面内容不清楚和问卷印刷有误时，难以及时提供指导。由于指导不足，还会导致一些被测者随意答题或替代答题的情况。

3）深入性不够

尽管借助各种软件和统计工具，让问卷测评的深度有了很大的提高，但是一些复杂的、内蕴性较强的问题还是难以通过单一的问卷测评获得解答。教师专业素养就具有这种特征，这就意味着问卷测评需要与其他测评方式相结合。

总体来说，问卷测评的优点还是比较突出，在网络和一些统计软件的帮助下，一些不足也得到了较好的回避。因此，问卷测评是目前测评教师专业素养的重要方法。

3.1.2 试题测评

采用试题进行测验是指根据一组特定的法则，对物体、事件、人以及性格等分派符号或数字的行为，包括种类、程度和数量的区分（约翰逊等，2015；张红霞，2009）。测验是一个人为的过程，但它不是凭着研究者的主观经验来进行，而是需要遵循一定的标准和程序，根据客观的标准化了的程序来测量。例如，通过写一篇作文可以看出教师的写作能力，通过做一份数学试题，可以看出教师的数学知识水平和解题能力等。试题测评和问卷测评有很多相似之处，它们都需要依据一定的理论编制科学的题目。在测评过程和方式方面也有很多类似之处，也都需要经过预研究，对题目进行检验。但是，它们在题目内容和形式方面存在差异。由于问卷测评是一种自陈式的数据收集工具，这就不可避免会出现被测者所选择的答案不是本人平时所做或所具有的，而是自己认为应该做的和应该具备的，造成测评结果的不准确。为此，改成试题的形式，会在一定程度上规避这种现象，通过被测者对测验题目的解答来评估他们的水平和能力。而且，测验的题目可以是文字的，也可以是非文字的，形式更加多样化；试题测评一般有正确答案，能根据回答的正确与否计分。

1. 题目类型

试题测试的类型主要包括主观题和客观题这两种类型，其中客观题的常见题型为选择题、填空题和判断题，主观题的常见题型为解答题、问答题和证明题。客观题的计分一般是按照正确给满分，错误不得分的原则（部分多选题除外），主观题的计分原则一般是根据一定的评分标准，然后按照具体的回答过程和步骤计分。

2. 试题的信度和效度

试题测试的效度取决于内容与测评目标的契合度，可通过专家认证做初步确认，然后通过预研究后，对各维度的相关性和差异性进行分析。试题的信度与试题的难度有直接的联系，不能过于简单也不能太难，一般以控制在规定时间内95%的教师能完成测试内容为宜。试题测评的具体题目也需要通过项目分析，符合标准才有测评的价值。为了提高测试的信度，对于主观题的赋分可以多人参与，尽量降低批改者的主观影响。

3. 测评过程

试题测评与问卷测评不同，它通过教师对于试题的解答程度来分析其专业素养的水平，因此对于测试的时间需要做出明确规定。而且，一般来说，在测试过程中是不能借助手机、书籍等外界工具的。

4. 试题测评的结果分析

对每一份样本测试后，都会获得一个分数，但是对分数的解读需要有正确的认识。试题测评的分数与试题的难度密切相关，多少分以上的教师专业素养算比较好的，多少分以下算比较差的，与具体的题目有关。因此，在没有常模参照情况下，一般只能对试题测评的结果做群体性比较，分析不同群体之间的差异。例如，不同学科教师、不同教龄教师、不同地区教师、不同学历背景教师、不同职称教师、不同性别教师等类型教师的测评结果之间存在何种相关性和差异性。这种分析可以更好地了解教师专业素养的发展趋势，这对于提高教师教育的有效性具有较大的帮助。

当然，如果测评的范围较大，有一个较为公认的教师群体，将其测评结果作为常模进行比较分析，那么就可以对其他群体的测评结果做出“更好”或“不足”的结论。

5. 试题测评的优势与不足

试题测评具有较强的客观性，能较为准确地衡量教师的专业水平，较大限度地降低了教师的主观倾向性选择，避免了问卷测评的社会学期望偏差现象，这是试题测评的最大优势。

但是，试题测评也存在若干不足，主要表现在以下几个方面。

1）间接性

试题测评是一种由“果”索“因”的教育研究形式，具有间接性，没有一定的题目量难以涵盖测评目标的全部。但是，由于试题测评一般需要较多时间答题，受测评时间限制，不可能编制较多试题，这决定了只能对教师品格、知识、能力和信念的某一个维度进行试题设计，而且对试题编制的要求也较高。

2）相对性

试题测评一般只能反映出个体间的差异，对所获得结果进行相对性分析，不能作为绝对值评判。

3）可操作性弱

试题测评需要教师花费较多的时间和精力答题，在实施过程中会受到一定的阻力。如果太简单，则深度不够；如果太难或者题目太多，则需要被测教师花费更多的时间，会受到婉拒。因此，可操作性较弱，难以获得较大规模的测评数据。

由此可看出，试题测评优势和不足都比较鲜明，测评结果能较好地回避教师的主观倾向，较为准确地衡量教师的专业素养，尤其是知识性较强的素养。但是，试题测评在实施过程中需要教师配合度较高，往往难以收集到较多数据，而且受量表题型和容量的限制，能达到的测评目标也较为有限。因此，试题测评在教师素养测评中可以作为重要的辅助方式。

3.1.3 访谈测评

访谈是教育研究中常见的方法之一，是访谈者和被访谈者互动的过程，通过交流收集被访谈者有关心理特征和行为数据资料的一种研究方法（董奇，2004）。教师专业素养研究的对象是教师，他们既是生物的实体，又是社会关系的总和；既有自然性也有社会性，而后者更能体现教师专业素养，包括思想、观点、兴趣、倾向、爱好、喜怒哀乐等内容。这与对事物的研究是不同的，需要一些质性的访谈，对其内在的情感、态度和价值观进行分析。因此，在教师专业素养的研究中，访谈法的运用较为普遍。在访谈测评中，一般都需要对整个过程进行录音，有条件的还可以进行录像，以便于后期的数据整理与分析。当然，为了能让被访谈者降低戒备、放松心态，以更真实地展现自身的专业素养，提高访谈的信效度，访谈过程的音频、视频录制选择可视具体情况而定。

1. 访谈的类型

按照交流的形式可以分为实时交流访谈和延时交流访谈。其中实时交流访谈包括面对面的现场直接交流、非现场的网络（如微信、QQ 和网络电话等）和电话交流等；延时交流访谈包括电子邮件和书信等访谈方式。由于实时交流访谈的效率较高，相互能看清对方面部表情的访谈更具针对性，因此随着信息技术的普及，目前采用面对面现场访谈和在线视频访谈的形式较多。

按照对访谈过程的控制，可以将访谈分为结构式访谈和半结构式访谈。结构式访谈也称为标准化访谈，对访谈过程有着严格的控制，包括访谈的内容、提问的方式和次序等。有时甚至对访谈的时间、地点和周围环境等外部条件也有较为严格的规定。结构式访谈的最大优势是便于统计分析，能较好地用于不同被试访谈结果的比较。而且，结构式访谈的回收率较高，可以避免问卷和试题测评中他人代填、多人商议等影响信度的现象，也可以降低问卷和试题测评中阅读障碍造成的误差。但是，结构式访谈缺乏弹性，对每个被访谈者实施同样的刺激，难以获得深层次的信息，也不利于调动访谈者和被访谈者的积极性和主动性。为此，一种有明确访谈目的，但访谈过程半控制，可以根据被访谈者的回答内容、情绪和周边环境调整提问内容的访谈方式孕育而生，称之为半结构式访谈或无结构式访谈。

半结构式访谈具有较强的灵活性，一般会设定若干主干问题，但在访谈过程中会根据具体情况调整提问的顺序和内容，可以通过追问等形式获得更全面和深入的信息，而且访谈的外部环境也不必做严格限制。因此，半结构式访谈在教育研究中的使用较为广泛。但是，半结构式访谈对访谈者的要求较高，提问的内容、语气、时机都十分关键，访谈者要能准确阅读被访谈者的情绪，做出及时而恰当的调整。

此外，按照访谈的人数，可以分为单一访谈和集体访谈，单一访谈中被访谈者的顾忌较少，易于深入，但是收集数据的效率稍低；集体访谈对访谈问题的设置要求更高，如果有较好的引导和恰当的提问，有时候对被访谈者会有相互促进作用。一般情况下，对教师专业素养的测评，具有一定的隐私性，采用单一访谈的形式较多。

2. 访谈测评的结果分析

虽然也有封闭式的定量访谈（被访谈者从固定答案中做出选择），但是大多数的访谈属于定性的，这样更有利于被访谈者的自由发挥和充分解释。为此，必须构建较为合理的定性分析框架标准来解读访谈内容，辨别其中所蕴含的教师专业素养类型，衡量专业素养的水平程度。一般来说，访谈的分析框架需要在访谈之前就编制完成，至少形成初步的分析标准，这样才能更好地指导访谈的开展，提高访谈测评的有效性。

首先，需要确定访谈的目的，聚焦访谈的内容；其次，根据研究目标，从多个角度拟定若干访谈问题，并对每个问题拟定对应的分析标准；最后，围绕着研究目标，对访谈的主干问题和分析标准进行分解，让其更有层次感。当然，访谈提纲和分析框架的制订，需要有较为充分的依据，需要必要的理论支持，而不能凭研究者个人的主观经验。一般来说，依据分析框架标准，既可对访谈测评的结果作出定性的解读，也能作出量化的评判。

3. 访谈的基本过程

尽管访谈有不同的类型，但是一般来说，访谈测评的过程可分为准备阶段、完善阶段、实施阶段和分析阶段等四个阶段。

1）准备阶段

访谈测评对分析框架的制订、访谈问题的呈现和访谈者的临场反应都有较高的要求，这凸显了准备阶段的重要性。在研究伊始，研究者需要广泛阅读相关文献，对教师专业素养进行分解，确定访谈的目标，然后构建访谈提纲和分析框架。这个阶段不仅需要相关文献的支持，还有必要邀请相关人员进行讨论，从不同角度提出意见和建议。

2）完善阶段

访谈提纲和分析框架的检验以及访谈者的访谈模拟训练，都需要通过预研究得到进一步的完善和提高。为此，在访谈前期准备结束后，需要抽样选取若干研究对象进行访谈演练。访谈的过程必须正式，才能更好地提高提问的准确性和有效性，更好地训练访谈者的提问技巧和应变能力。在预研究的数据分析中，需要对分析框架标准进行必要修改，确保分析的全面性和准确性。

3）实施阶段

在两个阶段的基础上，可实施访谈测评。一般在测评以前，对于访谈对象需要做一定的抽样选取，并在具体访谈前能对被访谈者的背景进行一定的了解。然后在访谈中，按照“漏斗顺序”的原则，从敏感性较低的问题入手，待被访谈者紧张感降低后逐渐进入主题。在实施过程中，要注重情感的交流，注重问题之间的衔接，在自然、平稳的状态中逐步推进。一旦发现被访谈者有偏离主题的回答，需要及时地运用恰当的方式回到访谈的主题中。对于一些可能使被访谈者感到为难和窘迫的问题，最好放到访谈结尾，否则容易导致被访谈者情绪不高，影响对其他问题的回答。

4）分析阶段

访谈结束后，根据录音、文字记录等素材，依照分析框架标准，对访谈结果进行分析。在分析过程中，最好能多人同时进行，有异议的再进行集体商议，尽量降低分析者的主观影响，以免影响研究的信度和效度。

4. 访谈测评的优势与不足

访谈的交互性决定了其优势和不足并存，在教育研究中访谈法一般与其他方法（尤其是量化方法）相结合，充分发挥其在质性研究中的优势。

1）访谈测评的主要优势

（1）可获得丰富数据。

访谈法采用交互形式，主要以面对面的语言交互为主，可以根据实际情况作出调整，灵活性较强。可以收集客观事实、主观动机、情感、观念等各种类型的信息，这是访谈测评的最大优势，其他测评方法难以完全取代。

（2）信息来源可靠性高。

访谈测评中，一般是面对面的交互，被访谈的教师如果有听不清楚的可做解释，避免了问卷和试题调查中阅读障碍的干扰；在被访谈教师回答不清楚时，可以让他们再次解释、详细说明；在获得预料之外的有价值内容时，可以通过追问深入了解；在访谈过程中也可以注意观察教师的表情和情绪变化情况。此外，访谈测评可以避免书面测评中他人“代答”的现象。这些都可有效提高访谈测评结果的可靠性。

当然，可靠性和有效性是两个概念，可靠性只能说明测评获得的信息是真实的，至于能否以此来有效衡量被访谈教师的专业素养，这与被访谈者的情绪，以及访谈中的提问内容、时机和访谈环境等因素都有关。

（3）适用范围较广。

访谈测评主要采用口头形式，访谈对象老少皆宜，对于不同学科教师也都适用。对访谈的场所要求也不高，一般只要安静的地方都可以。随着网络的发达，在线视频访谈也可以，可以突破空间的限制。因此，访谈测评具有较为广泛的适用范围。

2）访谈测评的局限性

（1）对研究者要求高。

访谈测评的质量高低与研究者和访谈者有很大关系，研究者需要选取合适的目标，编制恰当的访谈提纲，构建合理的评价体系；而访谈者需要有较高的表达能力和情商，较强的阅读被访谈教师表情的能力和应变能力。可以说，访谈测评的信度、效度和研究者的研究能力与沟通交流能力有着直接的联系。

（2）研究结果难以量化。

虽然可以通过构建分析框架标准，但是访谈的结果量化过程必然存在一定的主观性。而且由于被访谈教师的理解能力、文化背景、价值观和表达能力都不同，相同语言所表达的意思也会存在差异。不同访谈者的访谈引导能力也有差异，导致获得的信息量存在区别，这些都给访谈测评结果的量化带来困难。

（3）难以大规模开展。

相比较问卷测评和试题测评，访谈测评费时、费力也费财。一般情况下，访谈都是一对一，即使一对多，数量也不会太多，这就导致了访谈比较费时。而且，访谈数据的整理和分析也是一个漫长的过程，包括录音的转化、文字的分析和归纳，都需要较大的精力投入，这些都导致了访谈测评难以大规模开展。当然，随着科技的发展，很多语音现在都能实时转化为文字，在一定程度上缓解了访谈测评的工作量。

3.1.4 观察测评

教育观察法是教育研究者通过感官或借助一定的设备，有目的、有计划地考察教育对象的一种研究方法（杨小微，2018）。观察法在教育研究中的运用有着悠久的历史，在 20 世纪初期就被广泛运用，如今随着教育研究科学性的增强，观察法的应用也越来越严谨。在教师专业素养的测评中，观察法可作为重要辅助方式，通过对教师的课堂教学和教育活动中的表现进行观察，评判其专业素养。

1. 观察的类型

按照不同的标准可以将观察研究分为多种类型，本研究仅从教育测评的角度分析。按照感官，可以将观察分为直接观察和间接观察。直接观察指研究者亲身到教师所生活和工作的环境中对其语言和行为进行观察记录，其优点是真实性较高，可以观察到更全面、细致的信息，但是缺点也比较明显，不仅需要耗费较多精力，更重要的是打破了教师的正常工作状态，导致他们的语言和行为异于常态，影响了研究的信度。间接观察是研究者不亲身前往教师所生活和工作的环境，通过拍摄的视频进行观察，其优点是比较省时省力，缺点是观察不全面，而且也会在一定程度上影响教师的日常工作表现。

按照被观察教师的知情与否，可以将观察研究分为自然观察与知情观察。自然观察是指被观察教师不知道自己成为观察对象，在自然的状态下生活和工作，这种观察的可信度较高，但实施难度也较大，一般可由实习的师范生代为观察记录，而且在研究伦理上有瑕疵。知情观察指被观察教师知道自己将成为观察对象，这种研究符合伦理，但不可避免会导致教师刻意注意自身的言谈举止，影响了测评结果的有效性。

2. 观察测评的结果分析

尽管存在定量观察，将观察谁、观察什么、什么时候观察、哪里观察和如何观察标准化，但是观察所获得的素材都是定性的，对其分析和解读需要构建较为合理的分析框架标准，辨别其中所蕴含的教师专业素养类型，衡量专业素养的水平程度。与访谈测评一样，大多数情况下，在观察之前就需要根据观察目的和内容，编制完成相应的分析量表和观察记录表。这种分析框架需要一定的理论依据，能较好地体现教师专业素养的具体维度，对于教师的语言和行为有对应的衡量标准。然后，在观察过程中，做好各种记录。最后，根据分析框架，对观察结果进行定性和定量的分析评判，可以多人分别或共同评判，尽量降低评分者的主观影响。但是，与访谈测评不同，观察测评一般需要单个教师多份观察的样本才能更准确评判其专业素养，样本越多越准确。

3. 观察的基本过程

观察测评与访谈测评具有较强的相似性，一般的测评过程包括准备阶段、完善阶段、实施阶段和分析阶段等四个阶段。

1）准备阶段

在实施观察前，就需要确定观察的目的，然后通过文献的阅读和团队的研讨，制订出相应的分析框架标准和观察记录表。一般来说，观察记录表越细致，能提供的后期分析数据也越多。为了后期分析便利，可设定某种代码，记录教师的言谈举止。理论支持构建完毕，可以制订观察计划，明确观察的对象、类型、时间和地点等因素。

2）完善阶段

观察记录表和分析框架的检验，需要通过预研究进一步完善和提高。为此，在准备阶段完成后，需要抽样选取若干研究对象进行观察演练。然后根据预研究的结果，对分析框架标准和观察记录表进行必要修改，确保分析的全面性和准确性。

3）实施阶段

在两个阶段的基础上，可实施观察测评。一般在测评以前，对于观察对象需要做一定的抽样选取，并在具体观察前能对被观察教师的背景进行一定的了解。然后在观察中，坚持客观性原则，做好各种记录。

4）分析阶段

观察结束后，根据各种观察素材，依照分析框架标准，对观察结果进行分析。在分析过程中，最好能多人同时进行，有异议的再进行集体商议，尽量降低分析者的主观影响，以免影响研究的信度和效度。

4. 观察测评的优势与不足

观察测评的优势与不足也十分明显，优势是客观、全面，在观察教师的同时也观察学生的反应，这是调查和访谈所无法做到的。随着现代化技术的发展，录制教育教学活动的视频变得越来越普及，这给观察测评提供了便利。目前，运用观察测评进行国际比较的研究也越来越多。国际经济合作与发展组织（Organization for Economic Co-operation and Development，OECD）的教师教学国际调查项目（Teaching and Learning International Survey，TALIS）就是对课堂教学视频进行观察测评，比较教师知识和能力的差异。

但是，观察测评也存在较大的局限性，主要体现在四个方面：首先，会对被观察者造成干扰，影响观察的信度。一般来说，有听课与无听课状态下，教师的教学状态是不一样的。其次，难以获得言谈举止背后教师的内在信息。同样的语言表达和行为举止，在不同的情境下，表达的是不同的内容，教师的出发点也可能是不一样的，这些都是观察测评所无法获取的信息。再次，观察测评对研究者的要求较高，包括分析框架的构建、观察结果的梳理，都需要研究者具备较高的专业水平。最后，观察测评需要耗费较多的时间、精力和财力，难以大规模开展。因此，观察测评往往和其他测评方式相结合。

3.1.5 文本测评

与访谈和观察一样，文本测评也属于质性测评，通过对教师的教学设计、作业批改情况和反思日志等文本材料，评判教师的专业素养。但是，与访谈测评和观察测评不同，文本测评的文本获取难度较大，一些中小学教师的教学设计是集体讨论的结果，很少有教师会定期撰写教学反思。因此，文本测评的运用相对较少，一般起辅助作用，可用于个案的研究。

1. 文本的类型

文本测评的分类较为简单，一般可按照文本的种类分为特定文本和随机文本。特定文本指测评中只针对某种特定文本进行分析，一般这种特定文本既有普遍性，又能体现教师的个人特色。特定文本具有统一性，便于研究中的比较和分析。随机文本指测评中不硬性指定特定的文本，而是收集与测评教师有关的所有文本进行分析评判。随机文本比起特定文本能更全面地反映教师的专业素养，当然也提高了具体分析评判的难度。

2. 文本测评的结果分析

尽管可以对统一的特定文本进行分析评判，但是这种分析和评判的过程都是定性的，需要构建较为合理的分析框架标准，辨别其中所蕴含的教师专业素养类型，衡量专业素养的水平程度。与访谈测评和观察测评一样，大多数情况下，需要在文本测评之前就根据测评目的和内容，编制完成相应的分析量表和记录表。这种分析框架需要有较强的理论依据，能较好地体现教师专业素养的具体维度，也能较好地涵盖文本的具体内容。在文本分析过程中，做好各种记录。最后，根据分析框架标准，对文本分析的记录结果进行定性和定量的评判。与观察测评一样，文本测评一般需要单个教师多份文本的样本才能更准确地评判其专业素养，样本越多越准确。所以，文本测评需要一定的时间，可以是连续的，也可以是分阶段断点收集。

3. 文本测评的基本过程

文本测评符合质性研究的基本特征，一般的测评过程可包括准备阶段、完善阶段、实施阶段和分析阶段等四个阶段。

1）准备阶段

在实施文本测评前，就需要确定测评的目的，然后通过文献的阅读和团队的研讨，制订出相应的分析框架标准和测评记录表。一般来说，记录表越细致，能提供的后期分析数据也越多。为了后期分析便利，可编制代码系统，记录教师文本的关键性内容。理论支持构建完毕，可以制订文本测评计划，明确测评的对象、内容、时间和地点等因素。

2）完善阶段

文本测评记录表和分析框架的检验，需要通过预研究进一步完善和提高。为此，在准备阶段后，需要抽样选取若干研究对象进行测评演练。根据预研究的结果，对分析框架标准和测评记录表进行必要的修改，确保分析的全面性和准确性。

3）实施阶段

在以上两个阶段的基础上，可实施文本测评。一般在测评以前，对于教师需要做一定的抽样选取，并在具体测评前能对被测评教师的背景进行一定的了解。在文本测评中，应坚持客观性原则，做好各种记录。

4）分析阶段

测评结束后，根据各种文本素材，依照分析框架标准，对结果进行分析。在分析过程中，最好能多人同时进行，有异议的再进行集体商议，尽量降低分析者的主观影响，以免影响研究的信度和效度。

4. 文本测评的优势与不足

文本测评的优势与不足十分明显，优势是研究较为便利，对教师的干扰较少。访谈需要占用教师时间，观察会对教师的教育教学活动产生干扰，文本分析只要收集教师的日常工作文本就可以，较为便利。当然，如果要求教师额外再填写文本，撰写反思日志，会增加教师的工作量。但是这种工作教师可自由安排在空暇时间完成，约束也较少。所以对于文本测评教师的接受度会高一些。

但是，文本测评也存在较大的局限性，主要体现在三个方面：首先，文本具有较强的片面性，仅能从某些方面判别教师的专业素养，尤其是内在的理念、出发点难以通过文本评判。而且，有的教师文本会相对简单，测评的准确度受到限制。其次，文本测评对研究者的要求较高，包括分析框架的构建、文本素材的梳理，都需要研究者具备较高的专业水平。最后，文本测评需要耗费较多的时间、精力和财力，难以大规模开展。因此，文本测评往往和其他测评方式相结合，作为一种补充手段。

3.1.6 常用测评方法小结

综上所述可看出，问卷、试题、访谈、观察和文本这五种常用的教师专业素养测评方式各有不同的特点、优势和不足，具体可归纳如表 3-16 所示。

表 3-16 常见教师专业素养测评方法特点汇总表

测评方法	问卷测评	试题测评	访谈测评	观察测评	文本测评
测评性质	定量为主	定量为主	定性为主	定性为主	定性为主
教师参与方式	直接	直接	直接	间接	间接
常用形式	问卷调查	试题调查	单人访谈 集体访谈	随堂听课 录像分析	教学设计 教学反思 作业批改
数据来源	问卷分析	解答分析	语言分析	语言和行为分析	文字分析
优势	测评方式简捷 可大规模实施 易于数据分析	准确性高 客观性强	数据类型丰富 可靠性强 适用面广	客观性强 数据类型丰富 可跨地域	对教师干扰少 操作便捷

续表

测评方法	问卷测评	试题测评	访谈测评	观察测评	文本测评
不足	灵活性不强 指导性不高 深入性不够	试题要求高 教师配合要求高	访谈者要求高 数据量化难 大规模收集难	影响信度 分析者要求高 难以发现内在意图	难以量化 具有片面性 分析者要求高

每一种方法都有适用的条件，在测评研究过程中可以综合使用，从不同角度对教师素养进行立体式测评与分析，这样可更客观、准确。尤其是对规模较小的教师群体进行研究时，采用多种方法进行测评是必要的。

尽管这五种方法在一些方面存在较大差异，但是在测评过程方面具有一定的一致性，一般都需要经过确定目标、厘清要素、明确方法、制订框架、编制试题、检验标准与试题、实施测评和数据分析这 8 个步骤。其中，前 5 个步骤需要以文献分析为基础，有条件的还可以通过专家访谈和探索性调查获得理论与实践的支持。

各研究步骤的具体内容包括：

步骤一：确定目标。

无论什么研究都需要首先确定目标，在教师专业素养测评中也一样。这个目标的确定一般是由大到小，先有个大的方向，随着文献阅读和思考的深入逐步缩小。

步骤二：厘清要素。

确定测评目标后，就需要对其内涵进行分析，厘清其要素，一般要明确到二维层面，才能较好地指导后续的研究。

步骤三：明确方法。

根据前两个步骤的结果，选择具体的测评方法。方法的确定既要建立在文献分析的基础上，也要结合研究条件。一般来说，多种方法可以有效互补，提高测评的有效性。

步骤四：制订框架。

明确方法后，需以目标为中心，以文献分析为依据，建立分析框架标准。该标准能有效区分所要测评专业素养的具体内容，并能确定其水平等级。在前四个步骤中，如果碰到问题，可随时返回，调整目标或要素，将其更细致化、准确化。

步骤五：编制试题。

有了分析框架后，可以根据素养的要素，编制适合研究方法的试题，包括具体的问卷、试题和访谈提纲。观察测评和文本测评中的研究对象都是间接参与的，这步可略过。

步骤六：检验标准与试题。

前五个步骤完成后，需要进行预研究，对框架标准和试题的信度、效度进行检验。一般来说，在预研究环节需要通过项目分析和因素分析，对试题进行一些删除或修改。如果预研究的结果不理想，应该尽快调整以上步骤，甚至也可以从测评目标开始把前五个步骤都做相应调整。

步骤七：实施测评。

对于信度、效度都较为理想的标准和题目，可以进行实施测评，这期间需要注意外界的干扰。一般来说，样本量越多越能体现群体的基本特征。

步骤八：数据分析。

测评结束后，剔除无效信息，进入数据分析环节。这个过程的工作量也比较大，质性研究的需要将语音和视频都转化为文字，能采用数据处理软件，对测评结果做较为深层次的解读和分析。

研究步骤的具体框架如图 3-7 所示。

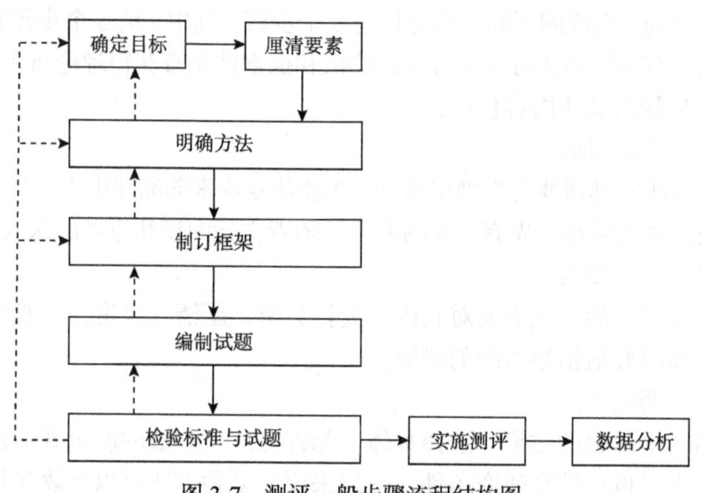

图 3-7　测评一般步骤流程结构图

上述的测评步骤并非单向、不可逆，在进展过程中可以根据实际情况对之前的步骤进行调整。例如，在步骤二厘清要素的过程中，如果发现测评有难度，可以调整步骤一的测评目标，只测评其中某一类专业素养要素。而且，由于一些测评步骤的实施需要结合已有的研究文献、项目组的前期准备和专家咨询等实际情况，所以在具体测评中可以将一些步骤合并完成。但是，教师专业素养的测评应该遵循一些基本原则。

1）可操作性原则

教育测评能否实现目标的关键在于实际操作是否可行，包括内涵是否清晰明确、测评工具是否完善科学、测评分析框架是否合理、测评对象是否合适和测评外部支持是否满足等等。一些专业素养的测评很关键、很有价值，但是如果缺乏可操作性，也无法实施。因此，可操作性原则是测评研究的前提。

2）科学性原则

专业素养测评的有效性取决于过程是否科学严谨，一般来说教育研究不如理工科的推导和实验来得严谨，但是这并不意味教育研究就可以凭借经验随意进行。教育研究的目的在于揭示现象、发现本质，为教育的发展提供必要支持，这就要求提高研究结果的有效性。在教师专业素养的测评中，应该做到测评理论有依据，测评过程严谨、中立，测评结果分析客观、公正。

3）发展性原则

教育测评的主要目的在于促进教育的发展，对教师专业素养进行测评并非为了单纯地比较教师之间的孰优孰劣，而是能发现不同教师群体之间专业素养的差异，探索教师专业发展的规律性，进而能提出更有针对性的教师发展策略。通过教师专业素养的测评，也有利于分析教师专业的具体素养与教学效果之间的联系，进而通过提高教师专业的核心素养促进教育教学的有效提高。因此，对于教师专业素养测评的探索和研究，应该结合教育的根本目的，只有有利于教育质量的提高，教师专业的发展才能更好地体现教师专业素养测评的价值和意义。

3.2　数学教师品格的测评

教师专业素养所涉及的内容较多，限于笔者对教师研究的能力和精力，在具体研究中只能选取其中较为具体的、较为微观的素养进行测评分析。在数学教师品格的测评中，本研究将以教师的职业认同这个三级维度为测评目标，实施测评分析，并揭示影响教师职业认同的具体因素。第 2 章的论述中已说明，数学教师品格的内涵与其他学科教师是一致的。因此，在教师职业认同的测评中，包含了各个学科的教师。

3.2.1　测评理论基础

教师职业认同，指教师对其职业及内化的职业角色的积极地认知、体验和行为倾向的综合体，它是教师个体的一种与职业有关的积极的态度（魏淑华，2008）。教师对职业的认同既是教师个人在教育活动中教育态度的体现，又是教师群体促进自我职业发展的动力系统。只有对教师职业充满了热情，教师才能自发地投入专业素养的发展，这种职业认同对于学生的学业和品行发展也有着潜移默化的影响。职业认同是教师品格的重要组成部分，研究表明积极的职业认同不仅有助于教师应对教育的变化（Beijaard et al.，2000），有助于教师与同事的合作（Mitchell，

1997），也有助于克服工作的压力（Moore et al.，1998）。因此，本研究将对教师的职业认同情况进行测评和比较，并对影响教师职业认同的因素进行分析。

教师职业认同的内涵

职业认同的概念较为多样,学者们对教师职业认同的概念内涵的界定也较多,主要可归为自我概念、角色认同、动态过程、多维度认同等类型。

1）教师职业认同是自我概念

这类观点倾向于以个人对教师职业的感知与评价为研究重点，把职业认同与教师的观念或自我概念联系在一起，主要从对教师职业价值、行为的理解和接受角度对教师职业认同做出解释。认为教师是一种高度自我涉入的职业，教师的职业认同就是教师个人对自己身为教师的概念（Kelchtermans，2000）。例如，Bullough（1997）认为教师的职业认同是教师在教学中的焦点关注、教学意义建构和教学决策制定等过程中表现出来的自我概念。李彦花（2009）认为教师的职业认同是教师对自己所从事职业的一种感知与评价，对该职业的基本性质、价值及主要规范的认识，是教师自己对如何看待自身职业形象的整体性看法。

2）教师职业认同是角色认同

该类观点强调将社会规定的角色标准作为模板，以此来考察教师职业发展中的状况或存在的问题。例如，Coldron 等（1999）认为教师职业认同是教学的个人维度和社会假定之间的张力，即教师自身所持有的角色定位逐渐向社会认为应该具有的角色定位靠拢，并最终认同社会认为的教师角色定位。Beijaard 等（2000）认为教师职业认同是教师自己对他们作为学科专家教师、教育学专家教师和教导专家教师的看法，可以是其中的一种，也可以是这三种的结合。

3）教师职业认同是动态过程

这类观点以教师职业认同的形成过程为研究重点，主要从教师职业认同形成过程的特点、影响因素等角度对职业认同做出解释，“动态的协商与建构”是界定教师职业认同内涵的关键词。例如，Beijaard 等（2004）认为教师职业认同是教师结合自己的经验、体验并对这些经验、体验的感觉反复协商的过程，是一个持续地对经验进行解释和再解释的过程；Thomas 等（2011）认为教师的职业认同是教师在具体教育情境中对自身身份提出怀疑和反诘，从最初假定的角色走向实际的教师是谁的过程（the who actually），即教师职业认同是一个进行着的过程，是动态的，而不是稳定的、固定的。

4）教师职业认同是多维度认同

持该类观点的研究往往是从教师职业认同的构成出发来界定该概念的，普遍认为教师的职业认同由多个子认同组成，且各子认同的协调程度可能各不相同。例如，Moore 等（1998）将职业认同界定为个体在多大程度上认为自己的职业角色是重要的（向心性，centrality）、有吸引力的（效价或价值，valence）、与其他角色是融洽的（协调性，consonance）。Gee（2000）将教师的职业认同分为“自然观”或“N—认同”、“体制观”或“I—认同”、“离散观”或“D—认同”和“亲密观”或“A—认同”四个部分。张丽萍等（2012）认为，教师职业认同是职业—物质我、职业—社会我和职业—精神我三者相互联系的集合体。

由此可看出，教师职业认同的内涵有着不同的解读，但是学者们普遍认为职业认同是由多个因子所构成的，适合从综合的角度审视。为此，本研究对国内学者的教师职业认同测评研究进行了分析，对 12 篇测评文献中的教师职业认同的构成维度进行了统计，具体结果如表 3-17 所示。

表 3-17　教师职业认同构成统计表

文献	职业情感	职业期望	职业归属感	职业意志	职业认识	职业价值观	职业行为倾向	职业环境	教育改革	科研投入	职业效能	职业技能	角色价值观	内在价值
贾艳（2018）	√	√	√	√	√	√								
唐进（2013）							√	√	√	√				
郑志辉（2012）	√	√		√	√	√	√				√			
欧阳洁（2014）	√		√		√	√	√							
宋广文等（2006）	√	√		√	√	√						√		
魏淑华等（2013）			√			√	√						√	
赵宏玉等（2012）				√		√	√							√
苏丹（2014）				√		√				√	√	√		
薄艳玲（2009）	√	√		√	√	√	√							
曾丽红（2010）		√		√		√					√			
张志萍（2012）		√		√	√	√	√							
王鑫强等（2010）		√		√		√					√			
合计/次	5	7	3	9	6	11	7	1	1	2	4	2	1	1

从表 3-17 可看出，学者们对教师职业认同刻画维度还较为集中，频数在一半以上（含半数）的维度分别为职业价值观、职业意志、职业期望、职业行为倾向和职业认识。这表明，这 5 个维度能较好地刻画教师职业认同的内涵。为此，本研究将以此作为本次测评的理论依据。

3.2.2 测评对象

本研究的测评对象为全日制教育硕士,选取该对象基于以下两个方面的原因。

一是便捷性。填写测评问卷需要一定的时间，在职教师较为忙碌，样本数量和问卷的回收率都面临着困难。而全日制教育硕士相对集中，也可以在学习之余有空暇时间填写问卷。因此，选取全日制教育硕士作为研究对象的首要因素在于实施便捷。

二是价值性。近年来，全日制教育硕士的招生规模逐渐扩大，已成为中小学教师的重要来源。但是，相对于师范本科生和在职教师的研究，对全日制教育硕士的研究还不多。因此，了解全日制教育硕士的教师职业认同观具有重要的价值。

为此，本研究选取了研一和研二两个年级全日制教育硕士为研究对象，通过网上随机发放问卷的形式，共收到 327 份，其中有效问卷为 310 份，占回收问卷总数的 94.80%。其中，男生 37 人，占比 11.94%，女生 273 人，占比 88.06%；40%为跨专业读研占比；研一教育硕士 120 人，占比 38.71%，研二教育硕士 190 人，占比 61.29%，来自上海师范大学、西南大学、杭州师范大学、陕西师范大学、山西师范大学等 14 所高校。

3.2.3 测评工具与方法

本研究主要采用问卷测评和问卷调查，具体内容分别为教师职业认同水平测试和教师职业认同影响因素调查。为此，首先需要根据理论基础编制测评和调查问卷，然后实施测评与调查，最后对测评与调查数据进行分析。

1. 测评与调查框架编制

在前期文献分析的基础上，本研究将教师职业认同分为职业认识、职业行为倾向、职业价值观、职业意志和职业期望五个维度，并对其进行了内涵诠释。具体如表 3-18 所示。

表 3-18 全日制教育硕士教师职业认同各个维度的内涵

维度	内涵
职业认识	在专业学习过程中对教师职业特征的了解
职业行为倾向	在学习过程中的主动参与性

续表

维度	内涵
职业价值观	在选择教师职业时表现出来的稳定观念
职业意志	愿意从事教师职业并为教师职业献身的坚持性
职业期望	对教师职业的期望和要求

在上述理论框架的指导下，结合张志萍（2012）、邹乐（2013）、杨妮（2017）等的研究文献和全日制教育硕士的基本特点，编制相应的问卷题目。在初始问卷中，每个维度设定 4—6 道题，一共编制了 25 道题。在影响因素调查问卷的设计中，根据相关研究文献，结合对部分教师的访谈，本研究认为职前教师的职业认同主要会受到自己学习经历、家庭环境和社会舆论这三个方面的影响。因此，本研究将从社会、家庭和学校三个方面对全日制教育硕士的教师职业认同进行调查。每个方面编制 5 道题，一共 15 道题。为了避免二次调查，将问卷测评和问卷调查题目都集中在一份调查表中。

初始问卷题目与指标的对应明细如表 3-19 所示。

题目均采用利克特 5 点法，在职业认同部分，五个选项分别为“完全不符合”“不符合”“符合”“比较符合”“完全符合”；影响因素部分，五个选项分别为“完全不同意”“不同意”“同意”“比较同意”“完全同意”，它们在数据分析时分别按照 1—5 计分。

为了使测评和调查更加准确，本研究在测评和调查的同时，还对部分研究对象进行了访谈。为此，在准备阶段还编制了访谈提纲。提纲主要分为职业认同和影响因素两个方面，分别预设了 10 个和 6 个主干问题。

表 3-19　初始问卷题目明细表

类别	指标	项数	题号
职业认同	职业认识	6	a1、a2、a3、a4、a5、a15
	职业行为倾向	5	a6、a7、a8、a9、a10
	职业价值观	4	a11、a12、a13、a14
	职业意志	6	a16、a17、a18、a19、a20、a21
	职业期望	4	a22、a23、a24、a25
影响因素	家庭因素	5	a26、a27、a28、a29、a30
	社会因素	5	a31、a32、a33、a34、a35
	学校因素	5	a36、a37、a38、a39、a40

2. 量表项目分析

为了检验测评量表、调查问卷和访谈提纲，选取了 90 位全日制教育硕士进行预研究。回收问卷 85 份，其中有效问卷 82 份，回收率为 94.4%，有效回收率为 91.1%。对于预研究结果分别采用临界比分析、相关性分析、一致性检验和共同性检验等方式进行项目分析。

1）临界比分析

在数据分析中将两份量表分开处理，分别统计样本在每份量表中的总得分，并按照从高到低排序。分别将得分的前 27% 样本标记“0”，后 27% 样本标记“1”。为了与后续的分析区别，在项目分析中，每一题的序号前均添加字母 a。然后将两份样本分别导入 SPSS，执行“分析–比较均值–独立样本 T 检验”，进行独立样本 *T* 检验，教师职业认同初始量表临界比分析的具体结果如表 3-20 所示。

表 3-20　教师职业认同初始量表临界比分析结果

题项		方差方程的 Levene 检验		均值方程的 *T* 检验						
									差分的 95%置信区间	
		F	显著性	*T*	df	显著性（双侧）	均值差值	标准误差值	下限	上限
a1	假设方差相等	12.055	0.001	−6.372	42	0.000	−1.409	0.221	−1.855	−0.963
	假设方差不相等			−6.372	27.917	0.000	−1.409	0.221	−1.862	−0.956
a2	假设方差相等	28.801	0.000	−4.778	42	0.000	0.818	0.171	−1.164	−0.473
	假设方差不相等			−4.778	24.166	0.000	0.818	0.171	−1.171	−0.465
a3	假设方差相等	20.601	0.000	−5.185	42	0.000	−1.000	0.193	−1.389	−0.611
	假设方差不相等			−5.185	28.230	0.000	−1.000	0.193	−1.395	−0.605
a4	假设方差相等	2.121	0.153	−5.368	42	0.000	−1.318	0.246	−1.814	−0.823
	假设方差不相等			−5.368	37.475	0.000	−1.318	0.246	−1.816	−0.821
a5	假设方差相等	26.049	0.000	−3.960	42	0.000	−1.136	0.287	−1.715	−0.557
	假设方差不相等			−3.960	24.918	0.001	−1.136	0.287	−1.727	−0.545
a6	假设方差相等	2.391	0.130	−8.603	42	0.000	−1.864	0.217	−2.301	−1.426
	假设方差不相等			−8.603	33.346	0.000	−1.864	0.217	−2.304	−1.423
a7	假设方差相等	0.011	0.916	−6.886	42	0.000	−1.636	0.238	−2.116	−1.157
	假设方差不相等			−6.886	41.419	0.000	−1.636	0.238	−2.116	−1.157

续表

题项		方差方程的 Levene 检验		均值方程的 T 检验						
		F	显著性	T	df	显著性（双侧）	均值差值	标准误差值	差分的 95%置信区间 下限	差分的 95%置信区间 上限
a8	假设方差相等	0.050	0.824	−8.590	42	0.000	−1.909	0.222	−2.358	−1.461
	假设方差不相等			−8.590	41.997	0.000	−1.909	0.222	−2.358	−1.461
a9	假设方差相等	0.066	0.799	−4.960	42	0.000	−1.455	0.293	−2.046	0.863
	假设方差不相等			−4.960	41.578	0.000	−1.455	0.293	−2.047	0.863
a10	假设方差相等	7.438	0.009	−5.834	42	0.000	−1.409	0.242	−1.897	0.922
	假设方差不相等			−5.834	30.277	0.000	−1.409	0.242	−1.902	0.916
a11	假设方差相等	8.492	0.006	−7.162	42	0.000	−1.955	0.273	−2.505	−1.404
	假设方差不相等			−7.162	34.707	0.000	−1.955	0.273	−2.509	−1.400
a12	假设方差相等	2.004	0.164	−3.414	42	0.001	−1.000	0.293	−1.591	−0.409
	假设方差不相等			−3.414	38.474	0.002	−1.000	0.293	−1.593	−0.407
a13	假设方差相等	0.472	0.496	−3.286	42	0.002	−1.045	0.318	−1.688	−0.403
	假设方差不相等			−3.286	41.551	0.002	−1.045	0.318	−1.688	−0.403
a14	假设方差相等	0.786	0.380	−7.917	42	0.000	−1.818	0.230	−2.282	−1.355
	假设方差不相等			−7.917	35.755	0.000	−1.818	0.230	−2.284	−1.352
a15	假设方差相等	9.152	0.004	−6.820	42	0.000	−1.591	0.233	−2.062	−1.120
	假设方差不相等			−6.820	28.385	0.000	−1.591	0.233	−2.068	−1.113
a16	假设方差相等	1.609	0.212	−1.683	42	0.100	0.636	0.378	−1.400	0.127
	假设方差不相等			−1.683	39.919	0.100	0.636	0.378	−1.401	0.128
a17	假设方差相等	7.305	0.010	−3.025	42	0.004	−1.091	0.361	−1.819	−0.363
	假设方差不相等			−3.025	33.376	0.005	−1.091	0.361	−1.824	−0.357
a18	假设方差相等	0.106	0.746	−8.033	42	0.000	−2.000	0.249	−2.502	−1.498
	假设方差不相等			−8.033	41.796	0.000	−2.000	0.249	−2.503	−1.497
a19	假设方差相等	1.251	0.270	−5.961	42	0.000	−1.682	0.282	−2.251	−1.112
	假设方差不相等			−5.961	39.229	0.000	−1.682	0.282	−2.252	−1.111
a20	假设方差相等	8.938	0.005	−8.164	42	0.000	−2.000	0.245	−2.494	−1.506
	假设方差不相等			−8.164	31.508	0.000	−2.000	0.245	−2.499	−1.501
a21	假设方差相等	5.712	0.021	−8.096	42	0.000	−2.091	0.258	−2.612	−1.570
	假设方差不相等			−8.096	36.324	0.000	−2.091	0.258	−2.615	−1.567

续表

题项		方差方程的 Levene 检验		均值方程的 T 检验						
		F	显著性	T	df	显著性（双侧）	均值差值	标准误差值	差分的 95%置信区间	
									下限	上限
a22	假设方差相等	10.127	0.003	−6.237	42	0.000	−1.773	0.284	−2.346	−1.199
	假设方差不相等			−6.237	32.198	0.000	−1.773	0.284	−2.352	−1.194
a23	假设方差相等	27.823	0.000	−5.591	42	0.000	−1.455	0.260	−1.980	−0.929
	假设方差不相等			−5.591	23.583	0.000	−1.455	0.260	−1.992	−0.917
a24	假设方差相等	33.019	0.000	−4.769	42	0.000	−1.273	0.267	−1.811	−0.734
	假设方差不相等			−4.769	23.448	0.000	−1.273	0.267	−1.824	−0.721
a25	假设方差相等	18.755	0.000	−4.545	42	0.000	−1.227	0.270	−1.772	−0.682
	假设方差不相等			−4.545	24.476	0.000	−1.227	0.270	−1.784	−0.671

教师职业认同影响因素初始量表临界比分析的具体结果如表 3-21 所示。

表 3-21　教师职业认同影响因素初始量表临界比分析结果

题型		方差方程的 Levene 检验		均值方程的 T 检验						
		F	显著性	T	df	显著性（双侧）	均值差值	标准误差值	差分的 95%置信区间	
									下限	上限
a26	假设方差相等	0.004	0.951	−7.948	42	0.000	−2.182	0.275	−2.736	−1.628
	假设方差不相等			−7.948	41.971	0.000	−2.182	0.275	−2.736	−1.628
a27	假设方差相等	2.621	0.113	−6.234	42	0.000	−2.000	0.321	−2.647	−1.353
	假设方差不相等			−6.234	40.221	0.000	−2.000	0.321	−2.648	−1.352
a28	假设方差相等	0.013	0.909	−6.165	42	0.000	−1.818	0.295	−2.413	−1.223
	假设方差不相等			−6.165	41.992	0.000	−1.818	0.295	−2.413	−1.223
a29	假设方差相等	18.689	0.000	−3.678	42	0.001	−1.091	0.297	−1.689	−0.492
	假设方差不相等			−3.678	27.887	0.001	−1.091	0.297	−1.699	−0.483
a30	假设方差相等	0.130	0.720	−1.092	42	0.281	0.364	0.333	−1.036	0.309
	假设方差不相等			−1.092	41.698	0.281	0.364	0.333	−1.036	0.309

续表

题项		方差方程的 Levene 检验		均值方程的 T 检验						
		F	显著性	T	df	显著性（双侧）	均值差值	标准误差值	差分的 95%置信区间 下限	上限
a31	假设方差相等	8.736	0.005	−5.171	42	0.000	−1.636	0.316	−2.275	−0.998
	假设方差不相等			−5.171	28.621	0.000	−1.636	0.316	−2.284	0.989
a32	假设方差相等	12.940	0.001	−6.119	42	0.000	−1.727	0.282	−2.297	−1.158
	假设方差不相等			−6.119	25.857	0.000	−1.727	0.282	−2.308	−1.147
a33	假设方差相等	0.723	0.400	−5.185	42	0.000	−1.818	0.351	−2.526	−1.110
	假设方差不相等			−5.185	39.883	0.000	−1.818	0.351	−2.527	−1.109
a34	假设方差相等	0.058	0.810	−7.732	42	0.000	−2.000	0.259	−2.522	−1.478
	假设方差不相等			−7.732	42.000	0.000	−2.000	0.259	−2.522	−1.478
a35	假设方差相等	3.407	0.072	0.257	42	0.798	0.091	0.353	0.804	0.622
	假设方差不相等			0.257	38.672	0.798	0.091	0.353	0.806	0.624
a36	假设方差相等	0.531	0.470	−5.411	42	0.000	−1.500	0.277	−2.059	0.941
	假设方差不相等			−5.411	37.367	0.000	−1.500	0.277	−2.061	0.939
a37	假设方差相等	2.323	0.135	−9.102	42	0.000	−2.182	0.240	−2.666	−1.698
	假设方差不相等			−9.102	40.895	0.000	−2.182	0.240	−2.666	−1.698
a38	假设方差相等	16.612	0.000	−3.247	42	0.002	0.727	0.224	−1.179	0.275
	假设方差不相等			−3.247	26.202	0.003	0.727	0.224	−1.188	0.267
a39	假设方差相等	3.020	0.090	−9.405	42	0.000	−2.364	0.251	−2.871	−1.856
	假设方差不相等			−9.405	39.988	0.000	−2.364	0.251	−2.872	−1.856
a40	假设方差相等	19.551	0.000	−6.316	42	0.000	−1.864	0.295	−2.459	−1.268
	假设方差不相等			−6.316	24.691	0.000	−1.864	0.295	−2.472	−1.256

从表 3-20 和表 3-21 可看出，在临界比分析中，教师职业认同初始量表中 a16 没有显著性差异，且 T 值小于 3.0，需要进一步观察；教师职业认同影响因素初始量表中 a30 和 a35 没有显著性差异，且 T 值都小于 3.0，建议删除这两个题。

2）相关性分析

将两份量表中的样本分别计算总分，然后将其导入 SPSS，执行“分析–相关–

双变量”，逐一进行相关性分析，教师职业认同初始量表相关性分析的具体结果如表 3-22 所示。

表 3-22　教师职业认同初始量表相关性分析结果

题项	题目	总分	题项	题目	总分
a1	Pearson 相关性	0.666**	a14	Pearson 相关性	0.707**
	显著性（双侧）	0.000		显著性（双侧）	0.000
a2	Pearson 相关性	0.539**	a15	Pearson 相关性	0.694**
	显著性（双侧）	0.000		显著性（双侧）	0.000
a3	Pearson 相关性	0.557**	a16	Pearson 相关性	0.179
	显著性（双侧）	0.000		显著性（双侧）	0.108
a4	Pearson 相关性	0.550**	a17	Pearson 相关性	0.375**
	显著性（双侧）	0.000		显著性（双侧）	0.001
a5	Pearson 相关性	0.585**	a18	Pearson 相关性	0.735**
	显著性（双侧）	0.000		显著性（双侧）	0.000
a6	Pearson 相关性	0.728**	a19	Pearson 相关性	0.663**
	显著性（双侧）	0.000		显著性（双侧）	0.000
a7	Pearson 相关性	0.729**	a20	Pearson 相关性	0.687**
	显著性（双侧）	0.000		显著性（双侧）	0.000
a8	Pearson 相关性	0.745**	a21	Pearson 相关性	0.795**
	显著性（双侧）	0.000		显著性（双侧）	0.000
a9	Pearson 相关性	0.624**	a22	Pearson 相关性	0.724**
	显著性（双侧）	0.000		显著性（双侧）	0.000
a10	Pearson 相关性	0.644**	a23	Pearson 相关性	0.589**
	显著性（双侧）	0.000		显著性（双侧）	0.000
a11	Pearson 相关性	0.711**	a24	Pearson 相关性	0.548**
	显著性（双侧）	0.000		显著性（双侧）	0.000
a12	Pearson 相关性	0.432**	a25	Pearson 相关性	0.528**
	显著性（双侧）	0.000		显著性（双侧）	0.000
a13	Pearson 相关性	0.424**			
	显著性（双侧）	0.000			

教师职业认同影响因素初始量表相关性分析的具体结果如表 3-23 所示。

表 3-23　教师职业认同影响因素初始量表相关性分析结果

题项	题目	总分	题项	题目	总分
a26	Pearson 相关性	0.727**	a34	Pearson 相关性	0.717**
	显著性（双侧）	0.000		显著性（双侧）	0.000
a27	Pearson 相关性	0.650**	a35	Pearson 相关性	0.244*
	显著性（双侧）	0.000		显著性（双侧）	0.027
a28	Pearson 相关性	0.648**	a36	Pearson 相关性	0.671**
	显著性（双侧）	0.000		显著性（双侧）	0.000
a29	Pearson 相关性	0.533**	a37	Pearson 相关性	0.784**
	显著性（双侧）	0.000		显著性（双侧）	0.000
a30	Pearson 相关性	0.208	a38	Pearson 相关性	0.219*
	显著性（双侧）	0.061		显著性（双侧）	0.048
a31	Pearson 相关性	0.731**	a39	Pearson 相关性	0.757**
	显著性（双侧）	0.000		显著性（双侧）	0.000
a32	Pearson 相关性	0.759**	a40	Pearson 相关性	0.790**
	显著性（双侧）	0.000		显著性（双侧）	0.000
a33	Pearson 相关性	0.683**			
	显著性（双侧）	0.000			

从表 3-22 和表 3-23 可看出，a16、a17、a30、a35 和 a38 这 5 道题的 Pearson 相关系数小于 0. 4，建议删除。

3）一致性检验

一致性检验与临界比分析、相关性分析不同，不需要将总分纳入分析，只需要将两份量表的题目分别导入 SPSS 中，执行“分析–度量–可靠性分析”即可得到结果。两份量表 Cronbach’s Alpha 系数分别为 0.938 和 0.879（表 3-24 和表 3-25），属于高度相关，适合做一致性分析。

表 3-24　教师职业认同初始量表可靠性统计量

Cronbach’s Alpha	项数
0.938	25

表 3-25　职业认同影响因素初始量表可靠性统计量

Cronbach’s Alpha	项数
0.879	15

教师职业认同初始量表一致性检验的具体结果如表 3-26 所示。

表 3-26　教师职业认同初始量表项目分析统计量汇总

题项	项已删除的刻度均值	项已删除的刻度方差	校正的项总计相关性	项已删除的 Cronbach's Alpha 值
a1	89.27	250.421	0.702	0.934
a2	88.99	261.049	0.464	0.937
a3	89.05	257.775	0.561	0.936
a4	89.63	247.371	0.659	0.935
a5	89.21	252.685	0.575	0.936
a6	89.84	247.345	0.674	0.934
a7	89.82	248.892	0.690	0.934
a8	90.02	243.876	0.768	0.933
a9	90.11	247.506	0.666	0.934
a10	89.61	246.167	0.749	0.933
a11	89.80	240.011	0.811	0.932
a12	90.80	258.801	0.304	0.940
a13	89.98	259.431	0.308	0.939
a14	89.71	247.074	0.685	0.934
a15	89.44	248.348	0.743	0.934
a16	90.68	270.318	0.031	0.946
a17	90.57	261.260	0.189	0.942
a18	90.09	242.919	0.734	0.933
a19	89.88	243.738	0.758	0.933
a20	89.89	244.148	0.684	0.934
a21	89.95	240.763	0.803	0.932
a22	89.62	242.633	0.767	0.933
a23	89.29	249.000	0.663	0.935
a24	89.18	248.645	0.673	0.934
a25	89.27	251.112	0.605	0.935

教师职业认同影响因素初始量表一致性检验的具体结果如表 3-27 所示。

表 3-27　教师职业认同影响因素初始量表项目分析统计量汇总

题项	项已删除的刻度均值	项已删除的刻度方差	校正的项总计相关性	项已删除的 Cronbach's Alpha 值
a26	50.61	88.241	0.664	0.866
a27	50.68	88.861	0.564	0.871
a28	51.10	90.040	0.570	0.870

续表

题项	项已删除的刻度均值	项已删除的刻度方差	校正的项总计相关性	项已删除的 Cronbach's Alpha 值
a29	49.61	95.475	0.463	0.875
a30	50.72	101.118	0.092	0.892
a31	50.00	89.975	0.677	0.866
a32	49.78	90.001	0.712	0.865
a33	50.70	88.980	0.609	0.868
a34	50.43	90.248	0.660	0.866
a35	50.93	100.266	0.130	0.890
a36	50.00	92.420	0.614	0.869
a37	50.20	87.937	0.735	0.863
a38	49.40	102.120	0.152	0.884
a39	50.44	87.385	0.699	0.864
a40	49.88	87.985	0.743	0.862

从表 3-26 中可看出，a12、a13、a16 和 a17 这 4 题不仅相关性小于 0.4，而且删除后的内部一致性系数都高于 0.938。从表 3-27 中可看出，a30、a35 和 a38 这 3 题不仅相关系数小于 0.4，而且删除后的内部一致性系数都高于 0.879。这表明，这 7 题的内部一致性程度不高，建议删除。

4）共同性检验

共同性检验也只需要将各题导入 SPSS，与总分无关。在 SPSS 中将各题看作一个因素，执行“分析–降维–因子分析”即可。教师职业认同初始量表共同性检验和因素负荷量分析具体结果如表 3-28 和表 3-29 所示。

表 3-28 教师职业认同初始量表共同性

题项	初始	提取	题项	初始	提取
a1	1.000	0.543	a11	1.000	0.705
a2	1.000	0.240	a12	1.000	0.115
a3	1.000	0.359	a13	1.000	0.104
a4	1.000	0.506	a14	1.000	0.541
a5	1.000	0.373	a15	1.000	0.604
a6	1.000	0.515	a16	1.000	0.004
a7	1.000	0.539	a17	1.000	0.026
a8	1.000	0.655	a18	1.000	0.557
a9	1.000	0.552	a19	1.000	0.634
a10	1.000	0.634	a20	1.000	0.496

续表

题项	初始	提取	题项	初始	提取
a21	1.000	0.673	a24	1.000	0.530
a22	1.000	0.629	a25	1.000	0.430
a23	1.000	0.509			

注：提取方法为主成分分析

表 3-29　教师职业认同初始量表成分矩阵

题项	成分 1	题项	成分 1
a1	0.737	a14	0.736
a2	0.490	a15	0.777
a3	0.599	a16	0.066
a4	0.711	a17	0.161
a5	0.611	a18	0.746
a6	0.718	a19	0.796
a7	0.734	a20	0.705
a8	0.809	a21	0.820
a9	0.743	a22	0.793
a10	0.796	a23	0.713
a11	0.840	a24	0.728
a12	0.339	a25	0.656
a13	0.322		

教师职业认同影响因素初始量表的共同性检验和因素负荷量分析具体结果如表 3-30 和表 3-31 所示。

表 3-30　教师职业认同影响因素初始量表共同性

题项	初始	提取	题项	初始	提取
a26	1.000	0.508	a34	1.000	0.579
a27	1.000	0.358	a35	1.000	0.019
a28	1.000	0.362	a36	1.000	0.502
a29	1.000	0.314	a37	1.000	0.639
a30	1.000	0.016	a38	1.000	0.063
a31	1.000	0.581	a39	1.000	0.621
a32	1.000	0.620	a40	1.000	0.659
a33	1.000	0.437			

注：提取方法为主成分分析

表 3-31　职业认同影响因素初始量表成分矩阵

题项	成分 1	题项	成分 1
a26	0.712	a34	0.761
a27	0.598	a35	0.137
a28	0.601	a36	0.709
a29	0.560	a37	0.800
a30	0.126	a38	0.250
a31	0.762	a39	0.788
a32	0.787	a40	0.812
a33	0.661		

从表 3-28 到表 3-31 可看出，a12、a13、a16、a17、a30、a35 和 a38 这 7 题的共同值都低于 0.2，负荷量都小于 0.45，表明该题与共同因素间的关系不密切，建议删除。

结合以上四种类型的分析和检验，得到两个量表的项目分析汇总结果如表 3-32 和表 3-33 所示。

表 3-32　教师职业认同初始量表项目分析汇总

题项	极端组比较	题项与总分相关		同质性检验			未达标准指标数	备注
	决断值（CR）	题项与总分相关	校正题项与总分相关	题项删除后的 α 值	共同性	因素负荷量		
a1	6.372	0.666**	0.702	0.934	0.543	0.737	0	保留
a2	4.778	0.539**	0.464	0.937	0.240	0.490	0	保留
a3	5.185	0.557**	0.561	0.936	0.359	0.599	0	保留
a4	5.368	0.550**	0.659	0.935	0.506	0.711	0	保留
a5	3.960	0.585**	0.575	0.936	0.373	0.611	0	保留
a6	8.603	0.728**	0.674	0.934	0.515	0.718	0	保留
a7	6.886	0.729**	0.690	0.934	0.539	0.734	0	保留
a8	8.590	0.745**	0.768	0.933	0.655	0.809	0	保留
a9	4.960	0.624**	0.666	0.934	0.552	0.743	0	保留
a10	5.834	0.644**	0.749	0.933	0.634	0.796	0	保留
a11	7.162	0.711**	0.811	0.932	0.705	0.840	0	保留
a12	3.414	0.432**	0.304	0.940	0.115	0.339	4	删除
a13	3.286	0.424**	0.308	0.939	0.104	0.322	4	删除
a14	7.917	0.707**	0.685	0.934	0.541	0.736	0	保留
a15	6.820	0.694**	0.743	0.934	0.604	0.777	0	保留
a16	1.683	0.179	0.031	0.946	0.004	0.066	6	删除

续表

题项	极端组比较	题项与总分相关		同质性检验			未达标准指标数	备注
	决断值（CR）	题项与总分相关	校正题项与总分相关	题项删除后的 α 值	共同性	因素负荷量		
a17	3.025	0.375**	0.189	0.942	0.026	0.161	5	删除
a18	8.033	0.735**	0.734	0.933	0.557	0.746	0	保留
a19	5.961	0.663**	0.758	0.933	0.634	0.796	0	保留
a20	8.164	0.687**	0.684	0.934	0.496	0.705	0	保留
a21	8.096	0.795**	0.803	0.932	0.673	0.820	0	保留
a22	6.237	0.724**	0.767	0.933	0.629	0.793	0	保留
a23	5.591	0.589**	0.663	0.935	0.509	0.713	0	保留
a24	4.769	0.546**	0.673	0.934	0.530	0.728	0	保留
a25	4.545	0.528**	0.605	0.935	0.430	0.656	0	保留
标准	≥3.00	0.400	0.400	0.938	0.200	0.450		

从表 3-32 可看出，根据决断值（CR）、题项与总分相关、校正题项与总分相关、题项删除后的 α 值、共同性、因素负荷量六个指标对“未达标准的指标数”综合考虑，该量表删除题目 a12、a13、a16 和 a17 这 4 题。

表 3-33　教师职业认同影响因素初始量表项目分析汇总表

题项	极端组比较	题项与总分相关		同质性检验			未达标准的指标数	备注
	决断值（CR）	题项与总分相关	校正题项与总分相关	题项删除后的 α 值	共同性	因素负荷量		
a26	7.948	0.727**	0.664	0.866	0.508	0.712	0	保留
a27	6.234	0.650**	0.564	0.871	0.358	0.126	0	保留
a28	6.165	0.648**	0.570	0.870	0.362	0.601	0	保留
a29	3.678	0.533**	0.463	0.875	0.314	0.560	0	保留
a30	1.092	0.208	0.092	0.892	0.016	0.598	6	删除
a31	5.171	0.731**	0.677	0.866	0.581	0.762	0	保留
a32	6.119	0.759**	0.712	0.865	0.620	0.787	0	保留
a33	5.185	0.683**	0.609	0.868	0.437	0.661	0	保留
a34	7.732	0.717**	0.660	0.866	0.579	0.761	0	保留

续表

题项	极端组比较	题项与总分相关		同质性检验			未达标准的指标数	备注
	决断值（CR）	题项与总分相关	校正题项与总分相关	题项删除后的 α 值	共同性	因素负荷量		
a35	2.257	0.244*	0.130	0.890	0.019	0.137	6	删除
a36	5.411	0.671**	0.614	0.869	0.502	0.709	0	保留
a37	9.102	0.784**	0.735	0.863	0.639	0.800	0	保留
a38	3.247	0.219*	0.152	0.884	0.063	0.250	6	删除
a39	9.405	0.757**	0.699	0.864	0.621	0.788	0	保留
a40	6.316	0.790**	0.743	0.862	0.659	0.812	0	保留
标准	≥3.00	0.400	0.400	0.879	0.200	0.450		

从表 3-33 可看出，根据决断值（CR）、题项与总分相关、校正题项与总分相关、题项删除后的 α 值、共同性、因素负荷量六个指标对“未达标准的指标数”综合考虑，该量表删除 a30、a35 和 a38 这 3 题。

得到的预问卷保留 33 道题目。其中，教师职业认同量表 21 题，重新编码 b1—b21；教师职业认同影响因素量表 12 题，重新编码 b22—b33。各题项和指标的对应关系如表 3-34 所示，虽然职业价值观只剩下 2 题，不符合测评要求（一般一个维度最少 3 题），但由于初始的理论参考也是意向性的，所以暂时不删除，根据探索性因素分析的结果再做决定。

表 3-34　初始问卷题目明细

类别＼内容	指标	项数	题号
职业认同	职业认识	6	b1、b2、b3、b4、b5、b13
	职业行为倾向	5	b6、b7、b8、b9、b10
	职业价值观	2	b11、b12
	职业意志	4	b14、b15、b16、b17
	职业期望	4	b18、b19、b20、b21
影响因素	家庭因素	4	b22、b23、b24、b25
	社会因素	4	b26、b27、b28、b29
	学校因素	4	b30、b31、b32、b33

3. 探索性因素分析

量表项目分析完成后，形成 33 道题的修订问卷，再对其进行探索性因素分析，评价各题目之间的关系以及题目间的共同因素。本次共发放回收 193 份问卷，其中有效问卷 189 份，占总回收问卷的 97.93%。

1）教师职业认同量表探索性因素分析

对样本采用 KMO 样本适合性检验和 Bartlett 球形检验，结果显示教师职业认同量表的 KMO 值为 0.929（表 3-35），属于极佳和良好的指标，且显著性概率值 $P = 0.000<0.05$，表明存在共同因素，适合做因素分析。

表 3-35　教师职业认同修订量表 KMO 和 Bartlett 检验

取样足够度的 Kaiser-Meyer-Olkin 度量		0.929
Bartlett 球形检验	近似卡方	4815.431
	df	210
	显著性	0.000

对量表执行“分析–降维–因子分析”，选择不限定变量的主成分分析，结果如表 3-36 所示。

表 3-36　教师职业认同量表探索性因素分析结果摘要

题项	成分		
	1	2	3
b7	0.840	0.085	0.163
b6	0.820	0.057	0.210
b8	0.809	0.118	0.182
b9	0.805	0.137	0.099
b17	0.662	0.469	0.185
b10	0.656	0.312	0.222
b15	0.629	0.344	0.252
b16	0.629	0.396	0.241
b11	0.603	0.322	0.494
b12	0.585	0.249	0.453
b14	0.512	0.421	0.336
b19	0.258	0.855	0.186
b21	0.134	0.839	0.288
b20	0.163	0.837	0.290
b18	0.540	0.582	0.179
b2	0.116	0.164	0.770
b3	0.341	0.199	0.709
b1	0.070	0.133	0.688

续表

题项	成分		
	1	2	3
b5	0.157	0.242	0.613
b4	0.425	0.137	0.570
b13	0.464	0.362	0.563

从表3-36中可看出，教师职业认同量表进行探索性因素分析共萃取了三个因素，与预试量表的五个维度不符合。其中，职业认识和职业期望的题目各自成为一个独立的因素，但是职业行为倾向、职业价值观和职业意志三个维度合成为一个因素。在因子饱和度方面，每个测试项目因素负荷量大于0.45，累积解释变异量达到65.299% > 50%。这些都表明，教师职业认同量表采用三个因子的结构模型更合理。

因此，根据因素分析结果，可将职业认识和职业期望视为教师职业认同的两个结构因素，将职业行为倾向、职业价值观和职业意志所涉及的题目合为一个因素，根据它们的具体内涵，将该因素命名为职业意志与行为倾向。

2）*教师职业认同影响因素的探索性因素分析*

对样本采用KMO样本适合性检验和Bartlett球形检验，结果显示教师职业认同量表的KMO值为0.903（表3-37），属于极佳和良好的指标，且显著性概率值$P = 0.000 < 0.05$，表明存在共同因素，适合做因素分析。

表3-37　教师职业认同影响因素修订量表KMO和Bartlett 检验

取样足够度的Kaiser-Meyer-Olkin度量		0.903
Bartlett 球形检验	近似卡方	2203.380
	df	210
	显著性	0.000

由于教师职业认同影响因素修订量表在编制过程中参考文献后，明确将量表分为三个层面，各层面界定很清楚，且经过了专家效度检验和修改，因此当因素分析时可以不对整个量表进行因素分析，而是以量表各层面单独进行因素分析。职业认同影响修订量表各层面因素分析如下。

（1）家庭层面因素分析。

四个题目共萃取一个因素，因素的特征值为3.025，解释变异量为75.631%，四个题项的因素负荷量均在0.6以上，表示各题项变量均能有效地反映家庭层面，家庭层面因素分析结果如表3-38和表3-39所示。

表 3-38　家庭层面公因子方差

题项	初始	提取
b22	1.000	0.730
b23	1.000	0.856
b24	1.000	0.814
b25	1.000	0.625

表 3-39　家庭层面解释总变异量

提取平方和载入		
合计	方差的百分比/%	累积百分比/%
3.025	75.631	75.631

（2）社会层面因素分析。

四个题目共萃取一个因素，总解释变异量为 55.531%。结果如表 3-40 和表 3-41 所示。

表 3-40　社会层面公因子方差

题项	初始	提取
b26	1.000	0.755
b27	1.000	0.751
b28	1.000	0.649
b29	1.000	0.066

表 3-41　社会层面解释总变异量

提取平方和载入		
合计	方差的百分比/%	累积百分比/%
2.221	55.531	55.531

四个题项中三个题项的因素负荷量在 0.6 以上，b29 因素负荷量明显小于 0.45，表明共同性不足，所以需要将 b29 题删除。对剩下的三个题项重新进行分析。结果表明，因素的特征值为 2.184，解释变异量为 72.979%，这表明删除 b29 后解释变异量大大增加，各题项变量均能有效反映家庭层面。

（3）学校层面因素分析。

四个题目共萃取一个因素，因素的特征值为 2.859，解释变异量为 71.482%，四个题项的因素负荷量均在 0.6 以上，表示各题项变量均能有效反映学校层面，学校层面因素分析结果如表 3-42 和表 3-43 所示。

表 3-42　学校层面公因子方差

题项	初始	提取
b30	1.000	0.612
b31	1.000	0.698
b32	1.000	0.778
b33	1.000	0.771

表 3-43　学校层面解释总变异量

提取平方和载入		
合计	方差的百分比/%	累积百分比/%
2.859	71.482	71.482

经过探索性因素分析后全日制教育硕士教师职业认同量表和全日制教育硕士教师职业认同影响因素量表具备了良好的结构效度。探索性因素分析结束后，正式的教师职业认同量表和原来修订后量表没有区别，保留 21 个测试题目。正式的职业认同影响因素量表在之前修订量表的基础上删除掉 b29 题，保留 11 个测试题目。重新编码后，得到正式量表，具体明细如表 3-44 所示。

表 3-44　正式量表题项对应明细

类别 \ 内容	指标	项数	题号
职业认同	职业认识	6	c1、c2、c3、c4、c5、c13
	职业意志与行为倾向	11	c6、c7、c8、c9、c10、c11、c12、c14、c15、c16、c17
	职业期望	4	c18、c19、c20、c21
影响因素	家庭因素	4	c22、c23、c24、c25
	社会因素	3	c26、c27、c28
	学校因素	4	c29、c30、c31、c32

4. 信度检验

在进行项目分析和探索性因素分析之后，对量表各维度和总体进行信度检验。在 SPSS 中，执行“分析–度量–可靠性分析”，得到教师职业认同量表各维度和总体的内部一致性 α（Cronbach’s Alpha）系数如表 3-45 所示。

表 3-45 教师职业认同量表各维度和总体信度结果

层面	Cronbach's Alpha 值	基于标准化项的 Cronbach's Alpha 值	项数
职业认识	0.831	0.833	6
职业意志与行为倾向	0.936	0.937	11
职业期望	0.885	0.895	4
职业认同	0.949	0.948	21

从表 3-45 可看出，教师“职业认同”量表的 Cronbach's Alpha 值等于 0.949，显示量表的内部一致性程度很高，说明整个量表非常理想。其中“职业认识”层面的内部一致性 Cronbach's Alpha 值等于 0.831，说明信度理想。“职业意志与行为倾向”层面的内部一致性 Cronbach's Alpha 值等于 0.936，说明信度非常好。“职业期望”层面的内部一致性 Cronbach's Alpha 值等于 0.885，说明信度理想。

教师职业认同影响因素量表各维度和总体的内部一致性 Cronbach's Alpha 系数如表 3-46 所示。

表 3-46 教师职业认同影响因素量表各层面和总体信度结果

层面	Cronbach's Alpha 值	基于标准化项的 Cronbach's Alpha 值	项数
家庭因素	0.891	0.891	4
社会因素	0.801	0.802	3
学校因素	0.662	0.690	4
影响因素	0.901	0.903	11

从表 3-46 可看出，教师职业认同影响因素量表的内部一致性 Cronbach's Alpha 值等于 0.901，说明整个量表的信度很理想。其中，家庭因素层面的内部一致性 Cronbach's Alpha 值等于 0.891，说明家庭因素层面信度理想；社会因素层面的内部一致性 Cronbach's Alpha 值等于 0.801，说明社会因素层面信度理想；学校因素层面的内部一致性 Cronbach's Alpha 值等于 0.662，说明学校因素层面信度尚佳。

5. 访谈提纲的拟定与检验

根据预研究的项目分析和因素分析的结果，决定从职业认识、职业意志与行为倾向、职业期望等方面对教师的职业认同进行访谈。为此，每一个维度初步拟定了 2 个问题。教师的职业认同影响因素分为学校因素、家庭因素和社会因素三个方面，每一个维度也初步拟定了 2 个问题。

选取了 5 位职前教师，通过访谈表明，这 12 个问题的方向基本可以，但是具体表述需要进一步修正。而且，提问的时机和顺序都需要做一定的规划。通过预研究的访谈，也提高了研究人员的访谈技巧。

3.2.4 测评过程

本次测评主要经历了四个阶段七个步骤。第一阶段为文献分析，主要明确目标，厘清维度；第二阶段为研究工具的设计，主要是编制量表和验证量表；第三阶段为实施测量；第四阶段为数据分析，得出结论，提出建议。

1. 阅读文献

通过阅读文献，基于研究者的实际状况和取样的方便性，首先，确定选题为教师职业认同调查研究；其次，通过文献分析已有的研究明确本研究的目标，达到了解教师职业认同现状、知道教师职业认同影响因素、提出提高教师职业认同策略的三个目标；最后，通过文献分析筛选出可借鉴的问卷结构和内容，厘清教师职业认同和教师职业认同影响因素的维度。

2. 编制量表

研究工具的设计主要是教师职业认同调查问卷的设计，包括教师职业认同量表和教师职业认同影响因素量表的设计，用预试问卷测量后得到的数据进行项目分析和因素分析从而得到修订后的问卷。然后再次调查，以验证修订后的量表具有良好的信度和效度，可以用于正式测量。根据问卷调查结果设计访谈提纲，并找专家修改。

3. 实施调查

本研究主要通过网上随机发放问卷的形式进行问卷调查。由于研究对象较为广泛，所以有意选取了各个城市的研究生培养单位的学生进行调查，具有一定的代表性。研究对象涉及学校、专业、性别、年级等人口学变量因素。所以调查时间较长，持续几个月一直不断地在收集数据。测评问卷共收到 327 份，其中有效问卷为 310 份，占回收问卷的 94.8%。

4. 分析数据

数据采用 SPSS19.0 统计分析软件以及对 Excel 表进行分析，所有数据编码和计分后对教师职业认同进行差异性分析，对教师职业认同的影响因素进行相关性分析和回归分析。最后得出教师职业认同的五个总体特征和影响因素，并从社会、学校、家庭方面提出提高教师职业认同的策略。教师职业认同调查研究过程如图 3-8 所示。

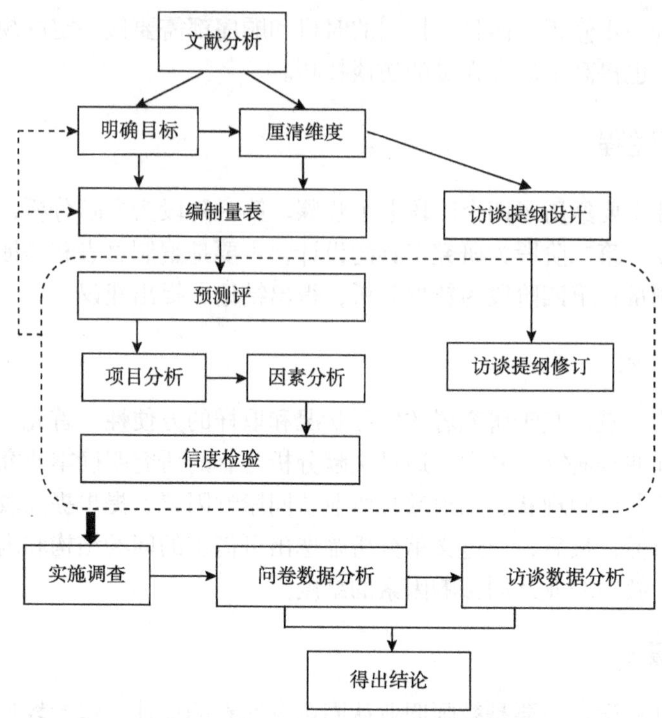

图 3-8　教师职业认同测评研究流程图

3.2.5　测评结果与分析

根据测评和访谈数据的整理，分析得出全日制教育硕士在教师职业认同总体及其各维度的情况，以及对不同群体教育硕士的教师职业认同情况进行比较。并分析学校、家庭和社会因素对全日制教育硕士教师职业认同分别有着怎样的影响。

1. 全日制教育硕士教师职业认同测评结果

1）测评总体情况分析

为了了解全日制教育硕士教师职业认同及各维度的总体情况，对样本进行单样本 T 检验，判断样本均值与总体均值之间的差异显著性。这里以教师职业认同及其各子维度的均值与其理论中值之间的差异显著性进行检验，得到结果如表 3-47 所示。

表 3-47　全日制教育硕士的教师职业认同单样本 *T* 检验

维度	项数	N	M	理论中值	SD	T	P
职业认识	6	310	25.72	18	3.524	38.580	0.000
职业意志与行为倾向	11	310	40.94	33	9.132	15.307	0.000

续表

维度	项数	N	M	理论中值	SD	T	P
职业期望	4	310	17.15	12	3.157	28.691	0.000
职业认同	21	310	83.81	63	14.254	25.700	0.000

注：$P<0.05$表示差异显著，$P<0.01$表示差异极其显著

从表 3-47 可以看出，双侧显著性值均为 0.000 < 0.05，因此认为在 0.05 的显著性水平下，测量出职业认同及其各子维度分别与其理论中值有显著性差异，也就是说以 95% 的概率接受全日制教育硕士教师职业认同及其各子维度平均值大于 3 的结论。这说明全日制教育硕士总体的教师职业认同度较高，均值达到 3.991，认同度从高到低的维度分别是职业期望、职业认识、职业意志与行为倾向。职业认同及各子维度均值柱状图如图 3-9 所示。

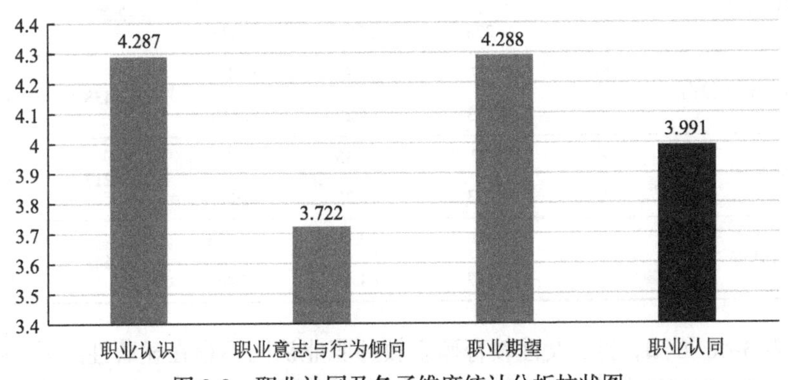

图 3-9　职业认同及各子维度统计分析柱状图

由图 3-9 可知，职业期望和职业认识的均值基本一致，分别为 4.288 和 4.287，但是职业意志与行为倾向的均值较低，只有 3.722。结合访谈，可发现造成全日制教育硕士的教师职业意志与行为倾向认同度较低的原因有三个方面。

（1）缺乏教学实践的经验和教学技能的训练。

研究所选取的研究对象中全日制专业学位的应届研究生，她们当中很大部分刚从本科毕业，缺乏较多的教学实践经验，对教学技能缺乏一定的训练，更不用说跨专业且本科不是师范类的教育硕士，对于教师应该掌握的教学技能的认识和了解仅停留在表面。

（2）实践机会较少。

访谈发现，部分学院甚至跳过了见习，直接实习。就本科同专业而言，显然没有得到重视，要求也较低。也有教育硕士表示两个月的实习太短，刚熟悉了学校环境，就结束了学校实习，自己还完全不能胜任单独管理班级和教学。

（3）缺乏过程性指导。

访谈发现，有的学院在开设专业课时，教师强调练习板书和普通话，但后期并无评价和考察。部分导师要求教育硕士每周进行读书和学习进展汇报，但坚持下来的并不多。教育硕士中很大部分学生将来要从事一线教师教学工作，对于他们而言，跨入教师岗位最重要的一步就是教学技能的提高。教学技能方面的自信，也有利于他们对教师职业的认同。

2）不同性别全日制教育硕士的教师职业认同比较

通过独立样本 T 检验，分析不同性别全日制教育硕士的教师职业认同是否存在显著性差异，结果如表 3-48 所示。

表 3-48　不同性别学生教师职业认同独立样本 *T* 检验

维度	性别	*N*	*M*	SD	*T*	*P*
职业认识	男	37	24.51	3.990	−2.238	0.026
	女	273	25.89	3.432		
职业意志与行为倾向	男	37	38.32	12.150	−1.438	0.158
	女	273	41.29	8.610		
职业期望	男	37	16.35	4.373	−1.217	0.231
	女	273	17.25	2.949		
职业认同	男	37	79.19	18.705	−1.648	0.107
	女	273	84.43	13.462		

由表 3-48 可知，男、女性教育硕士教师职业认同不存在显著性差异，但是在具体维度上存在差别。在职业认识维度上男、女性教育硕士存在显著性差异，在职业意志与行为倾向和职业期望维度上男、女性教育硕士不存在显著性差异。在对 7 名男性的访谈中，有 5 名男性认为当一名教师发展前途不大，工资少，工作还辛苦，所以在毕业后可能会考虑转行。而 8 名女性的访谈中有 6 名谈到教师职业有可能会很累，在专业学习上还是有惰性，但是优点就是有寒暑假而且工作稳定。总体来说，男性教育硕士的教师职业的认同度明显低于女性。

3）不同年级的教育硕士的教师职业认同比较

通过独立样本 T 检验，分析不同年级全日制教育硕士的教师职业认同是否存在显著性差异，结果如表 3-49 所示。

表 3-49　不同年级教育硕士教师职业认同独立样本 *T* 检验

维度	年级	*N*	*M*	SD	*T*	*P*
职业认识	研一	120	26.13	3.515	1.635	0.103
	研二	190	25.46	3.515		

续表

维度	年级	N	M	SD	T	P
职业意志与行为倾向	研一	120	42.53	8.653	2.450	0.015
	研二	190	39.94	9.305		
职业期望	研一	120	17.71	2.812	2.517	0.012
	研二	190	16.79	3.315		
职业认同	研一	120	86.37	13.175	2.535	0.012
	研二	190	82.19	14.700		

由表3-49可知，不同年级教育硕士的教师职业认同存在显著性差异，研二教育硕士高于研一。在职业认识维度上，研一和研二的教育硕士不存在显著性差异。但在职业意志与行为倾向和职业期望维度上，研一与研二的教育硕士存在显著性差异。通过访谈发现具体原因如下。

（1）全日制教育硕士的社会认同度不高。

全日制教育专业学位硕士的培养方式不同于学术硕士，两年制的培养方式基本上可分为一年的理论知识学习、两个月的教育实习以及毕业论文的撰写。全日制教育专业学位硕士从招生开始到现在已经将近十年，在访谈中有学生提到“感觉学校不重视专业学位的教育”“就业方面，对于学科知识和技能还是不能得到面试官的认可”“导师觉得专业硕士就是将来从事一线教师，相比于学术型硕士有所倾斜”“导师同时带十多个教育硕士，教育专业硕士没有发表论文的要求，根本没时间指导专业学位硕士”等。

（2）实习对全日制教育硕士有一定的影响。

大部分研二教育硕士在访谈中谈到当选择考研目标院校时，对自己将要选择的专业有一定的认识。刚入学时怀着新奇的眼光去看待所选专业，研二的教育硕士经历过一年多的实习和学习，许多教育硕士认为专业硕士开设的课程较为实用，对自己未来从事教育事业有很大的帮助，部分教育硕士反映学校对于全日制教育专业硕士实习方面没有对本科生实习重视。研一的教育硕士则对未来迷茫，提出很多疑惑的问题，比如：“继续考博好，还是直接就业好？”“这个专业就业难不难？”等。接受和认同现在所学专业需要时间，毕竟很多是跨专业的教育硕士。这些都影响了他们对教师职业的认同。

4）本科是否师范专业与全日制教育硕士的教师职业认同比较

通过独立样本T检验，分析本科是否师范专业的全日制教育硕士在教师职业认同方面是否存在显著性差异，结果如表3-50所示。

表 3-50　本科是否师范专业与教育硕士教师职业认同独立样本 *T* 检验

维度	本科是否师范	*N*	*M*	SD	*T*	*P*
职业认识	是	162	25.71	3.496	−0.066	0.947
	否	148	25.74	3.567		
职业意志与行为倾向	是	162	41.70	8.291	1.534	0.126
	否	148	40.11	9.933		
职业期望	是	162	17.52	2.513	2.191	0.029
	否	148	16.73	3.703		
职业认同	是	162	84.93	12.903	1.457	0.146
	否	148	82.57	15.550		

由表 3-50 可以看出，本科是否师范专业的教育硕士在教师职业认同上不存在显著性差异。在职业认识和职业意志与行为倾向维度上，本科是不是师范专业的教育硕士不存在显著性差异。在职业期望维度上，存在显著性差异。这也表明在本章中，教育硕士的本科不是师范类专业的教育硕士的职业认同并不低于本科是师范专业的教育硕士。

访谈中发现，大部分本科不是师范专业的教育硕士提到自己对于教师职业要求或者自己是否能适应教师职业的认识还不够十分明确，但是现在教师资格证实行全国统一考试，以及自身学习对自己成为一名教师有了较为明确的职业选择和规划，自己能够用实际行动去提高自己的职业技能。在对本科不是师范专业的教育硕士的访谈中发现，他们知道自己在一些教师专业技能方面存在不足，如普通话发音、教学技能、管理班级等方面，所以为了弥补自己之前的欠缺，要比师范生更加努力，会去做一些针对性的训练，同时他们也坚信这些对自己以后的工作会有很大的帮助，对未来自己从事工作的期望也较高。

5）是否跨专业读研的教育硕士的教师职业认同比较

通过独立样本 *T* 检验，分析是否跨专业读研的全日制教育硕士在教师职业认同方面是否存在显著性差异，结果如表 3-51 所示。

表 3-51　是否跨专业读研学生的教师职业认同独立样本 *T* 检验

维度	是否跨专业读研	*N*	*M*	SD	*T*	*P*
职业认识	是	124	26.48	2.973	2.806	0.001
	否	186	25.22	3.773		
职业意志与行为倾向	是	124	42.45	8.505	2.261	0.017
	否	186	39.93	9.414		

续表

维度	是否跨专业读研	N	M	SD	T	P
职业期望	是	124	17.84	2.370	2.484	0.001
	否	186	16.68	3.519		
职业认同	是	124	86.77	12.034	2.734	0.002
	否	186	81.83	15.274		

由表 3-51 可知，是否跨专业读研的教育硕士在教师职业认同上存在极其显著差异（$P<0.01$），且跨专业的教育硕士高于没有跨专业的教育硕士。是否跨专业的教育硕士在职业认识和职业期望这两个子维度上，也都存在极其显著差异；在职业意志与行为倾向子维度上，则存在显著性差异。

访谈中大部分教育硕士谈到，目前的专业学位教育硕士课程分为学位基础课、专业必修课、专业选修课和教学实践，对于跨专业的教育硕士另外需要补充修读三门本专业的课程。对于本专业的教育硕士，大部分来自普通的二本院校，本科专业已经学过基础的心理学、教育学的知识。但是对学科专业知识的学习并不多，研究生期间主要加强专业学科知识领域，做到了本硕有机衔接。本科是其他专业尤其是跨专业的教育硕士仅仅通过三门课程的修补很难与本科四年专业学习的教育硕士站在同一条起跑线上。因此，从对教育硕士的访谈中可以感觉到，是否跨专业确实对教育硕士的教师职业认同有很大的影响。跨专业的教育硕士在学习过程中大多会主动参与有利于提升自我岗位效能的活动，尤其会主动参与和教师职业相关的学习和活动，因此跨专业的教育硕士往往比不是跨专业的教育硕士对自己立身职场有更为积极的态度。

6）是否有教学经验的教育硕士教师职业认同比较

通过独立样本 T 检验，分析是否有教学经验的全日制教育硕士在教师职业认同方面是否存在显著性差异，结果如表 3-52 所示。

表 3-52　是否有教学经验的教育硕士教师职业认同独立样本 T 检验

维度	是否有教学经验	N	M	SD	T	P
职业认识	是	119	26.10	3.187	1.495	0.136
	否	191	25.49	3.708		
职业意志与行为倾向	是	119	43.26	7.666	3.741	0.000
	否	191	39.49	9.676		
职业期望	是	119	17.39	2.548	2.889	0.255
	否	191	16.99	3.482		
职业认同	是	119	86.75	11.957	3.666	0.002
	否	191	81.97	15.259		

从表 3-52 可以看出，样本中有教学经验的有 119 人，没有教学经验的有 191 人，从中可以推算应届生的人数远多于在职的教师和有教学经验的教育硕士。同时也说明目前在全日制教育硕士中没有教学经验的全日制教育硕士较多。研究发现，是否有教学经验的教育硕士教师职业认同存在极其显著差异。是否有教学经验的教育硕士在职业认识和职业期望维度上，不存在显著差异；但在职业意志与行为倾向维度上，存在极其显著差异。这表明，有教学经验的教育硕士教师职业认同度明显高于没有教学经验的教育硕士。

在访谈中，多数有教学经验的教育硕士认为教师职业虽然累但是能带来成就感。一些从事过基础教育工作的教育硕士对自身和教师职业都有一定的了解，他们读研是为了提高自己的教学能力和水平。有教学经验的教育硕士认为自己立身职场有积极向上的态度，在身心上对从事教师职业的认同比没有教学经验的教育硕士更明确和清晰。

7）不同生源地教育硕士的教师职业认同比较

通过独立样本 T 检验，分析不同生源的全日制教育硕士在教师职业认同方面是否存在显著性差异，结果如表 3-53 所示。

表 3-53　不同生源地教育硕士的教师职业认同独立样本 *T* 检验

维度	生源地	N	M	SD	T	P
职业认识	农村	171	25.92	3.367	1.048	0.279
	城镇	139	25.48	3.707		
职业意志与行为倾向	农村	171	40.75	8.584	−0.394	0.694
	城镇	139	41.17	9.790		
职业期望	农村	171	17.15	2.949	0.043	0.966
	城镇	139	17.14	3.408		
职业认同	农村	171	83.82	13.224	0.025	0.980
	城镇	139	83.78	15.476		

由表 3-53 可以看出，在职业认同及各子维度上，不同生源地教育硕士均不存在显著性差异。总的来说，来源于农村的教育硕士教师职业认同度更高。

访谈中发现，大部分来自农村的教育硕士都表示愿意留在求学当地就业，在竞争激烈的一线城市，他们会努力提高自己的教学技能。不管是来自城市的教育硕士还是来自农村的教育硕士，他们大多数都认为教师职业稳定，而且近几年的优惠政策对他们吸引力很大。在选择师范专业那一刻，他们就期望通过两年的刻苦学习找到心仪的工作，为教育事业贡献自己的一分力量。

8）不同性格的教育硕士教师职业认同比较

因为在研究中将性格分为了内向、外向和内外平衡三个部分，所以需要通过单因素方差检验，才能分析不同性格全日制教育硕士在教师职业认同方面是否存在显著性差异，具体结果如表 3-54 所示。

表 3-54　不同性格全日制教育硕士的教师职业认同方差分析

维度	性格	N	M	SD	F	P
职业认识	内向	68	24.93	3.853	4.437	0.013
	外向	50	26.86	2.770		
	内外平衡	192	25.71	3.515		
职业意志与行为倾向	内向	68	39.22	9.404	3.708	0.026
	外向	50	43.78	7.810		
	内外平衡	192	40.81	9.222		
职业期望	内向	68	16.29	3.604	4.154	0.017
	外向	50	17.92	2.562		
	内外平衡	192	17.24	3.076		
职业认同	内向	68	80.44	15.095	4.791	0.009
	外向	50	88.56	11.722		
	内外平衡	192	83.76	14.268		

由表 3-54 可知，在职业认识、职业意志与行为倾向和职业期望三个子维度，不同性格的教育硕士存在显著性差异。总体来说，不同性格的教育硕士在职业认同上存在极其显著差异。但性格外向的教育硕士教师职业认同最高，其次是内外平衡型和内向型性格的教育硕士。

不同性格的教育硕士的职业认同度由高到低分别是外向型、内外平衡型、内向型。这是由于性格外向的人开朗乐观，在学习和生活中善于交流自己的观点，积极向上的生活态度更易于形成积极的职业价值观。外向的人对自己利用所拥有的教学技能去完成教学工作的自信程度较高，期望值较高，教师的自我效能感在一定程度上影响教育硕士的学习效果。职业认同感越高，一般越能取得好的学习效果。

2. 全日制教育硕士教师职业认同的影响因素分析

1）调查总体情况分析

为了了解全日制教育硕士教师职业认同影响因素及各子维度感知的总体情

况，对所收集样本的数据进行单样本 T 检验，判断样本均值与总体均值之间的差异显著性。这里以教师职业认同影响因素及其各子维度的均值与其理论中值之间的差异显著性进行检验，得到结果如表 3-55 所示。

表 3-55　全日制教育硕士教师职业认同影响因素单样本 T 检验

维度	项数	N	M	理论中值	SD	T	P
家庭因素	4	310	13.66	12	4.162	7.015	0.000
社会因素	3	310	12.03	9	2.496	21.386	0.000
学校因素	4	310	15.32	12	3.652	16.003	0.000
影响因素	11	310	41.01	33	8.815	15.998	0.000

注：P<0.05表示差异显著，P<0.01表示差异极其显著

从表 3-55 可以看出，双侧显著性值均为 0.000<0.05，因此认为在 0.05 的显著性水平下，测量出职业认同影响因素及其各子维度分别与其理论中值有显著性差异，也就是以 95% 的概率接受全日制教育硕士教师职业认同影响因素及其各子维度平均值大于 3 的结论。职业认同影响因素及各子维度均值如图 3-10 所示。

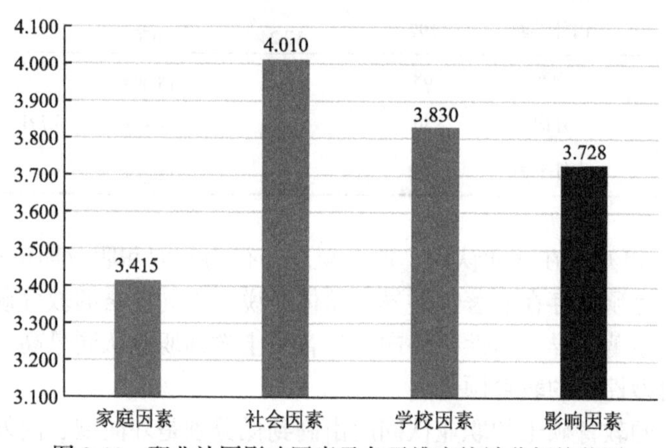

图 3-10　职业认同影响因素及各子维度统计分析柱状图

由图 3-10 可知，全日制教育硕士认为家庭、社会和学校各因素对其教师职业认同都有较大的影响，影响程度从高到低的因素分别为社会因素、学校因素和家庭因素。其中，社会因素和学校因素对其职业认同的影响程度较大。在访谈中发现，部分全日制教育硕士认为在求学期间对授课教师的特别喜欢或厌恶，会对自己的教师职业认同产生较大影响；也有部分教育硕士认为对社会上各种职业的体验与比较，会对教师职业认同产生较大影响。全日制教育硕士教师职业认同家庭因素感知度最低，主要原因有两个方面，一是随着社会发展父母的教育观念不断更新，现在的父母很少强迫或者干预孩子自身对职业的发展；二是进入硕士阶段

的学生一般都有较强的独立自主能力，家长往往都会尊重孩子的选择。

为了厘清家庭、社会和学校对教师职业认同情况的影响程度，本章对调查结果进行回归分析。为此，首先对各影响因素进行相关分析，衡量两个变量因素的相关密切程度。用 Pearson 相关系数对样本中教育硕士的职业认同与其影响因素做相关分析，衡量教育硕士在职业认同各子维度与影响因素各维度之间的线性关系，分析结果如表 3-56 所示。

表 3-56　教师职业认同影响因素相关分析

	职业认识	职业意志与行为倾向	职业期望	职业认同
家庭因素	0.347**	0.525**	0.403**	0.512**
社会因素	0.691**	0.737**	0.704**	0.799**
学校因素	0.606**	0.779**	0.625**	0.788**

从表 3-56 中可看出，各影响因素与职业认同间均呈现显著性正相关。相关系数介于 0.347—0.799，其中“家庭因素”与“职业认识”、“职业意志与行为倾向”、“职业期望”和“职业认同”变量相关系数分别为 0.347，0.525，0.403 和 0.512，认为两变量间相关程度分别为低度相关、中度相关、低度相关和中度相关。“社会因素”与“职业认识”、“职业意志与行为倾向”、“职业期望”和“职业认同”变量相关系数分别为 0.691，0.737，0.704 和 0.799，认为两变量间相关程度均为中度相关。“学校因素”与“职业认识”、“职业意志与行为倾向”、“职业期望”和“职业认同”相关系数分别为 0.606，0.779，0.625 和 0.788，认为变量间相关程度均为中度相关。

对数据进行简单散点图和 Q-Q 图分析，发现数据服从正态分布，满足线性回归分析的基本条件。在 SPSS 中采用多重共线性诊断分析，得到容忍度（tolerance）、方差膨胀系数（variance inflation factor，VIF）、条件指标和特征值的系数如表 3-57 所示。

表 3-57　回归分析系数表

模型	非标准化系数		标准化系数	T	显著性	共线性统计量	
	B 的估计值	标准误差值	β 系数			容忍度	VIF
（常量）	23.493	2.101		11.183	0.000		
家庭因素	0.005	0.124	−0.001	0.040	0.968	0.645	1.551
社会因素	2.779	0.237	0.487	11.726	0.000	0.487	2.051
学校因素	1.758	0.165	0.451	10.627	0.000	0.467	2.140

从表 3-57 中可得到，家庭、社会和学校因素对教师职业认同的影响系数分别为−0.001，0.487 和 0.451，从而得到教师职业认同影响因素的标准化回归模型为

教师职业认同影响因素值 = −0.001×家庭因素 + 0.487 × 社会因素 + 0.451 × 学校因素

从三个变量系数的大小比较中可发现，在教师职业认同的影响因素中，社会因素的影响最大，学校因素的影响次之，家庭因素的影响最小，几乎可以忽略不计。这表明，要提高教师的职业认同，可从提高教师的社会价值入手，通过提高教师待遇，营造尊师、爱师的环境，能在很大程度上提高教师的职业认同。而教师作为学生的经历，例如受到良师的影响、喜欢学校的生活环境等因素也是影响教师职业认同的重要因素。

2）不同性别教育硕士教师职业认同影响因素比较

不同性别教育硕士教师职业认同现状比较，是通过比较男女两个群体平均数的差异。将职业认同影响因素及各子维度设置为检验变量，“性别”设置为分组变量。不同性别教育硕士教师职业认同影响因素的独立样本 T 检验结果如表 3-58 所示。

表 3-58　不同性别教育硕士教师职业认同影响因素的独立样本 T 检验

维度	性别	N	M	SD	T	P
家庭因素	男	37	13.35	4.455	−0.477	0.634
	女	273	13.70	4.127		
社会因素	男	37	11.41	3.500	−1.202	0.236
	女	273	12.12	2.323		
学校因素	男	37	14.78	4.565	−0.780	0.440
	女	273	15.39	3.514		
影响因素	男	37	39.54	11.362	−0.862	0.394
	女	273	41.21	8.418		

由表 3-58 可知，在影响因素和各子因素的感知上，男、女教育硕士均不存在显著性差异。访谈的 7 名男生中，大部分男生认为当一名教师是自己在经历过一些事情和具有一定生活经验后最基本最稳定的一份工作。而 8 名女生中有 6 名谈到教师职业是自己未来从事的所有职业中最为适合的工作，稳定而且是许多人羡慕的职业。

3）不同年级教育硕士教师职业认同影响因素比较

不同年级教育硕士教师职业认同影响因素感知现状比较，是通过比较研一和研二两个群体平均数的差异。将影响因素及各子维度设置为检验变量，“年级”

设置为分组变量。不同年级教育硕士教师职业认同影响因素的独立样本 *T* 检验结果如表 3-59 所示。

表 3-59　不同年级教育硕士教师职业认同影响因素的独立样本 *T* 检验

维度	年级	*N*	*M*	SD	*T*	*P*
家庭因素	研一	120	14.09	4.106	1.451	0.145
	研二	190	13.38	4.184		
社会因素	研一	120	12.48	2.376	2.503	0.013
	研二	190	11.75	2.536		
学校因素	研一	120	15.93	3.403	2.337	0.020
	研二	190	14.94	3.759		
影响因素	研一	120	42.49	8.109	2.370	0.018
	研二	190	40.07	9.131		

由表 3-59 可知，在家庭因素中，研一和研二的教育硕士不存在显著性差异。但在社会因素和学校因素中，研一与研二的教育硕士的感知存在显著性差异。总体来说，在教师职业认同影响因素总体方面，不同年级教育硕士之间也存在显著性差异，对研一的教育硕士教师职业认同的影响程度高于研二。

访谈中发现，不同年级教育硕士在影响因素的感知度方面存在差异主要是因为随着学习的深入，教育硕士对教师职业有了更深刻的认识，教育信念和职业观也更加成熟，家庭、社会和学校对其认同感的影响也逐步降低。

4）本科是否师范专业的教育硕士教师职业认同影响因素比较

本科是否师范专业的教育硕士在教师职业认同影响因素方面是否存在差异，主要通过比较本科是师范专业的教育硕士和本科不是师范专业的教育硕士两个群体对影响因素感知平均数的差异。将影响因素及各子维度设置为检验变量，“本科是否师范专业”设置为分组变量。本科是否师范专业的教育硕士教师职业认同影响因素感知的独立样本 *T* 检验结果如表 3-60 所示。

表 3-60　本科是否师范专业的教育硕士教师职业认同影响因素的独立样本 *T* 检验

维度	本科是否师范专业	*N*	*M*	SD	*T*	*P*
家庭因素	是	162	13.65	4.183	−0.044	0.965
	否	148	13.67	4.153		
社会因素	是	162	12.22	2.229	1.404	0.161
	否	148	11.82	2.752		

续表

维度	本科是否师范专业	N	M	SD	T	P
学校因素	是	162	15.69	3.401	1.884	0.060
	否	148	14.91	3.879		
影响因素	是	162	41.56	8.021	1.154	0.249
	否	148	40.41	9.601		

由表 3-60 可看出，全日制教育硕士在影响因素及各子维度上均不存在显著性差异。这也表明在本研究中，本科不是师范专业的教育硕士对影响因素的感知与本科是师范专业的教育硕士对影响因素的感知并无明显差异。

访谈中发现，大部分本科不是师范专业的教育硕士提到，自己虽然对于教师职业要求或者自己是否能适应教师职业的认识还不是十分明确，但是现在也能够在家人的鼓励下，明确职业选择和规划，用实际行动去提高自己的职业技能。在对本科是师范专业的教育硕士的访谈中发现，大部分教育硕士通过自己在学校的学习知道自己的弱项，从而去做一些针对性的训练。同时他们也会经常考虑到社会招聘需要什么样能力教师，从而做一些相应的教学技能的练习。

5）是否跨专业读研的教育硕士教师职业认同影响因素比较

是否跨专业读研的教育硕士教师职业认同影响因素感知现状比较，是通过比较读研所选专业跨专业读研的教育硕士和没有跨专业读研的教育硕士这两个群体的影响因素感知平均数的差异。将影响因素及各子维度设置为检验变量，“是否跨专业读研”设置为分组变量。“是否跨专业读研的教育硕士教师职业认同影响因素感知”独立样本 T 检验结果如表 3-61 所示。

由表 3-61 可知，跨专业的教育硕士与没有跨专业的教育硕士对社会因素的感知存在显著性差异，对家庭因素和学校因素的感知上不存在显著性差异。总体来说，是否跨专业的教育硕士在教师职业认同影响因素的感知上不存在显著性差异。

访谈中大部分教育硕士谈到，目前学校设置的课程对于跨专业和没有跨专业的教育硕士来说都相对比较容易理解。访谈中大部分跨专业和没有跨专业的教育硕士谈到家人对自己所选专业持中立态度，主要尊重他们自己的选择。但是，有几位跨专业的教育硕士谈到自己在找工作时，很多次因为自己本科专业与现在所学专业不同而被招聘单位拒之门外。由此可见，跨专业的教育硕士对社会因素的感知要明显比没有跨专业的教育硕士强烈。

表 3-61　是否跨专业读研的教育硕士教师职业认同影响因素的独立样本 *T* 检验

维度	是否跨专业	*N*	*M*	SD	*T*	*P*
家庭因素	是	124	14.22	4.084	1.942	0.053
	否	186	13.28	4.182		
社会因素	是	124	12.38	2.140	2.007	0.046
	否	186	11.80	2.689		
学校因素	是	124	15.54	3.437	0.869	0.385
	否	186	15.17	3.791		
影响因素	是	124	42.14	8.212	1.846	0.066
	否	186	40.26	9.140		

6）是否有教学经验的教育硕士教师职业认同影响因素比较

是否有教学经验的教育硕士教师职业认同影响因素感知现状比较，是通过比较有教学经验的教育硕士和没有教学经验的教育硕士这两个群体影响因素感知平均数的差异。将影响因素及各子维度设置为检验变量，“是否有教学经验”设置为分组变量。“是否有教学经验的教育硕士的教师职业认同影响因素感知”独立样本 *T* 检验结果如表 3-62 所示。

表 3-62　是否有教学经验的教育硕士教师职业认同影响因素的独立样本 *T* 检验

维度	是否有教学经验	*N*	*M*	SD	*T*	*P*
家庭因素	是	119	14.55	3.709	3.033	0.003
	否	191	13.10	4.337		
社会因素	是	119	12.37	2.209	1.887	0.060
	否	191	11.82	2.644		
学校因素	是	119	16.12	3.073	3.251	0.001
	否	191	14.82	3.896		
影响因素	是	119	43.04	7.470	3.426	0.001
	否	191	39.74	9.356		

从表 3-62 可看出，教育硕士在对社会因素的感知上不存在显著性差异。但在家庭和学校因素的感知上存在极其显著差异，有教学经验的教育硕士对教师职业认同感知比没有教学经验的教育硕士明显强烈。总体来说，是否有教学经验的教育硕士的影响因素的感知存在极其显著差异，有教学经验的教育硕士的影响因素

的感知明显高于没有教学经验的教育硕士。

在访谈中，多数有教学经验的教育硕士明显不会担心自己以后在社会招聘中找不到工作，家人对自己当教师的认同会影响她们自身对教师职业的认同感，而学校的领导和同事则会较大程度影响她们自身对教师职业的热爱。一些从事过基础教育工作的教育硕士对影响因素的感知更强烈，因为她们不仅仅考虑有一份谋生的职业，而是自己在教师职业中获得的成就感。

7）不同生源地的教育硕士的教师职业认同影响因素比较

不同生源地的教育硕士教师职业认同影响因素感知现状比较，是通过比较来自农村的教育硕士和来自城镇的教育硕士这两个群体影响因素感知平均数的差异。将影响因素及各子维度设置为检验变量，“生源地”设置为分组变量。“不同生源地的教育硕士的教师职业认同影响因素感知”独立样本 *T* 检验结果如表 3-63 所示。

表 3-63 不同生源地的教育硕士教师职业认同影响因素感知的独立样本 *T* 检验

维度	生源地	*N*	*M*	SD	*T*	*P*
家庭因素	农村	171	13.70	3.939	0.202	0.840
	城镇	139	13.60	4.434		
社会因素	农村	171	12.05	2.226	0.155	0.877
	城镇	139	12.01	2.801		
学校因素	农村	171	15.26	3.391	− 0.295	0.768
	城镇	139	15.39	3.961		
影响因素	农村	171	41.02	7.921	0.017	0.986
	城镇	139	41.00	9.835		

由表 3-63 可看出，教育硕士在对影响因素及各子维度的感知上均不存在显著性差异。访谈中来自农村和城镇的教育硕士，谈到因为近年来高等师范院校扩招以及就业形势严峻，所以他们选择读研提升自己的学历，在一定程度上也提升自己在社会招聘中的竞争力。

8）不同性格学生的教师职业认同影响因素比较

不同性格学生的教师职业认同影响因素感知现状比较，是通过比较内向（编号 1）、外向（编号 2）和内外平衡（编号 3）教育硕士这三个群体影响因素感知平均数的差异。不同性格教育硕士的教师职业认同影响因素方差分析结果如表 3-64 所示。

表 3-64　不同性格教育硕士的教师职业认同影响因素方差分析

维度	性格	N	M	SD	F	P	差异群体	LSD 均差值显著性
家庭因素	1	68	12.57	4.470	4.437 6.122	0.013 0.002	2 和 1	2.666*
	2	50	15.24	3.204			2 和 3	1.610*
	3	192	13.63	4.160			—	—
社会因素	1	68	11.81	2.552	4.037	0.019	2 和 1	1.313*
	2	50	12.94	2.132			2 和 3	1.065*
	3	192	12.94	2.132			—	—
学校因素	1	68	14.35	3.947	8.701	0.000	2 和 1	2.727*
	2	50	17.08	2.633			3 和 1	0.850*
	3	192	15.20	3.630			—	—
影响因素	1	68	38.74	9.371	8.589	0.000	2 和 1	6.525*
	2	50	45.26	6.414			3 和 1	1.973*
	3	192	40.71	8.815			—	—

由表 3-64 可知，在影响因素及各子因素中不同性格教育硕士存在极其显著的差异。不同性格学生的职业认同影响因素感知由高到低分别是外向、内外平衡和内向。由方差分析结果可知，教师职业认同影响因素及其各子因素在“性格”变量上均达到了极其显著的差异，因此采用最小显著性差异（LSD）法的多重化比较，从表 3-64 中可以发现“影响因素”中 “外向”和“内外平衡”性格的教育硕士群体影响因素感知显著高于“内向”性格的教育硕士群体。其中：

（1）就“家庭因素”和“社会因素”而言，“外向”性格的教育硕士群体影响因素感知显著高于“内向”和“内外平衡”性格的教育硕士群体；

（2）就“学校因素”而言，“外向”和“内外平衡”性格的教育硕士群体影响因素感知显著高于“内向”性格的教育硕士群体。

3.2.6　测评结论与建议

1. 教师职业认同及各子维度特征

全日制教育硕士的教师职业认同现状，一方面从教师职业认同及各子维度进行了单样本 T 检验，发现全日制教育硕士教师职业认同的总体状况良好（理论中值为 63，但均值为 83.81），其中职业价值观的均值相对较高，职业认识和职业行为倾向均值较低。另一方面从职业认同及各子维度进行人口统计学变量上的独立样本 T 检验和方差分析中，发现职业认同在是否跨专业、是否有教学经验、性格和读研动机这四个变量上存在极其显著差异（$P<0.01$）；在年级这一个变量上存在显著差异（$P<0.05$）；在性别、本科是否师范专业和生源地这三个变量上不存在显著性差异。

全日制教育硕士的教师职业认同各维度有以下三个总体特征。

1）职业认识维度

职业认识维度在是否跨专业这一个变量上存在极其显著差异（$P<0.01$）；在年级、是否有教学经验、性格、读研动机这四个变量上存在显著性差异（$P<0.05$）；在性别、本科是否师范专业、生源地这两个变量上不存在显著性差异。

2）职业意志与行为倾向维度

职业意志与行为倾向维度在是否有教学经验和读研动机这两个变量上存在极其显著差异（$P<0.01$）；在年级、是否跨专业和性格这三个变量上存在显著性差异（$P<0.05$）；在性别、本科是否师范专业和生源地这三个变量上不存在显著性差异。

3）职业期望维度

职业期望维度在是否跨专业这个变量上存在极其显著差异（$P<0.01$）；在年级、本科是否师范专业、性格和读研动机这四个变量上存在显著性差异($P<0.05$)；在性别、是否有教学经验和生源地这三个变量上不存在显著性差异。

2. 教师职业认同的影响因素

全日制教育专业学位硕士的教师职业认同与影响因素进行相关分析和回归分析。结合深入访谈，得到关于各维度对全日制教育硕士教师职业认同的影响关系以及影响因素具体子维度及背后的原因。

全日制教育硕士的教师职业认同影响因素感知现状，一方面，教师职业认同影响因素及各子维度感知进行了单样本 T 检验，发现全日制教育硕士教师职业认同影响因素感知总体较为强烈（理论中值为 33，但均值为 41.01），其中教育硕士对社会因素感知的均值最高，对家庭因素感知的均值最低。另一方面，影响因素及各子维度进行人口统计学变量上的独立样本 T 检验和方差分析。教育硕士对影响因素的感知在年级、是否有教学经验、性格和读研动机这四个变量上存在极其显著差异（$P<0.01$）；在性别、本科是否师范专业、是否跨专业和生源地这四个变量上不存在显著性差异。全日制教育硕士教师职业认同影响因素各子维度有以下三个总体特征。

1）家庭因素维度

总体上分析，家庭对教师职业认同的影响程度不大，但是在具体的差异性检验中发现，家庭因素对是否有教学经验和性格这两个变量存在极其显著差异（$P < 0.01$）；对性别、年级、本科是否师范专业、是否跨专业、生源地和读研这六个变量不存在显著性差异。

2）社会因素维度

社会因素对教师职业认同的影响程度最大，从差异性检验中发现，社会因素对年级和性格这两个变量存在极其显著差异（$P < 0.01$）；对是否跨专业这个变量存在显著性差异（$P < 0.05$）；对性别、本科是否师范专业、是否有教学经验和生源地这四个变量不存在显著性差异。

3）学校因素维度

学校因素对教师职业认同也有着重要的影响，差异性检验也表明，学校因素对年级、是否有教学经验和性格这三个变量存在极其显著

差异（$P < 0.01$）；对读研动机这个变量存在显著性差异（$P < 0.05$）；对性别、本科是否师范专业、是否跨专业和生源地这四个变量不存在显著性差异。

3. 对策与建议

研究表明，全日制教育硕士的教师职业认同总体情况较好，但不同群体之间存在差异，为此要从社会、学校和家庭三方面入手，尤其是社会和学校因素，提高教师的职业认同感。不仅要以薪资待遇作为吸引力，而且要端正学生对教师职业的职业价值观，才能期望学生在教学中表现出优秀的职业行为。否则，即使学生以后从事了教师职业，也会因为某些因素而不能在教育岗位中奉献自己全部的力量。

1）充分发挥政策的引领作用

教师职业的认同度，与教师的社会地位有着直接的联系，为此，提高教师的待遇，确保教师的合法权益，通过招生制度改革，吸引优秀生源加入教师队伍等举措都十分重要。访谈中有部分学生认为，教师的工资待遇相对于其他职业还是有些低，这也是他们对教师职业前景不看好的重要原因之一。为此，有必要构建教师待遇保障机制，解决教师的后顾之忧。只有薪资待遇得到了有效保障，才能使即将从事或已经从事教师职业的人愿意继续坚守在教师岗位上，培养一代又一代的社会主义优秀青少年。

另外，访谈中很多硕士研究生认为，自 2008 年开始招收全日制专业学位硕士已经 10 多年，在我国，全日制教育硕士是一种新的培养方式。不管是家长、学生还是用人单位，对这种新的培养方式都还不够了解。因此，可以通过加大全日制教育硕士招生的宣传，吸引优秀学生报考。对教师职业做正能量、积极的宣传，提高教师在社会中的地位。

2）树立师德模范，完善教师教育体系

研究表明，学校也是影响教师职业认同的重要因素，这其中包括作为学生时期受到教师的影响，也包括大学期间有关教师教育的学习过程。访谈中，许多教育硕士认为，他们走上教师这条路很重要的原因是自己在成长过程中，遇到了良师的帮助，让他从曾经的后进生转变成了好学生，获得了自信；有的教育硕士认为，长期在学校的学习和生活，他们喜欢上了学校的环境，尤其是看着学生成长的时候会获得很大的满足感；也有的教育硕士认为在师范院校学习期间，教育理论的学习、授课教师的身体力行和实习期间的体验，都对他们的教师职业认同产生了重要的影响。

由此可表明，教师的职业道德、专业水平和培养体系对学生会有重要的影响。教师要在教学中做到为人师表，体现出对职业的认同和喜爱，这能在很大程度上影响学生对教师职业的认同。高等师范院校一方面要有计划地对高校教师的职业认同进行培养，只有教师自己感受到教育能带给学生一种精神的力量，他所教授的学生和教师本人才能形成正确的教师职业价值观（何声钟，2017）。以此感染学生对教师职业的认同感。另一方面，高校要加强对学生的职业价值观引导，主要可以通过一系列与未来从事教师职业密切相关的特色活动，如开展专家讲座、一线教师公开课以及举办教师训练营、教学技能比赛、微课比赛、支教活动等来提升学生的教师职业认识、职业行为倾向以及职业价值观。

此外，在教师教育中优化课程培养计划，精确把握中小学课程改革对各门学科的教学基本要求。在实施课程方案的过程中，根据学生的需要灵活调整。具体途径可通过让学生设计未来的教师生涯规划、开展多种多样的文化活动、鼓励学生主动参与，充分发挥学生个人知识和经验，探索和获得对自己所学专业和以后打算教授学科的深刻理解。只有使学生对未来教师职业发自内心的喜欢，高校的培养模式才能有效。在课程设计上，加入对学生参加教师招聘的指导课程，保持他们对教师就业形势的乐观，才不会削减学生对教师职业的认同感。

3）关心支持教师的职业发展规划

教师在职业的成长和实践中，难免会经历困惑和挫折，这时候高师院校和家庭是帮助他们尽快恢复和成长的重要因素。访谈中有硕士提到了家人的支持对他们选择教师职业有很大的影响，尽管选择教育硕士与家长的关系不太大，但是在学习过程中，家长的支持和鼓励十分重要。有硕士提到自己在提高职业技能的过程中很容易坚持不下去，是在家人监督和鼓励之下才坚持了下去，她也很感谢自己的家人。也有教育硕士认为，理想和现实的差距让他非常懊恼，有时候甚至怀疑自己是否没有能力胜任教师。尤其是当即将毕业时，会面临各方面的压力，教育实习、毕业论文和工作三座大山，压得人喘不过气来。但是只要和父母等过来人倾诉，就能得到他们的指点，重新调整好心态，消化消极因素继续前行。

研究发现，教育硕士在进行研究生学习或者有过教学经历后，其教师职业认同度会得到提高，在影响因素的调查中也体现了这一点。这表明，教育硕士的教师专业素养与教师职业认同程度存在正相关。为此，在教育硕士的培养过程中，应明确以教师专业素养为核心，以教师能力的发展为抓手，促进教育硕士各方面专业素养的提高。只有高师院校的培养体系合理，管理有效，家长保障有力，才能更好地促进教育硕士教师职业认同的提高，有效激发其内在动力。

3.3　数学教师能力的测评

在数学教师能力的测评中，本章选取了数学教师的课堂提问能力这个专业素养的三级维度进行测评。主要采用课堂观察的方法，对 10 位经验型数学教师的数学课堂提问进行了研究，主要目的在于厘清经验型数学教师课堂提问的基本特点。

3.3.1　测评理论基础

课堂提问是每位数学教师上课常用的教学手段，通过课堂提问，可以调动学生上课的积极性，可以检测学生的知识掌握情况、检测教师的教学效果等，有效的课堂提问是教学成功的保证。但是，不是所有数学教师都能很好地把握课堂提问这一教学手段，有必要对经验型教师的课堂提问进行测评分析，为新手教师的数学课堂提问能力提升提供参考。

1. 测评背景

一些新手教师，尤其是没有师范学习经历的新手教师，在课堂提问方面缺乏必要的训练，更多地凭借自身的语言能力和以往学习中的经验来提问，在提问有效性方面存在一些偏差。具体表现如下。

1）提问内容缺乏数学情境

学生有了问题，才会有思考和探索；有探索才会有创新，才会有发展。“创设问题情境”就是在教材内容和学生求知心理之间制造一种“不协调”，把学生引入一种与问题有关的情境的过程。新教师对教材内容不熟悉，对学生学习基础不了解，所创设的数学问题情境也难以引人入胜，学生的学习兴趣必然下降，这正是经验缺乏的一种表现。

2）提问缺乏深度

高效的数学课堂提问可以创造和谐、安全的学习气氛，启发学生的思维，促进学生对相关知识的理解，并能增强学生的主动参与意识。课程标准要求数学教师要注重发挥学生的主体性，而现在部分年轻教师往往会以教师讲、学生听为主，学生只能被动学习，难以引发深度思考。一些所谓的课堂提问，大多不需要深入思考，只需要学生做出“对”、“可以”和“好”等简单回答。

3）课堂提问数量过频

在一节只有 40 分钟左右的数学课上，有的教师以自己讲授为主，缺乏有意义的提问。但是，也存在部分教师在课堂中提问十分频繁，导致学生独立思考时间不足。这种数学课堂的气氛虽然较为热烈，但往往只停留于表面，课堂教学的实质性效果并不佳。造成教师课堂低效提问的原因有很多，除了课前准备不充分、课后反思不够等原因以外，还在于他们对优秀教师高质量数学课堂提问的基本特征缺乏深入了解，自我提高和发展也就失去了明确目标。因此，本章将在此背景下，对经验型教师的数学课堂提问进行测评分析。

2. 课堂提问的分类

关于提问的类型，早期的心理学家把提问分为“开放与封闭”和“记忆与思考”这两个方面，即包括开放性问题、封闭性问题、记忆性问题、思考性问题（Wragg，1984）。20 世纪 50 年代以后，基于布鲁姆认知分类系统的提问类型被广泛采用，即根据布鲁姆理论把提问分成“记忆、理解、应用、分析、综合、评价”六种类型，这种分类描绘了问题类型的层次，但比较粗略。贝尔（1990）依据布鲁姆的分类，将课堂提问分成了认识、理解、应用、分析、综合或者评价等类型。他认为，教师和学生用来讲授和学习数学的问题类型，都是和每节课的认知目的和情感目的最紧密地联系在一起的；当讲授事实、技能、概念、原理时，可能用到符合认识、理解、应用、分析、综合或者评价各项认知学习目的的问题类型。根据对学生思考层次的要求，丹东尼奥（2006）等把提问分成四个水平，分别为：① 低层次集中型问题，即要求学生进行再生性思考；② 高层次集中型问题，即要求学生致力于第一个水平上的生产性思考；③ 低层次分歧型问题，即要求学生对有关内容进行批判性思考；④ 高层次分歧型问题，即要求学生致力于原创性和评价性思考。

顾泠沅等（2003）采用录像带分析技术对一堂初中几何课（课题名称是：正方形的定义和性质）进行了研究，得出关于课堂提问的一些研究结论：① 讲授方式上，边讲边问正在代替传统的灌输式讲授；② 课堂提问实施上，问题类型以记忆性问题为主，学生齐答的提问较多，教师对学生的理答以鼓励和称赞为主，但提问后的停顿过短；③ 语言互动上，以教师主导取向的教学方式居多。叶立军（2011）根据布鲁姆的分类理论，将课堂提问分为管理型提问、识记型提问、重复型提问、提示型提问、理解型提问和评价型提问 6 个方面，并将提问和学生的应答情况结合研究。张雪明（2000）把提问分成了感悟、理解和操作 3 个层面，进而分成 6 级水平（具体如表 3-65 所示），并以该提问分类为标准，对选取的 15 名“专家数学教师”和 15 名“新手数学教师”的课堂提问平均等待时间、平均频次进行统计（共统计了 30 节课），并对统计结果进行分析，针对教师课堂提问提出了相关建议。

表 3-65　三层面六水平的课堂提问分类表

层面	水平
感悟层面	一级：机械性水平——不需要思考的下意识回答，有附和性和配合性特征
	二级：复述性水平——需要对现成材料或已知结论做陈述
理解层面	三级：因应性水平——应答可直接套用已知的知识、现成的方法
	四级：迁移性水平——应答需要有变式能力
操作层面	五级：组合性水平——指需要调动思维在大脑中搜寻多种知识、方法，通过检取、重组、重构方能应答问题
	六级：创造性水平——应答时需要有自己独立的创造

由此可见，国内外数学课堂提问的研究主要可以分成三个部分。第一部分是研究课堂提问的本身，即功能、作用、分类等。第二部分是研究课堂提问的操作，即技巧、策略等。这两个部分研究结果与其他学科的研究结果有不少的共性，不足以突出数学课堂提问的特点。第三部分则是关于数学课堂提问的实证研究，主要是从课堂提问的现状及其有效性出发，给数学教师提出建议。这种实证研究具有一定的实际意义，但这种建议较为笼统，不是所有的教师都能够理解且能马上实践的。同时，大多数研究都在找教师的缺点，然后给教师提出建议，很少关注教师课堂提问的优点。从实际角度来说，实践前人的经验比实践理论更具有实际意义。因此，本研究将对经验型小学数学教师的课堂提问能力进行测评，得出其优点，希望供小学数学新教师学习和实践，提高新教师的课堂提问能力，从而提高课堂效率。

3.3.2　测评对象

目前，学者关于经验型教师的概念及内涵还没有达成共识，但从搜集到的相关资料来看，大多数学者都倾向于以时间维度来划分经验型教师，认为经验型教师至少应有 5 年以上的教龄。如李琳玲（2013）认为一名在职的经验型教师至少要有大于 5 年的教学实践经历。尹媛（2015）认为教师的成熟期是在工作后的 3—5 年，称得上经验型教师的起码得是工作 5 年以上的教师。郭玉洁（2014）认为经验型教师指的是至少有 5 年的教学实践经历，拥有丰富的教学实践经验，并在某种程度上已经形成了自己独特的教学风格的教师。在国内，主要以教师的教龄、职称和教师的成就等作为评判标准，一般将职称分为高级或特级，并且将教龄在 15 年以上的教师称为专家型教师。相应地，将新教师界定为教龄在 3 年以内，刚走上工作岗位的、教学经验较少的教师。经验型教师是处于新手型教师和专家型教师的中间形态，相比于新手型教师来说，他们度过了新入职的适应期，教学中有自己的方法，对学生的学习特征能够更准确地认识。而相比于专家型教师来说，他们虽能运用广泛的知识和经验有效地、创造性地解决各种教学问题，但还没有像专家型教师一样在教育教学、教育管理和教育科研的某一领域或某一方面具有专长，有一定的社会影响力和知名度。对于一名教师而言，至少要有 5 年的教学实践经历，才可以被称为经验型教师。

因此，本章将教龄大于 5 年，职称在中级或中级以上的教师定义为经验型教师。这一阶段的教师基本已经形成了个人独立的教学风格，熟悉数学教材知识，能够比较娴熟地处理教学中的各种关系，并拥有丰富的教学实践经验。具体研究对象为上海宝山区 10 所小学中随机选择的经验型数学教师。他们的教学内容主要以新授课为主，其中“数与运算”和“图形与几何”两种类型的新授课各选 5 节，通过视频、现场观察和做笔记等方式，对他们的小学数学课堂教学提问进行编码分析。

3.3.3 测评工具与方法

课堂提问能力的测评主要采用观察法，运用叶立军的课堂观察分析表，来确定教师课堂提问的类型，并在此基础上运用问答检核量表进一步确定提问方式和教师对回答的反馈情况。根据观察中的实际情况，将问答检核量表进行进一步的分类和细化，即从提问类型、问题情境、选答方式和理答方式四个维度建构课堂提问模型，运用此模型对课堂实例进行编码分析，对小学数学经验型教师课堂提问进行观察。

在提问方式上，分为管理、识记、重复、提示、理解和评价 6 种类型：

管理型提问 B1：为了保持良好的教学秩序和环境，提问与课堂知识没有直接联系的问题。

识记型提问 B2：也称为事实型提问，这种问题的答案往往具有唯一性，例如概念、公式或者基本的定理，主要考查学生是否已经记住这些基本的概念和知识，不需要学生理解这些知识。

重复型提问 B3：学生在回答问题之后，教师为了质疑或者强调这个答案而重复学生的回答，以促进学生进一步思考。

提示型提问 B4：为了纠正学生的答案或者使学生正确思考，教师提出了与问题相关的知识点，对解题进行一定的提示。

理解型提问 B5：教师提出一些比较难的问题，来考查学生是否真正理解了该问题以及相关的知识点。

评价型提问 B6：要求学生在理解了知识的基础上对问题进行判断。

在问答方式方面，主要根据顾泠沅团队（顾泠沅等，1999；鲍建生等，2005）和叶立军（2014）的研究结果以及小学课堂的基本特点，编制问答检核量表，具体见表 3-66。

表 3-66　问答检核量表的运用

编码环节	分类	标记字符
1. 教师挑选回答问题方式	（1）提问后，让全班或小组学生回答	C1
	（2）提问后，谁举手叫谁回答	C2
	（3）提问后，叫不举手的学生回答	C3
	（4）提问后，指定学生回答	C4
2. 教师理答方式	（1）中途打断学生的回答	D1
	（2）对学生的回答没有回应	D2
	（3）自己反复读问题并给出答案	D3
	（4）根据回答情况进一步追问	D4
	（5）积极肯定学生的回答	D5
	（6）鼓励学生主动提问或回答	D6

3.3.4　测评过程

为了更细致地分析，本章主要采用录像分析的方式。对 10 位小学数学经验型教师的课堂进行了视频录制，事后由 3 位研究人员根据量表分别进行观察和统计。具体如表 3-67 所示。

表 3-67　观察的课题与教师情况一览表

序号	教师	教龄	职称	所教年级	课题
1	教师 A	10	中级	四年级	小数的性质
2	教师 B	20	高级	二年级	点图与数
3	教师 C	8	中级	二年级	流程图中的加减计算
4	教师 D	13	中级	一年级	各人眼中的 20
5	教师 E	38	正高级	四年级	小数点的移动
6	教师 F	11	中级	四年级	平行四边形的认识
7	教师 G	7	中级	四年级	平行四边形的面积
8	教师 H	18	高级	五年级	长方体的体积

续表

序号	教师	教龄	职称	所教年级	课题
9	教师 I	27	正高级	四年级	线段、射线、直线
10	教师 J	21	高级	四年级	圆的初步认识

3.3.5　测评结果与分析

通过对 10 位小学数学经验型教师课堂视频的分析，分别统计他们的课堂提问类型、叫答类型和应答类型，以厘清经验型小学数学教师课堂提问的基本特征。

1. 课堂提问类型分析

从管理型、识记型、重复型、提示型、理解型和评价型 6 个方面，对小学数学经验型教师的课堂提问类型进行统计，结果如表 3-68 所示。

表 3-68　课堂提问类型结果汇总表

教师	管理 B1		识记 B2		重复 B3		提示 B4		理解 B5		评价 B6		总次数
	次数	占比/%	次数	占比/%	次数	占比/%	次数	占比/%	次数	占比/%	次数	占比/%	
教师 A	0	0.00	3	8.33	5	13.89	8	22.22	15	41.67	5	13.89	36
教师 B	1	2.17	3	6.52	3	6.52	3	6.52	30	65.22	6	13.04	46
教师 C	3	7.14	2	4.76	3	7.14	2	4.76	22	52.38	10	23.81	42
教师 D	3	12.00	2	8.00	2	8.00	2	8.00	12	48.00	4	16.00	25
教师 E	0	0.00	3	8.33	2	5.56	9	25.00	16	44.44	6	16.67	36
教师 F	0	0.00	10	18.18	7	12.73	5	9.09	15	27.27	18	32.73	55
教师 G	0	0.00	6	16.22	3	8.11	3	8.11	17	45.95	8	21.62	37
教师 H	0	0.00	9	25.00	1	2.78	4	11.11	13	36.11	9	25.00	36
教师 I	0	0.00	10	21.28	7	14.89	5	10.64	14	29.79	11	23.40	47
教师 J	0	0.00	13	37.14	5	14.29	4	11.43	7	20.00	6	17.14	35
合计	7	1.77	61	15.44	38	9.62	45	11.39	161	40.76	83	21.01	395

从表 3-68 中可看出，小学数学经验型教师每节课平均提问 39.5 次，其中占比前三位的分别为理解型提问、评价型提问和识记型提问，分别占 40.76%、21.01%和 15.44%。管理型提问最少，只占 1.77%，这表明经验型教师的授课的课堂纪律都比较理想，这与课堂具有吸引力是分不开的。

为了更好地了解各种类型课堂提问之间的相关性，将经验型小学数学教师的课堂提问在 SPSS 中进行相关性分析，具体结果如表 3-69 所示。

表 3-69　课堂提问类型相关性分析结果表

提问类型		管理 B1		识记 B2		重复 B3		提示 B4		理解 B5		评价 B6	
		次数	占比/%	次数	占比/%	次数	占比/%	次数	占比/%	次数	占比/%	次数	占比/%
管理 B1 次数	Pearson 相关性	1	0.958**	−0.605	−0.542	−0.364	−0.289	−0.618	−0.494	0.277	0.528	−0.220	−0.143
	显著性（双侧）		0.000	0.064	0.106	0.301	0.417	0.057	0.146	0.439	0.117	0.542	0.693
	N	10	10	10	10	10	10	10	10	10	10	10	10
管理 B1 占比	Pearson 相关性	0.958**	1	−0.562	−0.478	−0.372	−0.247	−0.579	−0.424	0.100	0.438	−0.292	−0.189
	显著性（双侧）	0.000		0.091	0.162	0.290	0.491	0.079	0.222	0.783	0.206	0.413	0.601
	N	10	10	10	10	10	10	10	10	10	10	10	10
识记 B2 次数	Pearson 相关性	0.605	0.562	1	0.947**	0.524	0.458	0.006	0.130	0.579	0.866**	0.466	0.488
	显著性（双侧）	0.064	0.091		0.000	0.120	0.183	0.987	0.720	0.080	0.001	0.174	0.152
	N	10	10	10	10	10	10	10	10	10	10	10	10
识记 B2 占比	Pearson 相关性	0.542	0.478	0.947**	1	0.306	0.353	0.049	0.080	0.679*	0.831**	0.193	0.283
	显著性（双侧）	0.106	0.162	00.000		00.390	0.316	0.894	0.826	0.031	0.003	0.593	0.428
	N	10	10	10	10	10	10	10	10	10	10	10	10
重复 B3 次数	Pearson 相关性	−0.364	−0.372	0.524	0.306	1	0.909**	0.201	−0.020	−0.195	−0.567	0.566	0.358
	显著性（双侧）	0.301	0.290	0.120	0.390		0.000	0.577	0.956	0.589	0.088	0.088	0.310
	N	10	10	10	10	10	10	10	10	10	10	10	10
重复 B3 占比	Pearson 相关性	−0.289	−0.247	0.458	0.353	0.909**	1	0.212	0.097	−0.392	−0.593	0.222	0.062
	显著性（双侧）	0.417	0.491	0.183	0.316	0.000		0.557	0.790	0.262	0.070	0.538	0.866
	N	10	10	10	10	10	10	10	10	10	10	10	10
提示 B4 次数	Pearson 相关性	−0.618	−0.579	−0.006	−0.049	0.201	0.212	1	0.953**	−0.201	−0.253	−0.052	−0.161
	显著性（双侧）	0.057	0.079	0.987	0.894	0.577	0.557		0.000	0.578	0.481	0.887	0.657
	N	10	10	10	10	10	10	10	10	10	10	10	10
提示 B4 占比	Pearson 相关性	−0.494	−0.424	−0.130	−0.080	−0.020	0.097	0.953**	1	−0.282	−0.175	−0.312	−0.353
	显著性（双侧）	0.146	0.222	0.720	0.826	0.956	0.790	0.000		0.430	0.628	0.380	0.317
	N	10	10	10	10	10	10	10	10	10	10	10	10
理解 B5 次数	Pearson 相关性	0.277	0.100	−0.579	−0.679*	−0.195	−0.392	−0.201	−0.282	1	0.844**	0.007	−0.176
	显著性（双侧）	0.439	0.783	0.080	0.031	0.589	0.262	0.578	0.430		0.002	0.984	0.626
	N	10	10	10	10	10	10	10	10	10	10	10	10
理解 B5 占比	Pearson 相关性	0.528	0.438	−0.866**	−0.831**	−0.567	−0.593	−0.253	−0.175	0.844**	1	−0.404	−0.464
	显著性（双侧）	0.117	0.206	0.001	0.003	0.088	0.070	0.481	0.628	0.002		0.247	0.176
	N	10	10	10	10	10	10	10	10	10	10	10	10

续表

		管理 B1		识记 B2		重复 B3		提示 B4		理解 B5		评价 B6	
		次数	占比/%	次数	占比/%	次数	占比/%	次数	占比/%	次数	占比/%	次数	占比/%
评价 B6 次数	Pearson 相关性	−0.220	−0.292	0.466	0.193	0.566	0.222	−0.052	−0.312	0.007	−0.404	1	0.934**
	显著性（双侧）	0.542	0.413	0.174	0.593	0.088	0.538	0.887	0.380	0.984	0.247		0.000
	N	10	10	10	10	10	10	10	10	10	10	10	10
评价 B6 占比	Pearson 相关性	−0.143	−0.189	0.488	0.283	0.358	0.062	−0.161	−0.353	−0.176	−0.464	0.934**	1
	显著性（双侧）	0.693	0.601	0.152	0.428	0.310	0.866	0.657	0.317	0.626	0.176	0.000	
	N	10	10	10	10	10	10	10	10	10	10	10	10

注：** 表示在0.01水平（双侧）上显著相关；* 表示在 0.05水平（双侧）上显著相关

从表 3-69 可看出，在小学数学经验型教师的课堂提问类型中，理解性问题和识记性问题存在显著性相关。识记型提问主要要求学生就基本事实、基本材料作答，如概念、公式、定理、性质、步骤、程序等的复述，或是简单的运算提问，并不需要学生理解所学的知识。这是数学知识学习的基础。而理解型提问需要学生结合所学知识进行一定的思考、归纳和总结，这类提问有时是在提示提问的基础上对学生提出了更高的要求。这表明，这两类问题往往是一起出现的，从一般事实型提问入手，逐步引导学生思考，提出需要在深入理解后才能回答的问题。

为分析教师的授课内容与课堂提问类型之间是否存在相关性，本研究将分别对 5 节“数与运算”和 5 节“图形与几何”的课堂提问类型进行分析与比较。其中，“数与运算”课堂内容的 5 位经验型教师的课堂提问类型占比对比情况如图 3-11 所示。

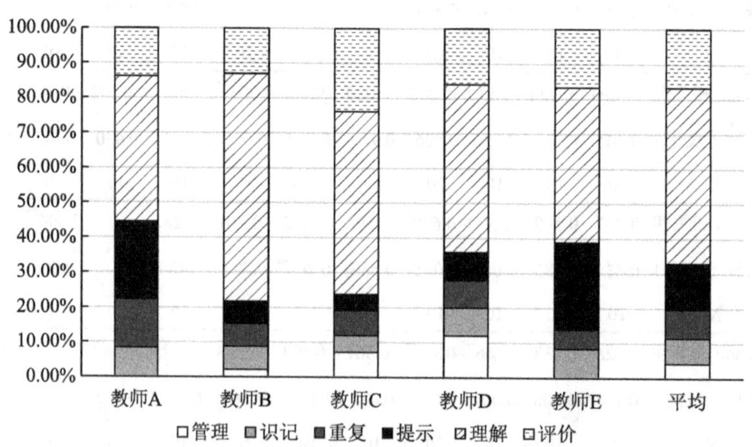

图 3-11　5 位“数与运算”课堂内容教师的课堂提问类型占比对比图

从图 3-11 中可看出，5 位教师问题类型的偏向差异比较大。从整体上看，理解型和评价型这两种问题类型是使用频率最高的。而根据提问的难度，可以将这 6 种提问类型分为两种：第一种包括管理型、识记型和重复型以及提示型提问，这些都是属于简单型提问，只要求学生记住知识，不要求理解；第二种提问包括理解型和评价型提问，这两个与前面四种不同，要求学生理解和运用知识，属于复杂型提问。可见，经验型教师在教学中的课堂提问复杂型问题居多，对学生的思维能力要求较高。

另外，仅次于“理解型问题”和“评价型问题”之后是“提示型问题”，该提问类型的运用充分证明了教师对学生和教学的了解比较深入，能够根据回答随机应变，提出相适应的问题，促进学生不同角度的思考，给学生多一些思考时间，降低问题的难度，让学生能够更好地进行回答。“重复型问题”的提出往往是由于学生的回答没有切中要点，教师重复学生回答是为了让学生意识到自己回答中的漏洞。在 5 位教师当中，使用管理型和识记型提问的概率非常低，这说明大部分学生在课堂中能够较好地管理好自身纪律，尤其是高年级的课堂，管理型提问为 0。“识记型问题”作为对学生数学认知概念、难度较低的提问，占比较低，说明在经验型教师课堂提问的教学中，教师提问在不同层次提问策略的使用上，更多的是选择有思维的问题，而较少选择那些简单易答的问题，可见，教师的提问目的明确，具有一定的思考意义。

在讲“图形与几何”内容时的课堂提问类型占比对比情况如图 3-12 所示。

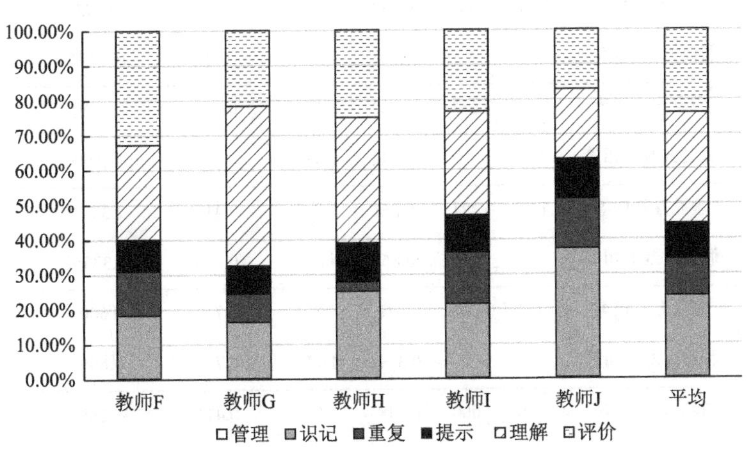

图 3-12　5 位教师在讲“图形与几何”内容时的课堂提问类型占比对比图

从图 3-12 中可看出，复杂型提问的比例占 56%。在课堂中，教师的“理解型提问”和“评价型提问”占首要位置。这表明在经验型教师的教学中，教师注重培养学生的思维能力，运用问题来使学生产生思维的碰撞，让他们从“不懂”中探索，“发现知识”即是课堂中的“高潮”。另外，根据数据分析，在“图形与几何”的教学中，“识记型提问”明显比在“数与运算”中的占比要多。“识记型提问”是指要求就基本事实、基本材料作答，也可称为事实型提问。可见，在讲解图形与几何时，教师对于几何的认识、公式、性质等需要进行事实型提问，在学生已有的知识基础上才能通过复杂型提问来碰撞学生的思维。

将授课主题不同的两类教师进行独立样本 *T* 检验，得到结果如表 3-70 所示。

表 3-70　不同授课内容教师课堂提问类型独立样本 *T* 检验

		方差方程的 Levene 检验		均值方程的 *T* 检验				
		F	显著性	*T*	df	显著性（双侧）	均值差值	标准误差值
管理 B1 次数	假设方差相等	32.508	0.000	2.064	8	0.073	1.400	0.678
	假设方差不相等			2.064	4.000	0.108	1.400	0.678
管理 B1 占比	假设方差相等	19.283	0.002	1.827	8	0.105	4.263%	2.333%
	假设方差不相等			1.827	4.000	0.142	4.263%	2.333%
识记 B2 次数	假设方差相等	2.586	0.146	−6.093	8	0.000	−7.000	1.149
	假设方差不相等			−6.093	4.380	0.003	−7.000	1.149
识记 B2 占比	假设方差相等	4.726	0.061	−4.343	8	0.002	−16.373%	3.770%
	假设方差不相等			−4.343	4.280	0.011	−16.373%	3.770%
重复 B3 次数	假设方差相等	3.916	0.083	−1.242	8	0.249	−1.600	1.288
	假设方差不相等			−1.242	5.683	0.263	−1.600	1.288
重复 B3 占比	假设方差相等	1.762	0.221	−0.861	8	0.414	−2.337%	2.714%
	假设方差不相等			−0.861	6.841	0.418	−2.337%	2.714%
提示 B4 次数	假设方差相等	28.752	0.001	0.381	8	0.713	0.600	1.575
	假设方差不相等			0.381	4.477	0.721	0.600	1.575
提示 B4 占比	假设方差相等	40.979	0.000	0.748	8	0.476	3.226%	4.310%
	假设方差不相等			0.748	4.177	0.494	3.226%	4.310%
理解 B5 次数	假设方差相等	2.595	0.146	1.606	8	0.147	5.800	3.611
	假设方差不相等			1.606	6.067	0.159	5.800	3.611

续表

		方差方程的 Levene 检验		均值方程的 T 检验				
		F	显著性	T	df	显著性（双侧）	均值差值	标准误差值
理解 B5 占比	假设方差相等	0.032	0.862	3.079	8	0.015	18.518 %	6.014%
	假设方差不相等			3.079	7.974	0.015	18.518 %	6.014%
评价 B6 次数	假设方差相等	1.524	0.252	−1.824	8	0.106	−4.200	2.302
	假设方差不相等			−1.824	5.843	0.119	−4.200	2.302
评价 B6 占比	假设方差相等	0.261	0.623	−2.293	8	0.051	−7.297%	3.182%
	假设方差不相等			−2.293	7.396	0.054	−7.297%	3.182%
总次数	假设方差相等	0.366	0.562	0.948	8	0.371	−5.000	5.273
	假设方差不相等			0.948	7.931	0.371	−5.000	5.273

从表 3-70 中可看出，不同内容经验型教师的提问在识记型部分存在统计学上的显著性差异，“图形与几何”比“数与运算”的课堂识记型提问较多。在理解型提问的数量部分虽然没有显著性差异，但是在占比部分存在显著性差异，“数与运算”比“图形与几何”的课堂理解型提问多。这些都表明了，在小学的“图形与几何”课堂教学中，经验型教师的提问类型偏重记忆。

以教龄 15 年为界，将经验型小学数学教师分为两个部分，每一个部分刚好 5 位教师，5 节课，对其课堂提问类型进行独立样本 T 检验，得到的结果如表 3-71 所示。

表 3-71　不同教龄教师课堂提问类型独立样本 T 检验

		方差方程的 Levene 检验		均值方程的 T 检验				
		F	显著性	T	df	显著性（双侧）	均值差值	标准误差值
管理 B1 次数	假设方差不相等	34.844	0.000	1.313	8	0.226	1.000	0.762
	假设方差相等			1.313	4.589	0.251	1.000	0.762
管理 B1 占比	假设方差不相等	17.317	0.003	1.355	8	0.213	3.394%	2.505%
	假设方差相等			1.355	4.248	0.243	3.394%	2.505%
识记 B2 次数	假设方差不相等	0.850	0.384	−1.193	8	0.267	−3.000	2.514
	假设方差相等			−1.193	7.518	0.269	−3.000	2.514
识记 B2 占比	假设方差不相等	2.763	0.135	−1.378	8	0.206	−8.556 %	6.211%
	假设方差相等			−1.378	5.607	0.221	−8.556 %	6.211%

续表

		方差方程的 Levene 检验		均值方程的 *T* 检验				
		F	显著性	*T*	df	显著性（双侧）	均值差值	标准误差值
重复 B3 次数	假设方差不相等	0.257	0.626	0.286	8	0.782	0.400	1.400
	假设方差相等			0.286	7.739	0.783	0.400	1.400
重复 B3 占比	假设方差不相等	5.143	0.053	0.416	8	0.689	1.167%	2.806%
	假设方差相等			0.416	6.330	0.691	1.167%	2.806%
提示 B4 次数	假设方差不相等	0.211	0.659	−0.645	8	0.537	−1.000	1.549
	假设方差相等			−0.645	7.945	0.537	−1.000	1.549
提示 B4 占比	假设方差不相等	0.002	0.969	−0.573	8	0.582	−2.503%	4.369%
	假设方差相等			−0.573	7.990	0.582	−2.503%	4.369%
理解 B5 次数	假设方差不相等	1.144	0.316	0.048	8	0.963	0.200	4.152
	假设方差相等			0.048	5.460	0.963	0.200	4.152
理解 B5 占比	假设方差不相等	1.264	0.293	0.449	8	0.665	3.94122%	8.781%
	假设方差相等			0.449	6.302	0.669	3.94122%	8.781%
评价 B6 次数	假设方差不相等	1.850	.211	0.520	8	0.617	1.400	2.694
	假设方差相等			0.520	5.329	0.624	1.400	2.694
评价 B6 占比	假设方差不相等	0.318	0.588	0.640	8	0.540	2.55801%	3.995%
	假设方差相等			0.640	7.013	0.542	2.55801%	3.995%
总次数	假设方差不相等	0.600	0.461	−0.0180	8	0.861	−1.000	5.550
	假设方差相等			−0.180	6.199	0.863	−1.000	5.550

从表 3-71 可看出，在经验型教师中，教龄 15 年以上和以下两个部分小学数学教师的课堂提问类型没有统计学上的显著性差异，尤其是在理解型提问方面，两者的一致性较高。但是，教龄在 15 年以下的经验型小学数学教师的管理型提问、重复型提问和评价型提问略多；而教龄在 15 年以上的经验型小学数学教师的提示型提问和识记型提问略多。

在 SPSS 中，根据提问类型对这 10 位经验型小学数学教师的提问风格进行聚类，结果表明如果按照两类标准，可以将教师 A、教师 E、教师 G、教师 H、教师 D、教师 B 和教师 C 看作一类；将教师 F、教师 I 和教师 J 看作一类。其中，教师 A 和教师 E、教师 F 和教师 I、教师 G 和教师 H，以及教师 B 和教师 C 的提问类型在风格上较为接近。聚类分析树状图如图 3-13 所示。

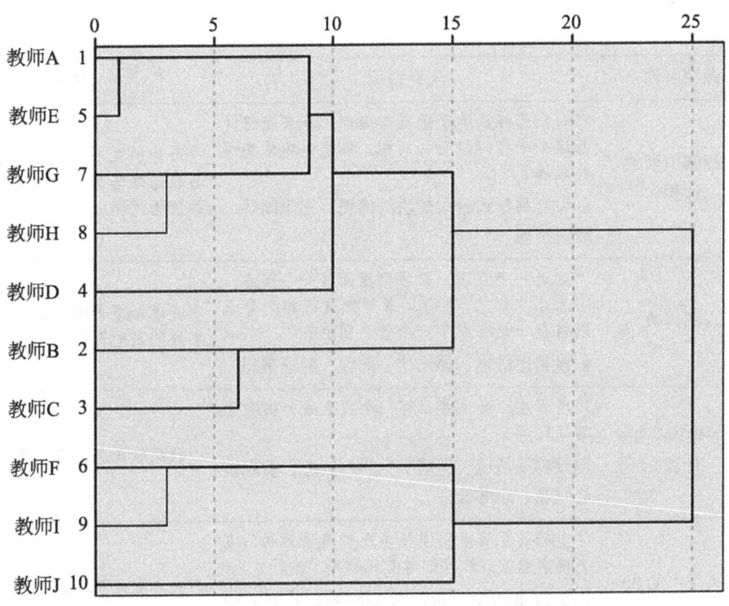

图 3-13　10 位教师课堂提问类型风格聚类分析树状图

研究还发现经验型教师在课堂提问中一般都存在一个核心的问题，其他问题都围绕着该核心问题展开。核心问题是教师在掌握整体教材情况和学生学习情况的基础上，为了更好地体现教学理念并完成教学主要目标而串联课堂教学主线的问题；也是基于课时核心知识及学生认知水平、关注数学核心素养、引领探究活动的情境性的问题。10 位教师引用不同的情境，为学生展开了不一样的情境性的核心问题。它往往能点燃学生的学习激情，激发学生的学习潜能，能帮助学生构建知识框架，更好地联系各知识要点，并能培养学生的发散性思维能力，通过层层问题，探索新知。对教学视频进行分析后，将 10 节课的核心问题归纳如表 3-72。

表 3-72　课堂提问中的核心问题汇总表

教师	课例名称	问题情境	核心问题
教师 A	小数的性质	“一个数的末尾添上一个‘0’，得到的数是原数的（　　）倍。” 问题引入，引发学生思考，主动提出问题	“凭什么说 0.1 等于 0.10 呢？”
教师 B	平行四边形的认识	“同学们，昨天我们通过两张长方形纸条认识了什么？” 创设新旧知识联结的问题情境，生成核心问题	“任选两张长方形纸条完全交叉，重叠部分一定是一个平行四边形吗？”

续表

教师	课例名称	问题情境	核心问题
教师 C	平行四边形的面积	“我们已经认识了平行四边形，如果我想计算这个平行四边形的面积，你觉得你需要哪些数据？” 创设容易导致错误想法的情境，提出问题，验证猜想	“给你们三个数据，谁能告诉我它的面积你准备怎么算？把过程写在纸上并想想理由。”
教师 D	点图与数	“这是一个点图，正方形里面有一个圆点，它表示‘1’。下面，老师把这样的两个点图拼在一起拼成了一个什么图形？” 创设类比情境，提出核心问题，验证猜想	“有谁知道老师想把这 4 个点图拼成怎样的图形？”
教师 E	流程图中的加减计算	“请男生、女生各推荐一个代表进行掷骰子游戏比赛。” 创设游戏情境，提高学生学习兴趣，发现核心问题，思考验证	“结果数是怎么算出来的呢？”
教师 F	各人眼中的 20	“小巧过生日，买了很多东西邀请她的朋友去她家做客。让我们看看她都买了些什么？” 创设故事情境，提出核心问题，找到方法验证	“一共有几个草莓？你是怎么数的？”
教师 G	长方体的体积	“有谁知道，这三个长方体，哪个长方体的体积最大？” 创设不断引发问题的情境，用方法验证猜想	“长方体体积与它的长宽高到底有着怎样的关系？”
教师 H	小数点的移动	“孙悟空和一只妖怪，他俩在对话，孙悟空说：休想，看我的金箍棒，变大，变大，变大……。” 创设故事情境，提高学生学习兴趣，从中提出核心问题，并验证猜想	“小数点向右移一位，小数就扩大 10 倍，你怎样来验证确实是扩大了 10 倍呢？”
教师 I	线段、射线、直线	“今天我们要来学习数学上的直线。你知道吗？你能画出来吗？” 开门见山，创设诱发错误想法的情境，引出核心问题，认识新知	“怎么画直线，让人家明白你画的是直线，让人看懂这是直线，它与线段不一样？”
教师 J	圆的认识	“同学们先来欣赏一组美丽的图片。图片上都看到了什么？” 创设学生生活经验的情境，让学生从做中学，发现核心问题	“要成功画好一个圆要注意哪些因素？”

综合以上对小学数学经验型教师课堂核心问题的分析，核心问题具有以下特征。

（1）内容相关性。根据情境，对内容进行加工，并把学生在学习过程中容易出现的错误考虑在内。

（2）“核心问题”少而精，并有一定的思维含量，同时给学生充分的时间进行思考。

（3）“核心问题”与学生的智力发展水平相适应，并能激发学生的学习积极性。

（4）核心问题有一定的“生长性”。通过“问题串”引导学生更深入地进行思考，并能提出问题。

不难看出，经验型教师对提问的细节、课堂的把握，尤其是对学生思维的训练和培养都是重点把握的，可见经验型教师重在触动学生思维的特点。另外，10 节课，10 位不同的教师，引入了不同的情境教学，并将每节课的核心问题融入情境，即通过创设问题情境，让学生在问题情境中发现或提出问题，分析解决问题，从中真正地领悟到知识。

2. 课堂提问叫答方式分析

把 10 位小学数学经验型教师挑选回答的方式统计结果进行汇总，得到提问叫答方式结果如表 3-73 所示。

表 3-73　教师提问叫答方式统计表

教师	让全班或小组学生回答 C1		谁举手谁回答 C2		叫不举手的学生回答 C3		指定学生回答 C4		总数量
	数量	占比/%	数量	占比/%	数量	占比/%	数量	占比/%	
教师 A	4	11.11	25	69.44	0	0	7	19.44	36
教师 B	12	26.09	27	58.70	0	0	7	15.22	46
教师 C	6	14.29	27	64.29	0	0	9	21.43	42
教师 D	1	4.00	23	92.00	0	0	1	4.00	25
教师 E	5	13.89	27	75.00	0	0	4	11.11	36
教师 F	9	16.36	39	70.90	2	3.64	5	9.09	55
教师 G	5	13.51	27	72.97	0	0	5	13.51	37
教师 H	3	8.33	31	86.11	0	0	2	5.55	36
教师 I	8	17.02	32	68.09	0	0	7	14.89	47
教师 J	3	8.57	25	71.43	0	0	7	20.00	35
合计	56	14.18	283	71.65	2	0.51	54	13.67	395

从表 3-73 中可看出，小学数学经验型教师几乎不会叫不举手的学生回答问题，占比几乎为 0，而“谁举手谁回答”这种方式占了一半以上，最少占 58.70%，最多可达 92.00%。这表明经验型教师尊重学生的自主性，喜欢叫主动举手发言的学生，而且主动举手发言的学生，回答往往更有思考意义。教师尊重学生，学生才会积极主动思考问题，良好的师生关系是实现有效互动的基础。

为了更好地了解各种类型课堂提问之间的相关性，将经验型小学数学教师的课堂提问在 SPSS 中进行了相关性分析，具体结果如表 3-74 所示。

表 3-74　挑选回答方式相关性分析结果表

类型		让全班或小组学生回答 C1		谁举手谁回答 C2		叫不举手的学生回答 C3		指定学生回答 C4	
		次数	占比	次数	占比	次数	占比	次数	占比
让全班或小组学生回答 C1 次数	Pearson 相关性	1	0.973**	0.509	−0.787**	0.365	0.365	0.510	0.237
	显著性（双侧）		0.000	0.133	0.007	0.300	0.300	0.132	0.509
	个案数	10	10	10	10	10	10	10	10
让全班或小组学生回答 C1 占比	Pearson 相关性	0.973**	1	0.344	−0.833**	0.178	0.178	0.550	0.321
	显著性（双侧）	0.000		0.330	0.003	0.624	0.624	0.100	0.367
	个案数	10	10	10	10	10	10	10	10
谁举手谁回答 C2 次数	Pearson 相关性	0.509	0.344	1	−0.152	0.814**	0.814**	0.008	−0.255
	显著性（双侧）	0.133	0.330		0.676	0.004	0.004	0.983	0.477
	个案数	10	10	10	10	10	10	10	10
谁举手谁回答 C2 占比	Pearson 相关性	−0.787**	−0.833**	−0.152	1	−0.072	−0.072	−0.910**	0.781**
	显著性（双侧）	0.007	0.003	0.676		0.844	0.844	0.000	0.008
	个案数	10	10	10	10	10	10	10	10
叫不举手的学生回答 C3 次数	Pearson 相关性	0.365	0.178	0.814**	0.0072	1	1.000**	−0.056	−0.254
	显著性（双侧）	0.300	0.624	0.004	0.844		0.000	0.878	0.479
	个案数	10	10	10	10	10	10	10	10
叫不举手的学生回答 C3 占比	Pearson 相关性	0.365	0.178	0.814**	−0.072	1.000**	1	−0.056	−0.254
	显著性（双侧）	0.300	0.624	0.004	0.844	0.000		0.878	0.479
	个案数	10	10	10	10	10	10	10	10
指定学生回答 C4 次数	Pearson 相关性	0.510	0.550	0.008	−0.910**	−0.056	−0.056	1	0.942**
	显著性（双侧）	0.132	0.100	0.983	0.000	0.878	0.878		0.000
	个案数	10	10	10	10	10	10	10	10
指定学生回答 C4 占比	Pearson 相关性	0.237	0.321	−0.255	−0.781**	−0.254	−0.254	0.942**	1
	显著性（双侧）	0.509	0.367	0.477	0.008	0.479	0.479	0.000	
	个案数	10	10	10	10	10	10	10	10

注：** 表示在0.01水平（双侧）上显著相关

从表 3-74 中可看出，让全班或小组学生回答 C1 和谁举手谁回答 C2 存在显著性，而且是负相关。这表明，如果叫全部学生一起回答的次数较多，那么采取谁举手叫谁回答的方式的次数就会较少。但是，C1 与其他叫答类型不存在显著性相关。

将以上 10 位经验型小学数学教师的课堂叫答类型数量占比作图比较，具体如图 3-14 所示。从中可发现，经验型教师在课堂教学中让学生齐答的比例平均占 13%。同时绝大部分教师比较倾向于自主回答模式，这样有利于提高学生的回答积极性。从课堂实录上也可以反映出生成性教学的特点，教师与学生平等、相互尊重地在课堂上交流。教师提出的问题具有情境性，吸引学生积极思考，主动地举手发言，使得课堂开放自由。

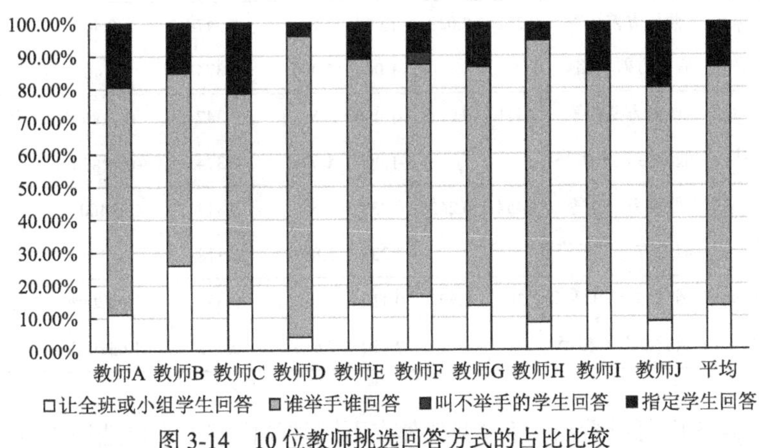

图 3-14　10 位教师挑选回答方式的占比比较

此外，从图 3-14 中还可看出，教师在课堂上也会改叫其他学生回答的回答方式。这种方式可以促进学生与学生之间的交流，互相学习互相帮助，更重要的是这非常有利于课堂生成，在学生的交流中，体现学生的想法，自己主动生成知识，比教师授予更容易吸收知识、理解知识。

按照“数与运算”和“图形与几何”这两个内容分类，将 10 位经验型小学数学教师的课堂叫答类型分为 2 个群体，进行独立样本 *T* 检验，得到结果如表 3-75 所示。

表 3-75　不同授课内容教师挑选回答方式独立样本 *T* 检验

类型		方差方程的 Levene 检验		均值方程的 *T* 检验				
		F	显著性	*T*	df	显著性（双侧）	均值差值	标准误差值
让全班或小组学生回答 C1 次数	假设方差相等	0.098	0.762	0.000	8	1.000	0.000	2.195
	假设方差不相等			0.000	7.115	1.000	0.000	2.195
让全班或小组学生回答 C1 占比	假设方差相等	0.381	0.554	0.278	8	0.788	1.11800%	4.02114%
	假设方差不相等			0.278	6.016	0.790	1.11800%	4.02114%
谁举手谁回答 C2 次数	假设方差相等	2.532	0.150	−1.964	8	0.085	−5.000	2.546
	假设方差不相等			−1.964	4.866	0.108	−5.000	2.546

续表

类型		方差方程的 Levene 检验		均值方程的 T 检验				
		F	显著性	T	df	显著性（双侧）	均值差值	标准误差值
谁举手谁回答 C2 占比	假设方差相等	1.296	0.288	−0.309	8	0.765	−2.01400%	6.52161%
	假设方差不相等			−0.309	6.232	0.768	−2.01400%	6.52161%
叫不举手的学生回答 C3 次数	假设方差相等	7.111	0.029	−1.000	8	0.347	−0.400	0.400
	假设方差不相等			−1.000	4.000	0.374	−0.400	0.400
叫不举手的学生回答 C3 占比	假设方差相等	7.111	0.029	−1.000	8	0.347	−0.72800%	0.72800%
	假设方差不相等			−1.000	4.000	0.374	−0.72800%	0.72800%
指定学生回答 C4 次数	假设方差相等	1.454	0.262	0.239	8	0.817	0.400	1.673
	假设方差不相等			0.239	6.897	0.818	0.400	1.673
指定学生回答 C4 占比	假设方差相等	0.295	0.602	0.410	8	0.693	1.63200%	3.98250%
	假设方差不相等			0.410	7.613	0.693	1.63200%	3.98250%

从表 3-75 中可以看出，经验型教师在不同教学内容方面挑选回答方式在统计学上没有显著性差异，但是“数与运算”和“图形与几何”两类不同内容的授课教师都偏重叫举手的学生回答问题，也会叫其他学生补充回答，这既体现了对学生的尊重，也照顾到了多数的学生。

以 15 年为界，将小学数学教师分为两个部分，对其挑选回答方式进行独立样本 T 检验，得到的结果如表 3-76 所示。

表 3-76　不同教龄教师挑选回答方式独立样本 *T* 检验

类型		方差方程的 Levene 检验		均值方程的 T 检验				
		F	显著性	T	df	显著性（双侧）	均值差值	标准误差值
让全班或小组学生回答 C1 次数	假设方差相等	0.813	0.393	−0.557	8	0.593	−1.200	2.154
	假设方差不相等			−0.557	7.467	0.594	−1.200	2.154
让全班或小组学生回答 C1 占比	假设方差相等	0.792	0.399	−0.749	8	0.475	−2.92600%	3.90584%
	假设方差不相等			−0.749	6.887	0.479	−2.92600%	3.90584%
谁举手谁回答 C2 次数	假设方差相等	0.997	0.347	−0.065	8	0.950	0.200	3.098
	假设方差不相等			−0.065	5.710	0.951	0.200	3.098
谁举手谁回答 C2 占比	假设方差相等	0.005	0.948	0.315	8	0.761	2.05400%	6.52005%
	假设方差不相等			0.315	7.973	0.761	2.05400%	6.52005%

续表

类型		方差方程的 Levene 检验		均值方程的 T 检验				
		F	显著性	T	df	显著性(双侧)	均值差值	标准误差值
叫不举手的学生回答 C3 次数	假设方差相等	7.111	0.029	1.000	8	0.347	0.400	0.400
	假设方差不相等			1.000	4.000	0.374	0.400	0.400
叫不举手的学生回答 C3 占比	假设方差相等	7.111	0.029	1.000	8	0.347	0.72800%	0.72800%
	假设方差不相等			1.000	4.000	0.374	0.72800%	0.72800%
指定学生回答 C4 次数	假设方差相等	0.031	0.864	0.000	8	1.000	0.000	1.679
	假设方差不相等			0.000	7.536	1.000	0.000	1.679
指定学生回答 C4 占比	假设方差相等	0.536	0.485	0.035	8	0.973	0.14000%	4.02377%
	假设方差不相等			0.035	7.403	0.973	0.14000%	4.02377%

从表 3-76 可看出，在经验型教师中，教龄 15 年以上和以下两个部分小学数学教师挑选回答方式没有统计学上的显著性差异，尤其在谁举手谁回答方面，两者的一致性较高；让全班或小组学生回答和指定学生回答比例差不多；叫不举手的学生回答问题的比例都很低。

在 SPSS 中，根据挑选回答方式对这 10 位小学数学经验型教师的叫答方式风格进行聚类，结果表明除了教师 F 比较特别以外，其余 9 位教师的风格都较为接近。聚类分析谱系图如图 3-15 所示。

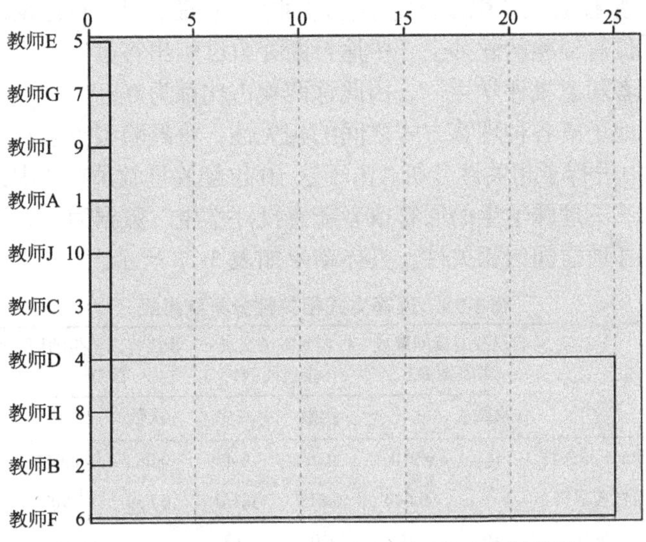

图 3-15　10 位教师挑选回答方式风格聚类树状图

3. 课堂提问理答类型分析

把 10 位小学数学经验型教师应答的方式统计结果进行汇总，得到提问后应答类型结果如表 3-77 所示。

表 3-77 理答方式结果汇总表

类型	中途打断并自己给出答案 D1		不理睬学生的回答或者随意批评学生 D2		自己反复读问题或者答案 D3		根据回答情况进一步追问 D4		积极肯定学生的回答 D5		鼓励学生主动提问 D6		总数量
	数量	占比/%	数量	占比/%	数量	占比/%	数量	占比/%	数量	占比/%	数量	占比/%	
教师 A	0	0.00	0	0.00	5	13.89	18	50.00	6	16.67	7	19.44	36
教师 B	0	0.00	0	0.00	9	19.57	23	50.00	6	13.04	8	17.39	46
教师 C	0	0.00	0	0.00	3	7.14	26	61.90	8	19.04	5	11.90	42
教师 D	0	0.00	0	0.00	4	16.00	12	48.00	4	16.00	5	20.00	25
教师 E	0	0.00	0	0.00	1	2.78	24	66.67	4	11.11	7	19.44	36
教师 F	0	0.00	0	0.00	4	7.27	33	60.00	8	14.55	10	18.18	55
教师 G	0	0.00	0	0.00	5	13.51	26	70.27	1	2.70	5	13.51	37
教师 H	0	0.00	0	0.00	3	8.33	23	63.89	6	16.67	4	11.11	36
教师 I	0	0.00	0	0.00	2	4.26	26	55.32	6	12.77	13	27.66	47
教师 J	0	0.00	0	0.00	1	2.86	22	62.86	4	11.43	8	22.86	35
合计	0	0.00	0	0.00	37	9.37	233	58.99	53	13.42	72	18.23	395

从表 3-77 中可看出，在小学数学经验型教师的课堂中，理答方式占比最高的是"根据回答情况进一步追问"，占比 58.99%，其次是"鼓励学生主动提问"，占比 18.23%；紧接着是"积极肯定学生的回答"；最后是"自己反复读问题或答案"。没有一位有经验的教师会"中途打断并自己给出答案"，也不会"不理睬学生的回答或者随意批评学生"，因此这两项占比都为 0。

为了更好地了解各种理答方式之间的相关性，将经验型小学数学教师的理答方式在 SPSS 中进行了相关性分析，由于这 10 位经验型教师在"中途打断并自己给出答案"和"不理睬学生的回答或者随意批评学生"数据为 0，因此去除这两项来分析其他各项之间的相关性。具体结果如表 3-78 所示。

表 3-78 理答方式相关性分析结果表

类型		自己反复读问题或者答案 D3		根据回答情况进一步追问 D4		积极肯定学生的回答 D5		鼓励学生主动提问 D6	
		次数	占比	次数	占比	次数	占比	次数	占比
自己反复读问题或者答案 D3 次数	Pearson 相关性	1	0.910**	–0.086	–0.479	0.065	–0.043	–0.110	–0.288
	显著性（双侧）		0.000	0.813	0.161	0.859	0.907	0.762	0.420
	个案数	10	10	10	10	10	10	10	10

续表

类型		自己反复读问题或者答案 D3		根据回答情况进一步追问 D4		积极肯定学生的回答 D5		鼓励学生主动提问 D6	
		次数	占比	次数	占比	次数	占比	次数	占比
自己反复读问题或者答案 D3 占比	Pearson 相关性	0.910**	1	–0.437	–0.567	–0.136	–0.013	–0.330	–0.284
	显著性（双侧）	0.000		0.207	0.087	0.708	0.971	0.351	0.427
	个案数	10	10	10	10	10	10	10	10
根据回答情况进一步追问 D4 次数	Pearson 相关性	–0.086	–0.437	1	0.555	0.335	–0.225	0.414	–0.136
	显著性（双侧）	0.813	0.207		0.096	0.344	0.531	0.234	0.709
	个案数	10	10	10	10	10	10	10	10
根据回答情况进一步追问 D4 占比	Pearson 相关性	–0.479	–0.567	0.555	1	–0.345	–0.525	–0.238	–0.392
	显著性（双侧）	0.161	0.087	0.096		0.328	0.119	0.508	0.263
	个案数	10	10	10	10	10	10	10	10
积极肯定学生的回答 D5 次数	Pearson 相关性	0.065	–0.136	0.335	–0.345	1	0.816**	0.296	–0.051
	显著性（双侧）	0.859	0.708	0.344	0.328		0.004	0.407	0.888
	个案数	10	10	10	10	10	10	10	10
积极肯定学生的回答 D5 占比	Pearson 相关性	–0.043	–0.013	0.0225	–0.525	0.816**	1	–0.067	–0.085
	显著性（双侧）	0.907	0.971	0.531	0.119	0.004		0.853	0.816
	个案数	10	10	10	10	10	10	10	10
鼓励学生主动提问 D6 次数	Pearson 相关性	–0.110	–0.330	0.414	–0.238	0.296	–0.067	1	0.804**
	显著性（双侧）	0.762	0.351	0.234	0.508	0.407	0.853		0.005
	个案数	10	10	10	10	10	10	10	10
鼓励学生主动提问 D6 占比	Pearson 相关性	–0.288	–0.284	–0.136	–0.392	–0.051	–0.085	0.804**	1
	显著性（双侧）	0.420	0.427	0.709	0.263	0.888	0.816	0.005	
	个案数	10	10	10	10	10	10	10	10

注：**表示在 0.01 水平（双侧）上显著相关

从表 3-78 可看出，在小学数学经验型教师课堂中，教师选择的理答方式不存在显著性相关。这表明，经验型教师对于理答方式没有标准的规定，根据事实情况决定要采取哪种方式来理答。

为了分析 10 位经验型教师的理答方式是否存在共性，本章通过表格数据得出占比的对比图（图 3-16）。从图 3-16 中可知，在小学数学教学中，10 位经验型教师在课堂中充分尊重了学生的发言权，既没有随意打断也没有进行消极批评，可见师生之间互相尊重，且进行了平等交流的课堂教学。教师在课堂中会重复学生的答案，这不仅有助于巩固知识点，而且还可以增强学生的学习信心。另外在学生的回答当中，有一部分回答得到了教师的认可和鼓励，这有助于调动学生学习的积极性，对于教学难点和重点，教师并没有第一时间给出答案，而是鼓励学生进行提问，通过学生的提问教师可以更好地了解学生对于知识点存在的疑惑，从而有助于把握教学的重点，同时有助于提高学生的思维能力。

从平均数上可以明显得知，10 位经验型教师都擅长追问，比较重视学生的思维能力。而且大部分经验型教师在追问了回答问题的学生的思考过程之后，又适当地追问其他学生，让全班学生一起进行思考，在一定程度上增强了课堂的学习氛围，也提高了回答问题的学生和其他学生的思维能力。

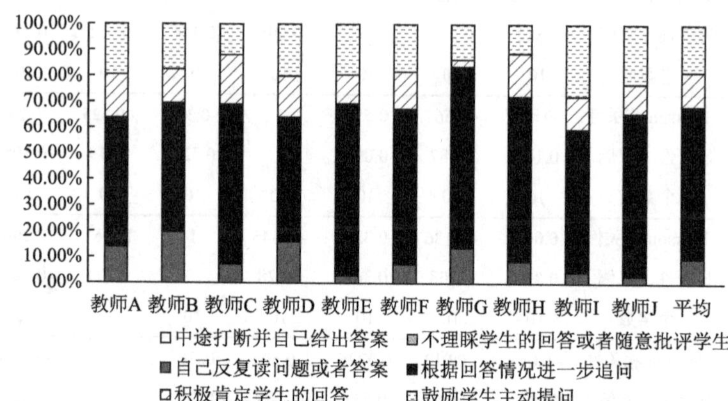

图 3-16　10 位教师理答方式的占比比较

将授课内容不同的两类教师进行独立样本 T 检验，得到结果如表 3-79 所示。

表 3-79　不同授课内容教师理答方式独立样本 T 检验

类型		方差方程的 Levene 检验		均值方程的 T 检验				
		F	显著性	T	df	显著性（双侧）	均值差值	标准误差值
自己反复读问题或者答案 D3 次数	假设方差相等	0.946	0.359	0.931	8	0.379	1.400	1.503
	假设方差不相等			0.931	6.103	0.387	1.400	1.503
自己反复读问题或者答案 D3 占比	假设方差相等	2.322	0.166	1.299	8	0.230	4.63035%	3.56345%
	假设方差不相等			1.299	6.603	0.237	4.63035%	3.56345%
根据回答情况进一步追问 D4 次数	假设方差相等	0.916	0.367	−1.703	8	0.127	−5.400	3.172
	假设方差不相等			−1.703	7.477	0.130	−5.400	3.172
根据回答情况进一步追问 D4 占比	假设方差相等	3.123	0.115	−1.595	8	0.149	−7.15400%	4.48630%
	假设方差不相等			−1.595	6.884	0.156	−7.15400%	4.48630%

续表

类型		方差方程的 Levene 检验		均值方程的 T 检验				
		F	显著性	T	df	显著性（双侧）	均值差值	标准误差值
积极肯定学生的回答 D5 次数	假设方差相等	0.942	0.360	0.429	8	0.680	0.600	1.400
	假设方差不相等			0.429	6.759	0.682	0.600	1.400
积极肯定学生的回答 D5 占比	假设方差相等	0.482	0.507	1.279	8	0.237	3.54800%	2.77442%
	假设方差不相等			1.279	6.430	0.245	3.54800%	2.77442%
鼓励学生主动提问 D6 次数	假设方差相等	3.589	0.095	0.915	8	0.387	–1.600	1.749
	假设方差不相等			0.915	5.048	0.402	–1.600	1.749
鼓励学生主动提问 D6 占比	假设方差相等	2.792	0.133	0.305	8	0.768	–1.03000%	3.37235%
	假设方差不相等			0.305	5.863	0.771	–1.03000%	3.37235%

从表 3-79 中可看出，不同内容经验型教师的理答方式在统计学上没有显著性差异，这表明，无论是“数与运算”还是“图形与几何”，经验型教师在课堂中的理答方式与上课内容无关，一般情况下，视学生的回答而定，重视学生回答的内容，再进行理答。

以教龄 15 年为界，将经验型小学数学教师分为两个部分，对其理答方式进行独立样本 T 检验，得到的结果如表 3-80 所示。

表 3-80　不同教龄教师理答方式独立样本 *T* 检验

		方差方程的 Levene 检验		均值方程的 T 检验				
		F	显著性	T	df	显著性（双侧）	均值差值	标准误差值
自己反复读问题或者答案 D3 次数	假设方差相等	3.028	0.120	0.648	8	0.535	1.000	1.543
	假设方差不相等			0.648	4.498	0.548	1.000	1.543
自己反复读问题或者答案 D3 占比	假设方差相等	0.696	0.428	1.094	8	0.306	4.00235%	3.65730%
	假设方差不相等			1.094	6.399	0.313	4.00235%	3.65730%
根据回答情况进一步追问 D4 次数	假设方差相等	8.975	0.017	–0.162	8	0.875	0.600	3.696
	假设方差不相等			–0.162	4.278	0.878	0.600	3.696
根据回答情况进一步追问 D4 占比	假设方差相等	0.479	0.508	–0.335	8	0.746	–1.71400%	5.11440%
	假设方差不相等			–0.335	7.434	0.747	–1.71400%	5.11440%
积极肯定学生的回答 D5 次数	假设方差相等	4.362	0.070	0.141	8	0.891	0.200	1.414
	假设方差不相等			0.141	5.071	0.893	0.200	1.414

续表

		方差方程的 Levene 检验		均值方程的 T 检验				
		F	显著性	T	df	显著性（双侧）	均值差值	标准误差值
积极肯定学生的回答 D5 占比	假设方差相等	2.346	0.164	0.260	8	0.802	0.78800%	3.03205%
	假设方差不相等			0.260	4.939	0.805	0.78800%	3.03205%
鼓励学生主动提问 D6 次数	假设方差相等	0.076	0.790	−0.915	8	0.387	−1.600	1.749
	假设方差不相等			−0.915	7.025	0.391	−1.600	1.749
鼓励学生主动提问 D6 占比	假设方差相等	0.609	0.458	−0.961	8	0.365	−3.08600%	3.21169%
	假设方差不相等			−0.961	6.508	0.371	−3.08600%	3.21169%

从表 3-80 中可以看出，在经验型教师中，教龄 15 年以上和以下两个部分小学数学教师的理答方式没有统计学上的显著性差异，经验型教师都擅长根据回答情况进一步追问；教龄在 15 年以下的教师“自己反复读问题或者答案”的情况比教龄 15 年以上的教师要稍多一些；而教龄 15 年以上的教师比教龄 15 年以下的教师更多地“鼓励学生主动提问”。

在 SPSS 中，根据理答方式的不同，对这 10 位小学数学经验型教师的理答方式风格进行聚类，结果表明如果按照两类标准，可以将教师 C、教师 H、教师 F、教师 E、教师 J、教师 I、教师 G 看作一类；将教师 A、教师 D、教师 B 看作一类。其中，教师 C 和教师 H、教师 E 和教师 J、教师 A 和教师 D 的理答方式在风格上较为接近。聚类分析谱系图如图 3-17 所示。

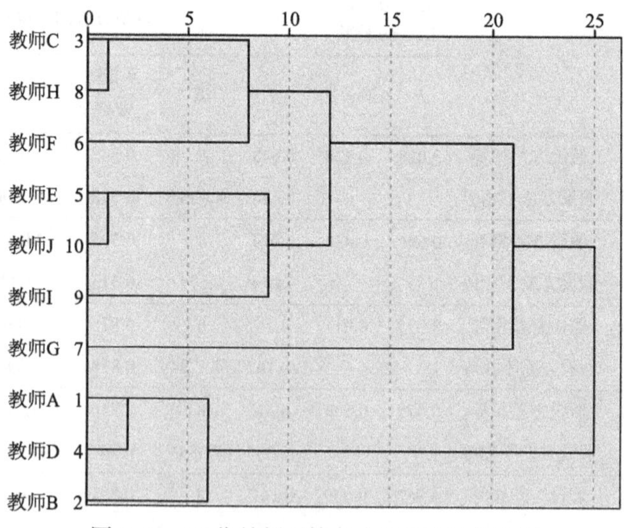

图 3-17　10 位教师理答方式风格聚类树状图

4. 提问风格聚类分析

将10位经验型小学数学教师的提问类型、叫答方式和理答类型统计量导入SPSS，进行聚类分析。结果表明，教师B和教师C的课堂提问风格可归为一类，教师A、教师E、教师F、教师G、教师H、教师I和教师J的课堂提问风格可归为一类，而教师D的课堂提问风格单独一类。若再将其细分，可将教师B和教师C的课堂提问风格归为一类，将教师A、教师E、教师G和教师H的课堂提问风格归为一类，教师F、教师I和教师J的课堂提问风格归为一类，教师D的课堂提问风格单独一类。具体的聚类结果如图3-18所示。

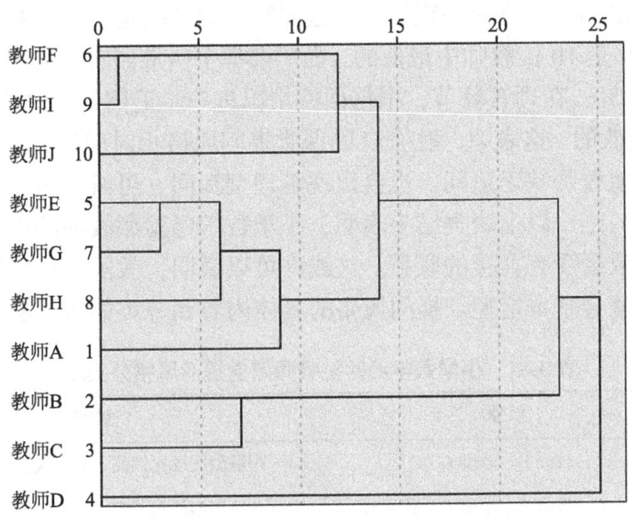

图3-18　10位教师提问风格聚类树状图

教师B和教师C在提问环节，理解型提问的比例分别为65.22%和52.38%，在全部10位教师中排名前两位，比起均值40.76%也高出不少，这表明他们偏重于理解型提问；在提问的叫答环节，他们的“谁举手谁回答”的比例在10位教师中是最低的，比例分别是58.70%和64.29%，这表明他们在课堂教学中比较关注学得还不是很好的学生。因此，可以把这两位教师的提问风格归纳为理解型。

教师A、教师E、教师G和教师H的提问数量基本一致，都在36次左右，与总体均值相差不大；在提问环节，虽然理解型提问是他们提问类型中比例最大的，但是他们的提示型提问的比例在10位教师中位居前列；在叫答环节，无明显特点，各类型比例与均值差异不大；但是在理答环节，根据回答情况进一步追问和鼓励学生主动提问的比例稍高于其他教师。因此，可以把这两位教师的提问风格归纳为追问型。

教师F、教师I和教师J的提问特点相对来说在各方面都较为均衡，在提问环节，各种类型都较为平均，没有一种类型的比例是超过 33% 的，这与其他教师的理解型提问占据多数（基本超过 40%）有较大的区别，他们在识记型提问、理解型提问、提示型提问和评价型提问方面的比例差异不大；在叫答环节，虽然“谁举手叫谁回答”的类型较多，但是“让全班或小组学生回答”和“指定学生回答”也有一定比例；在理答环节，虽然根据回答情况进一步追问的比例是最高的，但是“积极肯定学生的回答和自己回答”的比例在 10 位教师中也属于中等。因此，可以把这两位教师的提问风格归纳为平衡型。

教师 D 的提问次数是最少的，只有 25 次，远低于 10 位教师提问的平均值 39.5 次；在提问环节，他的管理型提问占了 12.00%，该比例是 10 位教师中最高的；在叫答环节，他的“全班或小组学生一起回答”和“指定学生回答”的比例都只有 4.00%，也都是 10 位教师中最低的，而“谁举手叫谁回答”的次数占了绝大多数，达到了 92%；在理答环节，根据回答情况进一步追问的比例为 48.00%，是 10 位教师中最低的。这表明，教师 D 的课堂提问风格相对保守，叫答方式较为常规，相比较其他教师缺乏追问，也会出现管理型提问，可将其风格称为保守型。

值得一提的是，以上聚类结果表明，小学数学经验型教师的提问风格与他们的教龄和提问数量没有直接的联系。这或许可以说明，教龄达到一定程度后，教师的教学风格就会基本定型。提问风格的具体内容和分类如表 3-81 所示。

表 3-81　小学数学经验型教师课堂提问风格分类表

类别	教师	主要特点
理解型	教师 B、教师 C	理解型问题比例高，较为关注没举手的学生
追问型	教师 A、教师 E、教师 G、教师 H	追问型问题较多，鼓励学生提问和回答
平衡型	教师 F、教师 I、教师 J	各种提问、叫答和理答的类型相对较均衡
保守型	教师 D	基本上只让举手学生回答，追问相对较少

3.3.6　测评结论与建议

1. 小学数学经验型教师课堂提问的特征

小学数学经验型教师课堂提问存在以下基本特点：

（1）管理型提问较少。

（2）以理解型提问为主，并且理解型提问常伴随识记型提问一起出现。

（3）“图形与几何”比“数与运算”的课堂识记型提问多，“数与运算”比“图形与几何”的课堂理解型提问多。

（4）教龄在 15 年以下经验型教师的管理型提问、重复型提问和评价型提问略多；教龄在 15 年以上经验型教师的提示型提问和识记型提问略多。

（5）课堂一般都存在一个核心问题。

（6）在课堂上更多地选择主动举手的学生回答问题。

（7）在课堂上挑选回答方式上基本风格一致。

（8）在课堂上追问的理答方式最高。

（9）教龄在 15 年以下的经验型教师反复读问题或者答案情况略多；教龄在 15 年以上的经验型教师鼓励学生主动提问的情况略多。

2. 小学数学经验型教师课堂提问的优点

1）精心创设问题情境、明确核心问题

10 位经验型教师的问题情境的创设各不相同，教师不是单纯型提问，让学生回答，而是把学生引入情境所隐含的“数学问题”中，即核心问题，让学生发现现有条件和学习目标之间需要解决的矛盾、疑难等而产生困惑、焦虑、探索的心理，这种心理又促使学生积极思考，不断产生疑惑并提出问题，然后通过探索来解决问题，从而形成自己的见解，学生经历情境、思考核心问题的过程就是提升学生思维的过程。这也是现代认知心理学中的一条重要原理：把解决问题当作首要目标，在问题情境中孕育思维。

2）课堂提问的问题类型以理解性为主

绝大部分教师在提问时，比较偏向于理解型问题，这类问题是需要通过学生思维的理解才能回答的问题。小学数学经验型教师在课堂上注重学生的学习思维，不是单纯地在课堂上听课，而是需要他们积极思考，有时候通过教师的问题，学生还能自己产生疑惑，并且提出新问题。另外，从课例编码分析结果也发现，经验型教师在课堂中也更多的是运用复杂型提问，即理解型提问（32%）和评价型提问（24%）。这些问题对学生的思维能力有较高要求，在情境的引导下，这些问题可以更好地激发学生的自主探究欲望。学生的思维被激发之后，会主动去探究，对数学知识的掌握也更深入、更牢固。

3）挑选回答问题能关注大部分学生

在教学提问中，小学数学经验型教师十分尊重学生，与学生平等交流。尤其是职称越高的教师，课堂教学语言越丰富，课堂气氛越幽默融洽。由于小学生比较活跃、好动，有时候教师为了严肃课堂气氛，会严厉地叫不会回答的学生回答问题，其实这样会让学生产生惧怕心理，反而无法思考。而从挑选回答问题方式的研究数据中可以发现，经验型教师叫未举手学生回答的占比几乎为 0，打断学生回答问题或者消极批评的占比也为 0。可见，教师的尊重、民主，得到的是学生积极思考，主动举手发言，更愿意投入课堂的回报。这就是师生实现有效互动，形成良好的师生关系的基础。

4）倾向于表扬学生，不打击学生的积极性

小学数学经验型教师善于用积极的理答方式，对于回答正确的学生，给予表扬和鼓励，而对于回答错误的学生也给予了适当的肯定，通过表扬或者鼓励的方式让学生说说自己的想法。这种积极的反馈方式是小学生特别需要的，小学生本就是比较稚嫩，心态还未成熟，当得到教师亲切的鼓舞和表扬，以后会更加积极地在课堂上发言，甚至会喜欢上这门学科与这个老师，一旦有了喜欢的动力，那学习起来就更加主动，自然学得也更好。所以，新教师一定要慷慨地给予学生赞扬和肯定，小孩子特别喜欢听到好听的话，这会让他们觉得自己的学习和付出是正确的、值得肯定的，并激发他们的探索欲，有效提高教学的质量。

3. 主要启示和建议

1）课堂提问应面向全体学生

课堂提问如果只针对班级中的部分学生，班级的总体参与度就会减少，那么课堂上可生成的资源也会变少，根本无法进行生成性教学。因此，只有面向全体学生，举手的学生多了，可生成的资源也就多了，生成性教学才能顺利展开。

2）课堂提问中师生应实现平等对话

从经验型教师的课堂中常常可以发现，学生会积极思考、主动生成新知识，而且是在师生、生生互动交流中生成的。这说明良好的师生关系是实现有效互动的基础。教师和蔼可亲，不会随意发脾气，学生喜欢老师，才会更加积极地学习。因此只有建立平等、和谐、宽容、民主的师生关系，才能使学生形成一种自由、独立、主动的探索心态，学生才会在思考时产生新问题、新矛盾，才愿意积极地发表自己的见解、提出自己的观点，才能争辩质疑、标新立异，使师生之间碰撞出思维的火花。它包括合理地处理学生的回答，如果回答正确，给予充分肯定；如果回答错误，也要正确引导并给予鼓励，这些都是对学生的尊重。

3）精心创设问题情境，抓住思维的发散点提问

精彩的数学问题情境都是以学生的生活经验为基础的，适合做数学知识与学生经验之间的接口，同时也能成为学生探索数学新知和进行创新、发现的载体。因此必须充分备教材、备学生，抓住知识点的坡度提问，难度应在学生最近发展区，抓住思维的发散点提问，培养学生的创新能力。只有特别重视情境所带给学生的趣味性，才能引发学生对知识产生好奇心；也可以诱发他们的错误想法，刺激学生的好胜心。通过这些方式基本上都能达到激发学生主动思考的意图。

4）合理候答，给予学生自主探究的时间

教师要给学生合理的时间来思考问题，学生思考的过程也是一个自主探究的

过程，不仅可以联系和运用旧知识，而且还有可能会产生新的认识，这是生成性教学中不可缺少的。因此，教师应该营造独立思考、自由探究的环境，而不是催促学生急忙回答、赶进度，这样产生不了好的教学效果。

5）正确处理学生回答，及时给予反馈

在日常教学中，常常可以看到有的教师对学生的回答不作评价，然后又提出其他问题请学生回答；或者评价含糊其辞，没有给学生明确方向，这些都是影响课堂有效展开的误区。教师应该在学生经过思考、回答后，给予客观的、鼓励的评价或者必要的指引，这也是推动学生思考产生更多生成性资源的方式之一。

3.4　数学教师知识的测评

知识对于教师的教学有着十分重要的作用，一般来说，教师需要具备学科知识、教育知识和学科教育知识，但是在教育实践中教师需要的是各种知识的融合。它以所要教学的知识点为核心，包括了学科的知识链、课程的知识联结和有关教学设计的知识。为此，本章将在此基础上，对小学数学教师知识进行测评和比较。

3.4.1　测评的理论基础

教师都应该具备哪些知识，不同的视角做出了不同的解读，本研究从测评角度，对数学教师的知识内涵结构与测评进行分析。

1. 数学教师知识的内涵结构

很多研究都表明了，对一名教师来说仅仅具有扎实的学科内容知识是不够的，如 Thompson 等（1994，1996）研究发现，虽然职前教师具有扎实的利率（rate）方面的数学知识，但是他们并不能在教学中有效地帮助学生进行概念理解。因此，Cannon（2008）指出，如果不关注教师怎么使用教学知识，就不可能很好地了解教师知识。也有学者指出，教师所需要拥有的学科知识，与纯学术形态的内容知识是有区别的，例如 Krauss 等（2008）认为，教师的数学教学知识和在高等教育机构中所学到的数学知识是有不同的；Shulman（1986）也指出教师不仅要知道是什么，还要知道为什么。这说明了，对于教师来说，仅仅会解题是不够的，还需要能解释为什么可以这么做。因此，有学者就教师教学内容知识更为详细的内涵结构进行深入研究，将教师教学所需要的学科内容知识与单纯的学科知识做了更为明确的区分。

需要指出的是，虽然在理论上对学科内容知识和教学内容知识有着明确的区分，但是通过实证研究发现，在实践中教师的教学知识是学科内容知识和教学内容知识相互交织而形成的，很难明确区分。因此，很少有研究是专门论述学科内容知识的，而是从教师教学知识的整体视角，对学科内容知识和教学内容知识都进行了阐述。

Leinhardt 等（1991）认为，教师的教学是由两个基本且相关的知识系统所决定的，它们是课堂结构的知识（knowledge of lesson structure）与学科内容的知识（knowledge of subject-matter content）。其中，学科内容的知识是指教师在教某学校课程时所需要拥有及使用的知识，它不仅包含数学知识，也包含课程活动知识、表征的有效方法以及评量的步骤。但是，他们也指出，学科内容的知识并非决定教学行为的主要因素。

Fennema 等（1992）在分析数学教师教学知识的相关文献之后，提出了一个整合教师教学知识的架构，认为数学教师教学所需要的知识可以分为数学知识（knowledge of mathematics）、教学方法的知识（pedagogical knowledge）和学生数学认知的知识（knowledge of learner's cognitions in mathematics）三个部分。他们认为教师教学知识是持续改变和发展的，学科知识必须与如何为学习者表示的学科知识、学生的思维和教师的信念相联系。学科知识包含了所教单元的概念、程序和问题解决的过程，也包含了程序背后的概念、概念间的相互关联，以及概念和程序如何被使用到不同类型的问题解决当中。

Ma（1996）将教师对某一个主题的数学学科知识的理解分为程序型理解（procedural understanding）、概念型理解（conceptual understanding）、逻辑关系（logical relation）及学科结构（structure of the subject），并建立了一个具有四层结构的教师对数学学科主题理解的架构图。她认为教师应该具备“对数学基础知识深刻理解”（profound understanding of fundamental mathematics，PUFM）的能力，有 PUFM 能力的教师就好像精通路线的出租车司机，在心里有一张数学教学相关知识的地图，可以根据教学的需要随时调整和变化（Ma，1999）。由此可见，与其他学者对学科内容知识的类别进行研究不同，Ma 主要从学科内容知识的层次上进行分析。

范良火（2013）将教师的教学知识定义为，教师所知道的与他们课堂教学有关的教与学方面的所有东西。该知识包括三个方面，分别是教学的课程知识（pedagogical curricular knowledge，PCrK），指包括技术在内的教学材料和资源的知识；教学的内容知识（pedagogical content knowledge，PCnK），指表达数学概念和过程的方式的知识；教学的方法知识（pedagogical instructional knowledge，PIK），指关于教学策略和课堂组织模式的知识。范良火（2013）也指出，教学的课程知识是关于“知道什么”，教学的内容知识是关于“知道怎样”，而教学的方法知识是关于“知道什么”和“知道怎样”的结合。由此可见，范良火所提出的教学知识划分中，PCrK 和 PCnK 与学科内容知识联系十分紧密，都需要教师了解所要教学知识点的具体内容，对教科书内容的解读，以及所要教学知识点与其他知识点的联系等内容。

美国学者 Ball 以数学学科为研究对象，采用扎根实践（practice-based）的研究方法，针对数学教师提出了“教学需要的数学知识”（mathematical knowledge for teaching，MKT）（Ball et al.，2001，2003）的理论，并认为 MKT 由学科内容知识（subject matter knowledge，SMK）和教学内容知识两部分组成，进而可分为一般内容知识（CCK）、专门内容知识（SCK）和水平内容知识（HCK）、内容与学生的知识（KCS）、内容与教学的知识（KCT），以及内容与课程的知识（KCC）6 个部分。MKT 理论对学科内容知识的划分比较全面，对教师教学知识的研究具有重要的参考价值，近年来受到教师知识研究的广泛关注。

我国学者也从不同角度对教师知识进行研究，例如林一钢（2009）将教师知识分为个体知识和公共知识两个部分，其中个体知识是教师自己建构的、存在于个体心中的知识，以价值负载、主观的、个体性的面目出现；公共知识指源自教育研究的知识沉淀以及产生于教育实践的一些共识，往往以客观、普遍、价值中立的知识面目出现。徐碧美（2003）认为教师的知识基于实践，从实践角度将教师知识分为学科知识、学科教学法知识和情境知识等。李琼（2009）从学科知识和学科教学知识作为切入点，将学科知识分为概念理解、概念掌握和概念关系三个部分，将学科教学知识分为学生思维特点与解题策略、诊断学生的错误概念、突破难点的策略和教学设计思想四个部分，以分数为内容，编制试题对教师进行测评。

综合以上分析，结合对数学一线教师的访谈，本章认为，对所要教学的数学知识点的本质理解，是数学教师知识的基础。这是一个系统性的网状知识结构，不是单纯依靠高等知识的学习就能获得，也不是会解题就表示掌握了所要教学的知识。对小学数学特级教师的访谈表明，很多小学新手教师的高等知识掌握较好，对小学数学课本上的习题也能熟练完成，但是在课堂教学中，不能很好地向学生诠释数学知识的本质，更多的是碎片化的知识、机械化的训练和记忆。由此可看出，对于数学教师来说，有关知识的联结是十分重要的，包括数学知识之间的联结、数学知识与课程要求的联结、数学知识与教育理论的联结等等。

2. 数学教师知识的测评

教师知识的测评一直是教育研究的热点和难点，由于知识的复杂性和广泛性，至今仍然没有一个较为合理的测评方式和测评工具。但是，从总体上看，知识是内蕴的，很难通过观察获得，目前采用试题测量和问卷测评的方式较多，访谈法往往作为书面测评的辅助。

由于试题测量较为方便，能在较大程度上反映个体在解决该试题过程中所体现的知识水平，因此通过考试的形式测量个体的知识水平的方式是比较常见的，这就是教师教学知识的试题测试法，测试题的结果多为开放式的。例如，Harbison 等（1992）让教师做四年级学生的测试题；Mullens 等（1996）让教师做小学毕业考试题。但是，受到试题数量的限制，这种测试的结果只能部分说明教师教学所需要的部分知识，而这其中更多体现的是教师的学科知识水平，与教师的学科内容知识是不同的，更有别于教师的教学内容知识。

这类测试中大部分学者的测试题目与教师所教的年级没有严格的联系，是以知识点为背景，而设置出有关的试题。例如，Even（1993）对 162 名职前教师进行了关于函数教学知识的测试，其中包含了 9 道试题；Baturo 和 Nason（1996）对 13 名澳大利亚的职前教师的面积测量知识进行测试。Li 等（2008）拟定了一份测试题，对 46 名职前教师的知识进行了测试。Holmes（2012）认为可以采用“教师的数学和科学评价诊断”（the diagnostic teacher assessment of mathematics and science，DTAMS）的理论框架，设置试题来测试教师的教学知识。德国柏林的 Max Planck 人类发展研究所，主持的课堂认知活动（the cognitive activation in the mathematics classroom，COACTIV）研究计划，编制了试题测试教师的教学内容知识，测试内容包括学科内容知识（CK）和教学内容知识（PCK），其中学科内容知识有 23 道题，包括算术、代数、几何和方程，教学内容知识有 36 道题，包括学生知识 11 道题、教学知识 17 道题、任务知识 8 道题（Kleickmann et al.，2013）。李琼等（2005，2006）编制了有关分数的试题，对 32 名小学专家教师和新手教师的教学知识进行测量；吴骏等（2010）从李业平等（2009）的研究中选取 4 道有关函数的题目，对职前教师的教学知识进行测量。An 等（2004）虽然是采用问卷调查的方式，对美国得克萨斯州的 28 位教师和中国江苏省的 33 位教师的教学知识进行了调查，但是所设置的 4 道题都是问答形式（各分成 3—4 道小题），答案是开放式的，因此也属于试题测试的范畴。徐章韬（2009）在研究中采用试题测试为主，访谈和课堂观察为辅的方式测试职前教师的教学知识。

教师教学知识的问卷调查法，是指通过问卷调查的形式（多为选择题）获取教师教学知识的方法，测试题的结果多为封闭式的。问卷调查法的最大优势在于测试简便、统计便捷、易于比较。问卷调查法与试题测试法还有一个较大的区别，就是它不仅可以看出教师对学科知识的应用是否正确，还可以设置问题调查教师对学科知识的态度、对学生情况的了解、何种方式更适合知识点的教学等信息。

Peterson 等（1989）在研究中也采用问卷调查，对 20 名数学教师的教学与学生知识进行调查。范良火（2003）编制了教师问卷调查表，对美国芝加哥地区的 77 名数学教师的教学知识进行调查，问卷内容包括背景信息、教学的课程知识、教学的内容知识、教学的方法知识、未分类别的教学知识。Yasemin（2012）在研究中也设置了问卷（均为选择题）来测试 21 位在职教师的教学知识。但是总体上来说，国外学者在教师教学知识的研究中很少将问卷调查单独采用，而更多的是将其和访谈法、观察法等相结合。吴卫东等（2005）根据范良火（2013）的研究，编制了问卷，对浙江省 960 位小学数学教师的教学知识进行了调查。卢秀琼等（2007）从学科知识、教育教学知识和实践性知识三个方面，自编问卷对重庆地区 6 所小学的数学教师的教学知识现状进行了调查。汤炳兴等（2009）编制了调查问卷对苏南地区 5 所各种类型高级中学的 94 名数学教师的函数学科知识进行了测试，问卷由 24 个题目组成，内容包括函数概念、函数表征、函数图像、反函数、复合函数等内容。黄兴丰等（2010）编制了调查问卷分别对苏州某大学的 102 位大学三年级、四年级的数学师范生和苏州地区的 94 位高中数学教师的函数学科知识进行测试，问卷由 24 个题目组成，内容包括概念表征、图像性质、反函数和复合函数等方面。龚玲梅等（2011）编制了调查问卷，对苏州地区一所大学的三年级和四年级的数学师范生的函数学科知识进行了测试，问卷由 24 个题目组成，包括概念表征、图像性质、反函数和复合函数等方面。

马云鹏等（2010）所在课题组对教师专业知识的测查进行了探索，开发了一套中学教师知识测查工具，并应用该工具测查了东北三省的语文、数学、英语教师的知识掌握情况。该工具以 Shulman（1986）的研究为基础，将教师教学知识分为一般教育学知识（教育理论知识）、课程知识、学科知识和学科教学知识这四个部分。其中教育理论知识的试题由高等院校教育学和心理学专业的教师确定，包含了教育史、教育基本理论、教育心理学、一般教学法四个领域；其他三个部分由学科专家和学科教育专家确定，课程知识分为一般性课程知识和学科课程知识；学科知识指学科范畴内的程序性知识和陈述性知识，所包含的内容最为复杂；学科教学知识主要包括教师对学生知识基础以及可能遇到困难的预判的了解和是否善于采用多样化的教学表征来帮助教学这两个方面。问卷的题目以单项选择题为主，辅助少量的填空题、简答题和情境题。该测试工具是国内为数不多的对教师教学知识测试研究的工具，但是课题组也指出该问卷还存在主观性过强（缺乏客观标准的参照）、某些特性的测试题目过少难以测出真实水平（但是题目过多又会导致测试时间上的矛盾），以及测查信度的影响（被测教师不见得会十分认真地答题）。韩继伟等（2011）在研究中对该问卷略作调整，从教育知识、一般课程知识、数学课程知识、数学学科知识和学科教学知识这五个维度，编制了教师教学知识测验问卷，对东北地区 150 位初中数学教师进行调查。

问卷调查法的实施虽然便捷，而且可以获得较多的研究样本，但是问卷题目的设置是一件十分困难的事情，这在目前还没有很好的解决办法。除了问卷设计者需要具备较高的研究素养，使题目尽量体现被测者的教学知识水平以外，在研究中还通常将问卷调查法和访谈法、观察法等教师教学知识研究方法结合使用。

3.4.2 测评对象

本研究主要对小学数学教师的知识进行测评，测评对象主要包括职前小学数学教师和在职小学数学教师。职前教师，主要指小学教育（数学）方向的师范生和教育硕士。调查全部采用书面测试，匿名测评，问卷发放地点主要集中在上海和江苏。测评为期 3 个月，一共发放问卷 135 份，回收 128 份，有效问卷 128 份，问卷有效率是 94.81%。其中，男性有 13 名，占 10.16%；女性有 115 名，占 89.84%。职前教师共有 90 人，占 70.31%；在职教师共有 38 人，占 29.69%。在职教师中，教龄在 1—10 年的有 13 人，占 34.21%；11 年及以上的有 25 人，占 65.79%。教师中，具有本科及以下学历的教师有 97 人，占 75.78%；具有硕士及以上学历的教师有 31 人，占 24.22%。

3.4.3 测评工具与方法

根据本研究的理论基础，将数学教师知识分为基础性知识、关联性知识和教育性知识三个部分。其中，基础性知识主要指教师对所要教的小学数学知识的认识和运用，包括能正确地表述数学的定义，能运用数学的基本概念、定理求解和证明数学题；关联性知识主要指知识点之间的联结，是学科知识和教育知识的中间环节，包括数学知识的概念图、数学课程标准中对数学教学知识点的具体要求，以及不同版本数学教科书对该知识点的处理，并能分析其优缺点；教育性知识主要指知识点难易程度的判断和教学方法的选择，包括学生数学基础和认知特点的知识，数学知识类型与数学教育方法关联性的知识，以及运用数学教育技术和生活事例帮助学生理解数学的知识。

在知识点和测试题目的选择上，参考李琼（2009）的研究，选取分数作为测评知识点。分数是小学生学习过程中遇到的最为复杂的概念之一，对教师的教学知识也有着较高的要求，一些已有研究表明，教师有关分数教学的学科知识和学科教学法知识状况并不乐观。在测试题目的编制方面，采用李琼所编制的小学数学教师教学知识调查问卷，该问卷已经过分析，具有良好的评分者一致性信度。其中，基础性知识包括分数的意义、概念表征、分数的算理解释、分数运算等 4 道题；关联性知识包括分数与乘除法的联系、分数运算的实质等 2 道题；教育性知识包括学生思维特点、解题策略（如学生的直觉思维）、诊断学生的错误概念（如整数对小学生理解分数的影响）、教师突破难点的策略（如当学生出现理解上的迷糊时，教师采取的教学策略）与教学设计思想（如课程材料的选取、教学活动的设计）等 5 道题。三类教师知识各赋值 15 分，总分 45 分。具体题目和对应联系如表 3-82 所示。

表 3-82　小学数学教师知识测评题目对应

题号	编码	教师知识类型	分数
1	A1	基础性知识	3
2（1）	A2	基础性知识	3
2（2）	A3	基础性知识	3
3（1）	A4	基础性知识	6
3（2）	C1	教育性知识	3
3（3）	B1	关联性知识	6
4	B2	关联性知识	9
5	C2	教育性知识	3
6（1）	C3	教育性知识	3
6（2）	C4	教育性知识	3
7	C5	教育性知识	3
总分			45

在问卷正式发放前，研究者首先发放三份问卷给小学教育相关专业的学生，在统一的时间和地点对三位测试者进行测试，发现三位用时在 30～45 分钟之间。对于一份调查问卷来说，30 分钟以上的答题时间较长，对于答题者来说，易产生倦怠以至于答案出现一定的偏差。研究者考虑到答题时间的问题，再次发放问卷给在职教师，通过测试，三位在职教师的答题时间在 20～30 分钟内。因此，最终决定将测试时间限定为 35 分钟（小学一节课的时间），时间到，停止答题，在测评过程中也不能借助书籍和手机，更不能相互交流。

问卷中含有主观题，为确保测评结果的有效性，采用了三角形检验法。共有三位数学教育研究生作为评分工作人员，依据评分规则，分别对测评结果进行赋分，最终将评分者的平均分作为每道被测题的最终得分，测评结果通过 SPSS20.0 进行分析和比较。

3.4.4　测评结果与分析

通过对 128 位教师的知识进行测评后，对其总体得分情况进行分析，并对不同群体教师知识的差异进行分析。

1. 教师知识总体情况

分析表明，在该量表中教师知识总体的得分均值为 23.894，得分率为 53.10%。

其中，教师的基础性知识掌握得较好，得分率为 69.79%；教育性知识次之，得分率为 52.87%；而关联性知识得分最低，得分率为 36.64%。在基础性知识方面，职前教师的得分略高于在职教师，而在关联性知识和教育性知识方面，在职教师的得分高于职前教师，在教师知识总得分方面，在职教师也略高于职前教师。这表明，小学数学教师对于学科知识点之间的联系还缺乏深刻了解，对教学知识点的认识更多的是“见木不见林”，这方面职前教师更需要提高。具体结果见表 3-83。

表 3-83　教师知识测评总体结果

题目	教师	人数	均值	标准差	得分率
A 基础性知识（15 分）	职前教师	90	10.570	2.4235	0.7047
	在职教师	38	10.226	2.3138	0.6818
	总体	128	10.468	2.3876	0.6979
B 关联性知识（15 分）	职前教师	90	5.350	3.3577	0.3567
	在职教师	38	5.839	3.3320	0.3893
	总体	128	5.495	3.3445	0.3664
C 教育性知识（15 分）	职前教师	90	7.792	2.9702	0.5195
	在职教师	38	8.258	2.1539	0.5505
	总体	128	7.930	2.7531	0.5287
教师知识（45 分）	职前教师	90	23.712	6.7404	0.5269
	在职教师	38	24.324	6.0359	0.5405
	总体	128	23.894	6.5216	0.5310

在基础性知识方面，A2 的得分率最高，为 82.67%，A4 的得分率最低，仅为 55.91%，在职教师的 A1、A2 和 A3 题得分高于职前教师，而职前教师的 A 4 题得分高于在职教师。A2 为分数的图形表示，A4 为用不同方法计算分数的除法，测评结果表明，教师对分数意义和表征的知识掌握得较好，对于分数的非常规计算方法方面知识的掌握还有欠缺，多数教师都只能采用将分数除法转化为倒数相乘这种常规方法来计算，缺乏对一题多解的研究，尤其是在职教师还需要这方面知识的提高。具体情况如表 3-84 所示。

表 3-84　教师基础性知识测评总体结果

题目	教师	人数	均值	标准差	得分率
A1（3 分）	职前教师	90	2.254	0.6359	0.7515
	在职教师	38	2.379	0.5672	0.7930
	总体	128	2.291	0.6167	0.7637

续表

题目	教师	人数	均值	标准差	得分率
A2（3 分）	职前教师	90	2.40	1.207	0.8000
	在职教师	38	2.68	0.933	0.8947
	总体	128	2.48	1.136	0.8267
A3（3 分）	职前教师	90	2.321	0.9751	0.7737
	在职教师	38	2.376	1.0149	0.7921
	总体	128	2.338	0.9834	0.7792
A4（6 分）	职前教师	90	3.594	1.3283	0.5991
	在职教师	38	2.787	1.1092	0.4645
	总体	128	3.355	1.3161	0.5591
A 基础性知识（15 分）	职前教师	90	10.570	2.4235	0.7047
	在职教师	38	10.226	2.3138	0.6818
	总体	128	10.468	2.3876	0.6979

在关联性知识方面，B2 的得分率较高，为 42.92%，B1 的得分率较低，仅为 27.21%，在职教师在 B1 和 B2 上的得分都高于职前教师。B2 为分数的概念图构建，B1 为分数除法的原理解释，这两题所测评的知识对教师的教学都有着直接的影响。但是，测评结果不太理想，明显低于基础性知识和教育性知识，尤其是职前教师在这方面有较为明显的缺失。这表明，教师还比较缺乏与教学实践密切相关的学科知识。具体情况如表 3-85 所示。

表 3-85　教师关联性知识测评总体结果

题目	教师	人数	均值	标准差	得分率
B1（6 分）	职前教师	90	1.549	1.4550	0.2581
	在职教师	38	1.832	1.3475	0.3053
	总体	128	1.633	1.4246	0.2721
B2（9 分）	职前教师	90	3.801	2.6263	0.4223
	在职教师	38	4.008	2.4356	0.4453
	总体	128	3.863	2.5634	0.4292
B 关联性知识（15 分）	职前教师	90	5.350	3.3577	0.3567
	在职教师	38	5.839	3.3320	0.3893
	总体	128	5.495	3.3445	0.3664

在教育性知识方面，C2 的得分率最高，为 69.53%，C1 的得分率最低，仅为 34.11%，职前教师的 C1 和 C2 题得分略高于在职教师，而在职教师的 C3、C4 和 C5 题得分高于职前教师。C1 为从现实生活角度说明分数除法的意义，该题得分较低说明教师对于知识的理解还是学科性的、碎片化的，未能将数学知识有效地转化成教学形态。在职教师 C4 的得分明显高于职前教师，该题为能举出帮助学生理解分数加法意义的例子，这表明职前教师还缺乏从教学的角度思考学科知识，在教师教育中应引起注意。具体情况如表 3-86 所示。

表 3-86 教师教育性知识测评总体结果

题目	教师	人数	均值	标准差	得分率
C1（3 分）	职前教师	90	1.037	0.9853	0.3456
	在职教师	38	0.992	0.8575	0.3307
	总体	128	1.023	0.9461	0.3411
C2（3 分）	职前教师	90	2.09	0.882	0.6963
	在职教师	38	2.08	0.673	0.6930
	总体	128	2.09	0.823	0.6953
C3（3 分）	职前教师	90	1.808	0.9726	0.6026
	在职教师	38	1.816	0.7862	0.6053
	总体	128	1.810	0.9181	0.6034
C4（3 分）	职前教师	90	1.278	1.0703	0.4259
	在职教师	38	1.782	0.8947	0.5939
	总体	128	1.427	1.0437	0.4758
C5（3 分）	职前教师	90	1.581	0.9213	0.5270
	在职教师	38	1.589	0.6434	0.5298
	总体	128	1.584	0.8458	0.5279
C 教育性知识（15 分）	职前教师	90	7.792	2.9702	0.5195
	在职教师	38	8.258	2.1539	0.5505
	总体	128	7.930	2.7531	0.5287

在李琼（2009）和 Ball 等（2008）的研究中，将教师知识分为学科知识和学科教学知识两大类，本研究从实践性知识的角度，将数学教师知识分为基础性知识、关联性知识和教育性知识三个部分。这种划分主要基于教师教学所需要的知识结构，以及教师教学实践所需知识的关联程度。本研究的测评结果表明，相比较基础性知识和教育性知识，教师的关联性知识较为薄弱，这与李琼（2009）和

Ball 等（2008）的研究结果基本类似。关联性知识是教师是否深刻理解学科知识的重要标志，也是教师选择教学策略的重要依据，与教师的教学实践直接相关。研究结果表明，在教师教育中应该重视提高教师对数学本质的理解，能更好地构建中小学数学的知识体系，加强数学知识的延伸。只有更好地理解数学知识点之间的联系，领会数学知识点的情境外延，才能准确地将知识的学科形态转化为教学形态，从而有效地指导教师的教学实践。

2. 教师知识的群体差异性比较

调查中男性教师的比例较低，虽然这也体现了目前小学数学教师的基本状况，但是从统计学上分析，过于悬殊的样本量在比较中会存在较大误差。为此，本研究将主要从职前和在职、不同学历和不同教龄这三个方面对教师知识的群体差异进行分析。

1）职前数学教师和在职数学教师知识差异性比较

通过 SPSS 的独立样本 T 检验表明，职前教师和在职教师在教师知识总体，以及基础性知识、关联性知识和教育性知识这三个子类别中都不存在统计学上的显著性差异，具体如表 3-87 所示。

表 3-87 职前和在职教师知识独立样本 T 检验

		方差方程的 Levene 检验		均值方程的 T 检验				
		F	显著性	T	df	显著性（双侧）	均值差值	标准误差值
基础性知识	假设方差相等	0.062	0.804	0.743	126	0.459	0.3437	0.4627
	假设方差不相等			0.757	72.729	0.452	0.3437	0.4540
关联性知识	假设方差相等	0.385	0.536	−0.755	126	0.452	−0.4895	0.6481
	假设方差不相等			−0.758	70.168	0.451	−0.4895	0.6461
教育性知识	假设方差相等	7.954	0.006	−0.874	126	0.384	−0.4657	0.5331
	假设方差不相等			−0.993	94.847	0.323	−0.4657	0.4692
教师知识总体	假设方差相等	1.216	0.272	−0.483	126	0.630	−0.6115	1.2655
	假设方差不相等			−0.505	77.311	0.615	−0.6115	1.2098

但是，在具体的测试题目中，职前教师和在职教师在 A4 和 C4 中存在统计学上的显著性差异，其中 A4 为职前教师得分显著高于在职教师，C4 为在职教师得分显著高于职前教师，具体如表 3-88 所示。这表明，在数学运算知识方面，职前教师掌握得较好，但是在设计符合学生认知的教学方式方面，在职教师更有优势。

这与在职教师的实践经验较为丰富有关，也表明了职前教师教育存在的不足之处。职前教师和在职教师应更好地认清自身的优势和不足，在后续的学习中有针对性的提高与发展。

表 3-88　职前教师和在职教师具体测试题得分独立样本 *T* 检验

		方差方程的 Levene 检验		均值方程的 *T* 检验				
		F	显著性	*T*	df	显著性（双侧）	均值差值	标准误差值
A1	假设方差相等	0.703	0.403	−1.044	126	0.299	−0.1245	0.1193
	假设方差不相等			−1.094	77.601	0.277	−0.1245	0.1138
A2	假设方差相等	7.867	0.006	−1.296	126	0.197	−0.284	0.219
	假设方差不相等			−1.438	89.218	0.154	−0.284	0.198
A3	假设方差相等	0.363	0.548	−0.289	126	0.773	−0.0552	0.1909
	假设方差不相等			−0.284	67.222	0.777	−0.0552	0.1941
A4	假设方差相等	0.306	0.581	3.292	126	0.001	0.8076	0.2453
	假设方差不相等			3.542	82.756	0.001	0.8076	0.2280
B1	假设方差相等	4.705	0.032	−1.026	126	0.307	−0.2827	0.2755
	假设方差不相等			−1.059	74.856	0.293	−0.2827	0.2670
B2	假设方差相等	1.001	0.319	0.416	126	0.678	−0.2068	0.4975
	假设方差不相等			0.429	74.757	0.669	−0.2068	0.4824
C1	假设方差相等	6.247	0.014	0.243	126	0.809	0.0446	0.1837
	假设方差不相等			0.257	79.482	0.798	0.0446	0.1736
C2	假设方差相等	6.846	0.010	0.062	126	0.951	0.010	0.160
	假设方差不相等			0.069	90.386	0.945	0.010	0.143
C3	假设方差相等	4.464	0.037	−0.045	126	0.964	−0.0080	0.1783
	假设方差不相等			−0.049	85.432	0.961	−0.0080	0.1636
C4	假设方差相等	2.159	0.144	−2.548	126	0.012	−0.5038	0.1977
	假设方差不相等			−2.741	82.675	0.008	−0.5038	0.1838
C5	假设方差相等	7.259	0.008	−0.051	126	0.959	−0.0084	0.1643
	假设方差不相等			−0.059	98.198	0.953	−0.0084	0.1426

2）不同学历数学教师知识差异性比较

将学历以本科为界，将教师分为两个群体，通过 SPSS 的独立样本 T 检验表明，不同学历教师在教师知识总体，以及基础性知识、关联性知识和教育性知识这三个子类别中都不存在统计学上的显著性差异，具体如表 3-89 所示。

表 3-89　不同学历教师知识独立样本 *T* 检验

		方差方程的 Levene 检验		均值方程的 T 检验				
		F	显著性	T	df	显著性（双侧）	均值差值	标准误差值
A 基础性知识	假设方差相等	15.627	0.000	2.030	126	0.044	0.9879	0.4867
	假设方差不相等			1.583	37.201	0.122	0.9879	0.6240
B 关联性知识	假设方差相等	0.182	0.670	0.879	126	0.381	0.6068	0.6906
	假设方差不相等			0.835	46.825	0.408	0.6068	0.7266
C 教育性知识	假设方差相等	9.467	0.003	2.321	126	0.022	1.2959	0.5585
	假设方差不相等			1.867	38.321	0.070	1.2959	0.6941
教师知识	假设方差相等	20.319	0.000	2.180	126	0.031	2.8906	1.3261
	假设方差不相等			1.688	36.965	0.100	2.8906	1.7121

但是，在具体的测试题目中，职前教师和在职教师在 A1、C3 和 C5 中存在统计学上的显著性差异，而且均为学历本科及以下教师的得分高于学历为研究生的教师，具体如表 3-90 所示。这表明，研究生学历的教师在知识方面并没有存在优势，在部分基础性知识和教育性知识方面还存在不足。存在这种现象或许与部分教师的跨专业考研有关，如果他们的本科阶段为非师范专业的，也非数学专业的，那么他们在数学基础性知识和数学教育性知识方面与教育实践会存在一定的脱节。

表 3-90　不同学历教师具体测试题得分独立样本 *T* 检验

		方差方程的 Levene 检验		均值方程的 T 检验				
		F	显著性	T	df	显著性（双侧）	均值差值	标准误差值
A1	假设方差相等	7.009	0.009	2.684	126	0.008	0.3335	0.1242
	假设方差不相等			2.347	41.946	0.024	0.3335	0.1421

续表

		方差方程的 Levene 检验		均值方程的 *T* 检验				
		F	显著性	*T*	df	显著性（双侧）	均值差值	标准误差值
A2	假设方差相等	7.341	0.008	1.462	126	0.146	0.341	0.233
	假设方差不相等			1.299	42.770	0.201	0.341	0.263
A3	假设方差相等	1.719	0.192	1.360	126	0.176	0.2751	0.2022
	假设方差不相等			1.278	46.077	0.207	0.2751	0.2152
A4	假设方差相等	9.350	0.003	0.140	126	0.889	0.0381	0.2726
	假设方差不相等			0.116	39.507	0.908	0.0381	0.3288
B1	假设方差相等	3.424	0.067	1.561	126	0.121	0.4562	0.2923
	假设方差不相等			1.425	44.278	0.161	0.4562	0.3202
B2	假设方差相等	0.623	0.431	0.284	126	0.777	0.1506	0.5308
	假设方差不相等			0.271	47.256	0.787	0.1506	0.5550
C1	假设方差相等	0.241	0.624	0.484	126	0.629	0.0948	0.1958
	假设方差不相等			0.508	55.072	0.613	0.0948	0.1864
C2	假设方差相等	0.000	0.989	1.942	126	0.054	0.326	0.168
	假设方差不相等			1.869	47.718	0.068	0.326	0.175
C3	假设方差相等	0.741	0.391	2.288	126	0.024	0.4263	0.1863
	假设方差不相等			2.103	44.709	0.041	0.4263	0.2027
C4	假设方差相等	0.781	0.378	0.108	126	0.914	0.0233	0.2162
	假设方差不相等			0.103	47.144	0.918	0.0233	0.2264
C5	假设方差相等	2.359	0.127	2.486	126	0.014	0.4253	0.1711
	假设方差不相等			2.260	44.023	0.029	0.4253	0.1882

3）不同教龄数学教师知识差异性比较

对不同教龄这个因素的分析仅聚焦于在职教师，以 10 年教龄为界，将教师分为两个群体，通过 SPSS 的独立样本 *T* 检验表明，不同教龄教师在教师知识总体，基础性知识、关联性知识和教育性知识，以及各具体题目中都不存在统计学上的显著性差异，具体如表 3-91 所示。这表明，如果以教龄 10 年为界，教师知识并不存在统计学上的显著性差异。这或许与量表有关，也与教龄的分界较宽有关，有待于后续研究进一步厘清。

表 3-91　不同教龄教师知识独立样本 *T* 检验

类型		方差方程的 Levene 检验		均值方程的 *T* 检验				
		F	显著性	*T*	df	显著性（双侧）	均值差值	标准误差值
A1	假设方差相等	0.033	0.857	−1.357	36	0.183	0.2603	0.1918
	假设方差不相等			−1.318	22.527	0.201	0.2603	0.1976
A2	假设方差相等	0.674	0.417	0.400	36	0.691	0.129	0.323
	假设方差不相等			0.424	28.580	0.675	0.129	0.305
A3	假设方差相等	8.041	0.007	−1.325	36	0.194	−0.4551	0.3435
	假设方差不相等			−1.174	17.917	0.256	−0.4551	0.3877
A4	假设方差相等	12.674	0.001	−1.649	36	0.108	−0.6114	0.3708
	假设方差不相等			−1.895	34.378	0.067	−0.6114	0.3227
C1	假设方差相等	0.512	0.479	−0.235	36	0.815	−0.0698	0.2970
	假设方差不相等			−0.226	21.877	0.823	−0.0698	0.3094
B1	假设方差相等	1.593	0.215	−0.078	36	0.938	−0.0363	0.4671
	假设方差不相等			−0.070	18.589	0.945	−0.0363	0.5189
B2	假设方差相等	0.185	0.670	0.166	36	0.869	0.1400	0.8440
	假设方差不相等			0.159	21.937	0.875	0.1400	0.8781
C2	假设方差相等	0.572	0.454	−1.030	36	0.310	−0.237	0.230
	假设方差不相等			−1.054	26.033	0.301	−0.237	0.225
C3	假设方差相等	0.004	0.950	−1.745	36	0.090	−0.4566	0.2617
	假设方差不相等			−1.770	25.417	0.089	−0.4566	0.2579
C4	假设方差相等	1.869	0.180	0.355	36	0.725	0.1098	0.3096
	假设方差不相等			0.362	25.905	0.720	0.1098	0.3031
C5	假设方差相等	0.634	0.431	−0.190	36	0.850	−0.0425	0.2229
	假设方差不相等			−0.185	22.448	0.855	−0.0425	0.2299

续表

类型		方差方程的 Levene 检验		均值方程的 T 检验				
		F	显著性	T	df	显著性（双侧）	均值差值	标准误差值
A 基础性知识	假设方差相等	0.474	0.496	−1.541	36	0.132	−1.1975	0.7769
	假设方差不相等			−1.675	30.529	0.104	−1.1975	0.7151
B 关联性知识	假设方差相等	1.532	0.224	0.090	36	0.929	0.1037	1.1549
	假设方差不相等			0.081	18.958	0.936	0.1037	1.2727
C 教育性知识	假设方差相等	0.029	0.865	−0.944	36	0.352	−0.6960	0.7376
	假设方差不相等			−0.917	22.596	0.369	−0.6960	0.7590
教师知识	假设方差相等	3.477	0.070	−0.864	36	0.393	−1.7898	2.0710
	假设方差不相等			−0.783	18.885	0.443	−1.7898	2.2858

从表 3-91 中可看出，尽管不存在统计学上的显著性差异，但是教龄 10 年以上的教师在基础性知识和教育性知识的得分高于教龄 10 年以下的教师，两者在关联性知识中的得分相差无几。这说明了，教龄与教师知识存在一定的正相关性，具体的关系情况，需要做更细致的测评与分析。

3.4.5　测评结论与建议

本研究根据数学教师在教学实践中所需要的知识体系，将小学数学知识分为基础性知识、关联性知识和教育性知识三个部分。测评量表采用李琼（2009）的教师知识测评问卷，共由 7 道大题和 11 道小题组成。测评结果显示，教师知识总体平均得分为 23.894，得分率为 53.10%。该分值和得分率都显示了教师知识总体不乐观，当然这种结果也与被测教师是否认真填写测试问卷有关，这也是试题测评的难点之一。但是，该结果从一定程度上表明了教师知识总体还需要提高。

三类知识测评结果比较发现，小学数学教师的基础性知识掌握得较好，得分率为 69.79%；教育性知识次之，得分率为 52.87%；而关联性知识得分最低，得分率为 36.64%。在基础性知识方面，职前教师的得分略高于在职教师，而在关联性知识和教育性知识方面，在职教师的得分高于职前教师，在教师知识总得分方面，在职教师也略高于职前教师。在这三类知识中，基础性知识属于静态型知识，而关联性知识和教育性知识与教师的教学实践密切相关，尤其关联性知识是教师的数学学科知识与教育教学知识的联结，是教师能否从本质上理解数学知识，能否设计有效教学的关键。但是，测评结果表明，小学数学教师在这方面的知识掌握还较为欠缺。通过访谈表明，这类知识不是高等数学类课程可以教会的，需要在教师教育中有针对性地开设小学数学研究方面的课程，分析知识点的联系与发展脉络，并能深入探讨知识点的教学。因此，在教师教育中，注重小学数学知识与教学的深度，而非广度，只有这样才能更好地构建小学数学教师的知识体系。

从不同群体的差异性比较中可看到，不同群体教师在知识总体，以及三个子维度中都不存在统计学上的显著性差异。但是，总体来说，在职教师和教龄较长的教师在知识方面较好于职前教师和教龄较短的教师，这表明了教学实践可以提升教师知识，尤其是关联性知识和教育学知识。显然，在师范教育阶段，无法给师范生提供大量的真实课堂教学机会，而研究表明这种教学实践可以有效促进教师实践性知识的生成。这种矛盾，只能在现有的条件下，尽量给予解决。例如，可以在师范教育中有效地开展教学技能训练，高等院校指导教师要针对师范生的教学行为和教学设计提出针对性建议，而不是让师范生“放羊式”地自我训练，也可以聘请优秀的小学数学教师来微格教学课堂进行指导。另外，目前的网络技术较为发达，通过视频分析与学习，实时课堂互动等手段，也可以增强师范生的真实情境体验，更有效地促进教学知识的发展。

研究还表明，拥有研究生学历的小学数学教师在知识方面并没有优于学历为本科的小学数学教师。导致这个结果的原因可能有多个方面，但是该测评结果需要我们对目前的小学教育硕士研究生培养进行反思，重新审视目前的课程体系。针对硕士研究生教师知识并无明显优势这种状况，可以开设相关的小学数学学科类课程和小学数学教育类课程，让有需要的硕士研究生选修，从而弥补跨专业学生数学学科知识和数学教学知识的不足。

3.5　数学教师信念的测评

在数学教师信念的测评中，本研究采用了喻平（2016）在数学教师信念方面的研究量表，对职前和在职数学教师的数学信念进行了测评，主要目的在于分析不同群体数学教师信念的差异。

3.5.1　测评理论基础

教师信念是教师在教育或教学实践过程中，对教育理论、教学工作、教师角色、课程改革、师生关系等相关因素有意或无意地经过实践和内心体验形成的较为固定的思想、观点和看法。它是教师对教育的理想和追求的内化，并通过自己的教育行为表现出来，进而影响到培养下一代的质量和教师自身教育水平的提高。教师信念与教师的行为有着密切的联系，了解教师的信念，可以更好地描述和预测教师的行为，从而更准确地把握教师的行为。

1. 数学教师信念的构成

教师所拥有的教育教学信念内容及水平，直接影响学校教育的质量与发展，对于教育改革之成败也起着极为关键的作用。因而，教师信念教育在整个教师教育当中应当占据相当重要的地位，也被视为教师专业素养的核心。鉴于信念概念的多样性，教师信念的概念也有不同的解释，主要可归纳为从心理学、教育哲学和教育学这三个维度进行阐述。

俞国良等（2000）认为教师信念是指教师对有关教与学现象的某种理论、观点和见解的判断，它影响着教育实践和学生的身心发展，主要包括教学效能感、教育教学信念和学生学习信念等方面。Borg（2001）认为教师信念是指在教育或教学领域里，教师自己认为可以确信的看法。这些都是从心理学的视角对教师信念进行探讨。

赵昌木（2004）认为教师信念是教师自己确认并信奉的有关人、自然、社会和教育科学等方面的思想、观点和假设，是教师内在的精神状态、深刻的存在维度和开展教学活动的内心向导。李家黎等（2010）认为教师信念是根植于自身教学认知基础上的教学理念，是高度概括的行为指令组成的个人教学思想或理论，是教师个体对生命意义的理解与体验。这些都是从教育哲学的视角对教师信念进行的探讨。

Pajares（1992）指出教师信念是教师在教学情境与教学历程中，对教学工作、教师角色、课程、学生、学习等相关因素所持有且信以为真的观点，它通常包括教师对课堂教学、语言、学习、学习者、内容、教师自我或教师作用的看法。谢翌等（2007）认为教师信念不仅指教师关于教学方面的信念，更主要的是指教师关于教育整体活动的信念，是教师教育实践活动的参考框架。这些都是从教育学的视角，对教师信念进行探讨。

由此可看出，教师信念作为信念的一部分既有信念的特征，又有自己独有的特征。虽然教育研究者对教师信念的内涵都有自己独特的见解，一些学者也常将信念和观念混同使用，但是还没有统一的教师信念的内涵界定。从以上各位学者的观点中我们不难看出，教师信念是教师在长期的学习和教学实践的过程中逐渐形成的一种特殊的具有煽动性的个体主观性认识，既有对知识的认识也有对教学过程和学生的认识，影响着教师的教学行为和学生的学习效果。不同的教师具有不同的教师信念，它是教师实施教学行为的主要依据。

数学教师的信念也遵循教师信念的基本特征，在结构上主要可分为数学教师信念和数学教学信念。金爱冬（2013）认为数学教师信念是其在一定的历史文化背景下，教师对数学及数学教学过程中相关因素所持的信以为真的观点、态度、心理倾向，它被当作是个体关于如何参与数学任务和教学实践的看法，它关系到关于数学及其学校数学的本质、数学教学和数学学习。周兆透（2004）认为数学教师的信念主要是指数学教师的关于数学，数学的教与学以及他们之间的某种理论的观点和见解的判断。喻平（2016）从教师最为本质的教学工作入手，提出了数学教师教学认识信念的概念，并构建了二因素二维结构模型。他认为数学教师教学认识信念可分为数学知识信念和数学教学信念，其中数学知识信念包括数学知识范畴性、数学知识真理性、数学知识价值性和数学知识结构性；数学教学信念包括数学教学本质、数学教学目的、数学教学设计、数学教学操作、数学教学评价、数学学习过程、数学学习能力、学生角色和学生学习差异。该模型基于实证研究，具有较好的信度和效度，是本研究数学教师信念测评的重要依据。

2. 数学教师信念的测评

目前，国内外有关教师信念的研究呈现三种研究取向：一是量化研究，其中运用最多的是问卷调查法；二是质性研究，其中运用最多的是访谈法和个案研究法；三是质性与量化相结合。

量化研究：问卷调查法。

问卷调查法因其操作相对方便且问卷调查结果容易量化，在有关数学教师信念的研究中被广泛运用。例如，Shahvarani 等（2007）利用莱曼的模型，对意大利高中数学教师做了问卷调查，得出教师持传统的数学观点；Golafshani（2005）采用问卷调查法对伊朗中学数学教师调查发现，持非传统数学学习信念的教师更关注学生的理解程度，他们对外部动机的关注比持传统数学学习信念的教师少；金美月等（2009）从传统信念和新课程信念两个角度，采用问卷调查法，对江苏、辽宁等 14 个省市 104 名不同性别、教龄、学历、职称以及不同层次中学的高中数学教师进行了调查；王晓明（2009）借鉴了黄毅英、Ernest、郑毓信、林夏水等的研究及其著作后自编问卷，调查了初中数学教师的信念状况。

3. 质性研究：访谈法和观察法

访谈法与个案研究法各有优点，多用于研究数学教师信念的差异及改变。例如，Tsailexthim（2007）采用访谈、观察课堂等方法，对比了泰国和美国数学教师信念和课堂教学，发现泰国教师更倾向于以学生为中心的教学，而美国教师主张寻找直接教学与以学生为中心的教学之间的平衡。张森（2013）运用课堂观察法、访谈法和参与式观察法对高中数学教师的信念系统进行个案研究，在探讨教师信念对教师教学是否构成影响的基础上，探寻其背后的影响机制。

得出结论：在新课程改革的大背景下，高中数学教师的信念仍呈现出多样化的特点；总体而言，高中数学教师的教学与其信念呈现出一致性，受到其信念系统的影响和支配；由于教师知识等个人原因，信念系统相似的教师可能表现出具有差异的教学行为。

4. 质性与量化相结合

在有关数学教师信念的研究中，因为对象是教师，受到各方的关注，如果仅采用量化的研究方法，比如使用问卷调查法调查教师信念现状时，部分教师易形成自我防御机制，导致所填答案与教师实际信念不符合，影响调查结果；反之如果仅采用质性研究方法，由于研究者的个人观念，所获得的研究结论也可能带有一定的个人主观倾向。所以，为了确保研究的科学性和准确性，近年来的数学教师信念研究方法逐步转向质性和量化相结合。如吴万岭（2006）也以 Ernest（1989）的模型为基础，通过问卷调查和访谈，发现教师们的观点更倾向于柏拉图主义的观点。

本研究将采用量化测评的方式，以喻平（2016）所构建的测评量表为工具，对数学教师的信念进行测评。

3.5.2　测评对象

本书随机地选取温州市一所普通高级中学和一所职高以及杭州市与余姚市一所初级中学，共 42 名在职数学教师作为本研究的被试，收集问卷 42 份均为有效问卷；并且在温州某高校选取数学专业大学二年级（以下简称大二）、大学三年级（以下简称大三）本科生作为职前教师的样本，共发放问卷 155 份，剔除不认真作答和重复作答等无效问卷 12 份，共有有效问卷 143 份，有效率为 92%。其中，将在职教师教龄在 1—5 年内的教师定义为新手型教师，教龄在 6 年及以上的教师定义为经验型教师。在 42 名数学教师中，新手型数学教师有 22 名，经验型数学教师有 20 名。测评对象的基本信息如表 3-92 所示。

表 3-92　测评对象基本信息

类别	性别		在职教师		职前教师		合计
	男	女	新手型教师	经验型教师	大二	大三	
在职教师	14	28	22	20			42
职前教师	49	94			62	81	143
合计	63	122	22	20	62	81	185

3.5.3　测评工具与方法

根据喻平（2016）的研究，本研究的测评量表包括两个维度 13 个方面，具体框架结构如表 3-93 所示。量表一共由 13 个问题组成，每个题项对应一个子因素。每个问题由 5 个陈述句组成，被试只能在 5 个陈述句中选择一个自己最认可的答案，根据被试的选择进行数据分析。

表 3-93　数学教学认识信念框架结构表

因素	内容	内涵
数学知识信念	数学知识真理信念	绝对主义与可误主义，理性主义与经验主义
	数学知识价值信念	社会性与育人性，功利性与认知性，工具性与训练性
	数学知识范畴信念	客观认识论与主观认识论
	数学知识结构信念	联系性与孤立性，外显性与内隐性
数学教学信念	数学教学目的信念	一维与多维，预设与生成，隐性与显性
	数学教学本质信念	师生的主客体关系，传递与建构，过程与结果，接受与探究，归纳与演绎，理论与应用
	数学教学设计信念	教学理论的认识，教学材料组织的认识，课程资源的认识，教学模式的认识，教学方法的认识，教学策略的认识，教育技术使用的认识
	数学教学操作信念	课堂管理方式，教学组织形式，合作与独立，情境与非情境，独裁与民主，期待效应，教学提问方式，人际关系，生成性问题处理方式
	数学教学评价信念	知识本位与能力本位，单一化与多元化，反馈方式
	数学学习过程信念	建构与接受，理解与识记，理解与练习，接受与发现，自主与他主，独立与合作，继承与创新，内隐与外显
	学生角色信念	有无阶段性和关键期，可否培养
	数学学习能力信念	先天注定与后天发展，很快完成与循序渐进
	学生学习差异信念	性别差异，年龄差异，学习风格差异，个性差异

测评量表的题目编排与表 3-93 的各子类别相对应，前 4 题为数学知识信念，后 9 题为数学教学信念，其中第 2，5，7，8，10，11 题为反向计分题，其余为正向计分题。

在数据的处理中，本研究采用二因素二维结构数据处理方案 2，具体步骤如下：

（1）构建一个二维坐标系，如图 3-19 所示，其中 x 轴表示数学教学信念，y 轴表示数学知识信念。x_1 表示行为主义，x_2 表示认知主义，x_3（O）表示信息加工建构主义，x_4 表示个人建构主义，x_5 表示社会建构主义；y_1 表示二元绝对论，y_2 表示多元绝对论，y_3（O）表示分离性相对绝对论，y_4 表示联系性相对绝对论，y_5

表示相对可误论。

（2）从 x_1 到 x_5 分别赋值 2，1，0，1，2；从 y_1 到 y_5 分别赋值 2，1，0，1，2。

（3）量表中每一题题目的 5 个答案分别对应坐标轴上的五个点。

（4）在每一个象限内，计算 $\sum x_i + \sum y_i$，分别得到四个象限的得分 S_1，S_2，S_3 和 S_4。

（5）对于个体，比较 S_1，S_2，S_3 和 S_4，即可判定个人的数学教学信念，其中第一象限表示现代教学信念–相对论知识信念，第二象限表示传统教学信念–相对论知识信念，第三象限表示传统教学信念–客观论知识信念，第四象限表示现代教学信念–客观论知识信念。

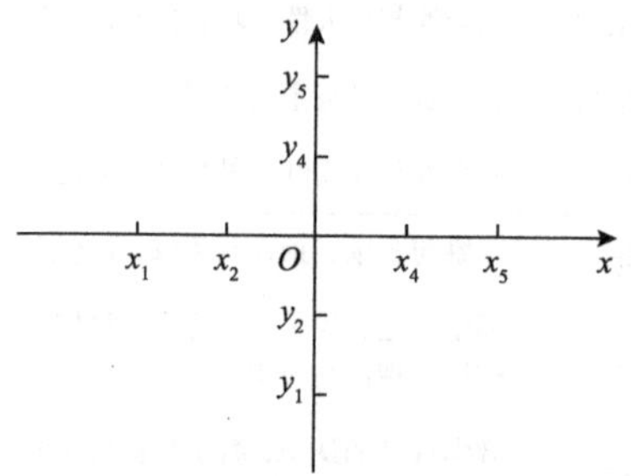

图 3-19 教师认识信念倾向性的二维结构

3.5.4 测评结果与分析

1. 数学教师教学信念总体倾向

研究者根据在职数学教师和职前数学教师共 185 位被试的问卷进行教师信念的整体性描述分析，结果见表 3-94 数学教师信念总体情况分析。

表 3-94 数学教师信念总体情况分析

	N	极小值	极大值	均值	标准差	方差	偏度		峰度	
							统计量	标准误差值	统计量	标准误差值
S_1	185	2	20	9.59	3.488	12.166	0.280	0.179	−0.203	0.355
S_2	185	1	14	7.30	2.525	6.375	0.090	0.179	−0.192	0.355
S_3	185	0	12	5.17	2.124	4.513	0.431	0.179	0.218	0.355
S_4	185	0	15	7.44	2.878	8.281	0.270	0.179	0.009	0.355
有效的 N（列表状态）	185									

从表 3-94 可看出，在第一象限被试最高分为 20，最低分为 2；第二象限被试最高分为 14，最低分为 1；第三象限被试最高分为 12，最低分为 0；第四象限被试最高分为 15，最低分为 0。从均值上看第一象限 S_1 的得分最高，达到了 9.59，其次分别是第四象限 S_4、第二象限 S_2 和第三象限 S_3，从偏度和峰度上我们可以看出第一象限、第二象限和第四象限的得分比较平缓，分布也较为均匀；第三象限的得分较为分散。

测评结果表明，数学教师教学认识信念倾向由强到弱依次为：现代教学信念–相对论知识信念、现代教学信念–客观论知识信念、传统教学信念–相对论知识信念、传统教学信念–客观论知识信念。

数学教师的信念最主要表现为现代教学信念–相对论知识信念，该信念指教师对教学的认识持个人建构主义和社会建构主义教学观，对数学的认识持有联系性相对绝对论、相对可误论数学观（喻平，2016）。个人建构主义认为知识不是个体通过感觉或交流被动接受的，是由认知主体主动建构起来的，学习是学习者自我建构的过程。社会建构主义突出语言、情境、社会等因素在学习中的作用，强调个体的学习是语言、情境、社会互动的建构结果。联系性相对绝对论把绝对主义数学观和相对主义与联系性相结合，强调认识的主体、情感、关怀、同情，以及人的因素和周边环境的教育功能。相对可误论数学观认为数学知识的真理性是相对的、被动的、发展的。

测评显示数学教师持有信念中排名第二的为现代教学信念–客观论知识信念，该信念表示教师的数学教学信念是现代的，但是数学知识信念是传统的，认为数学知识是绝对真理，是静态的，强调技能训练，数学教学是知识结果的传递。排名第三的为传统教学信念–相对论知识信念，该信念表明教师的数学教学信念是传统的，但是数学知识信念是现代的，信奉行为主义和认知主义，教学目标主要聚焦于学生的基础知识和基本能力。排名最后的为传统教学信念–客观论知识信念，该信念表示教师的数学教学信念是传统的，数学知识信念也是传统的。严格说来，持有现代教学信念–客观论知识信念、传统教学信念–相对论知识信念这两类信念的教师，对数学知识和数学教学的认识是不一致的，这表明数学教师对于数学教育的使然和应然存在矛盾，内心固有的数学信念与倡导的数学教育理念之间存在偏差。持这种信念的数学教师，在日常教学和公开课教学或者教学实践与理论撰写方面必然会存在矛盾之处，在教学本质上更多的是体现了传统的教学信念。对此现象，在教师教育中应引起重视，通过必要的教育和研讨活动，让教师的观念得到真正的更新。

1）数学知识信念

将 185 位数学教师的数学知识信念测评结果进行汇总，在每题的每一个选项中，所选的具体人数和占比如表 3-95 所示。

表 3-95 教师数学知识信念总体情况分析

题号	题目	1		2		3		4		5	
		人数	占比/%	人数	占比/%	人数	占比/%	人数	占比/%	人数	占比/%
1	数学知识真理	7	3.78	16	8.65	45	24.32	39	21.08	78	42.16
2	数学知识价值	61	32.97	5	2.70	68	36.76	26	14.05	25	13.51
3	数学知识范畴	7	3.78	75	40.54	49	26.49	8	4.32	46	24.86
4	数学知识结构	2	1.08	12	6.49	8	4.32	137	74.05	26	14.05

注：每行占比之和为99.9%，由四舍五入造成，其他表余同

从表 3-95 可得到如下结果：

（1）在数学知识真理性的认识方面，有 7 名数学教师选择数学是绝对真理，真理的确定性由数学家裁定，倾向于二元绝对论；有 16 名数学教师选择数学是绝对真理，但其正确性不依赖于权威的认定，倾向于多元绝对论；有 45 名数学教师选择数学是绝对真理，其正确性依赖于权威证明，倾向分离性相对绝对论；有 39 名数学教师选择数学的真理性不能判断，其正确性要依赖于实践检验，倾向于联系性相对绝对论；有 78 名数学教师选择数学的真理性是相对的，其正确性依赖于数学共同体的认识，倾向于相对可误论。

（2）在数学知识价值性的认识方面，有 61 名数学教师认为数学的价值在于通过学习可以促进人的素质全面发展，倾向于相对可误论；有 5 名数学教师认为数学的价值在于通过学习可以训练人的意志品格，倾向于联系性相对绝对论；有 68 名数学教师认为数学的价值在于通过学习可以训练学习者的思维，倾向于分离性相对绝对论；有 26 名数学教师认为数学的价值在于它本身可以作为人们生活与生产中的工具，倾向于多元绝对论；有 25 名数学教师认为数学的价值在于通过学习可以使学习者掌握基本的运算技能，倾向于二元绝对论（该题为反向计分题）。

（3）在数学知识范畴性的认识方面，有 7 名数学教师认为数学知识是现实中客观存在的事实，它依靠数学家去发现（二元绝对论）；有 75 名数学教师认为数学知识是现实中客观存在的，每个人都可能去发现（多元绝对论）；有 49 名数学教师认为数学知识是现实中客观存在的事实，发现它们依赖于使用恰当的方法（分离性相对绝对论）；有 8 名数学教师认为数学知识来源于人们的经验，是数学家在头脑中构造的（联系性相对绝对论）；还有 46 名数学教师认为数学知识是人们共同认可的结果，是人类共同构造的产物（相对可误论）。

（4）在数学知识结构性的认识方面，有 2 名数学教师认为数学由概念、命题组成，它的结构是唯一的，倾向于二元绝对论；有 12 名数学教师认为在一个数学结构中，许多知识没有联系，倾向于多元绝对论；有 8 名数学教师认为在一个数

学结构中，知识之间有相互联系，但在不同数学结构中的知识之间往往没有联系，倾向于分离性相对绝对论；有 137 名数学教师认为在一个数学结构中，知识之间有相互联系，而且在不同数学结构中知识之间往往也有联系，倾向于联系性相对绝对论；有 26 名数学教师认为数学知识是由一个问题、语言、方法、命题、文化元素组成的复合体，倾向于相对可误论。

2）数学教学信念

将 185 位数学教师的数学教学信念测评结果进行汇总，在每题的每一个选项中，所选的具体人数和占比如表 3-96 所示。

表 3-96　教师数学教学信念总体情况分析

题号	题目	1		2		3		4		5	
		人数	占比/%	人数	占比/%	人数	占比/%	人数	占比/%	人数	占比/%
5	数学教学目的	52	28.11	82	44.32	22	11.89	15	8.11	14	7.57
6	数学教学本质	18	9.73	102	55.14	18	9.73	23	12.43	24	12.97
7	数学教学设计	36	19.46	30	16.22	28	15.14	74	40.00	17	9.19
8	数学教学操作	34	18.38	44	23.78	21	11.35	83	44.86	3	1.62
9	数学教学评价	17	9.19	72	38.92	40	21.62	33	17.84	23	12.43
10	数学学习过程	80	43.24	20	10.81	18	9.73	47	25.41	20	10.81
11	学生角色认识	46	24.86	16	8.65	69	37.30	38	20.54	16	8.65
12	学生学习能力	5	2.70	58	31.35	43	23.24	25	13.51	54	29.19
13	学生差异认识	6	3.24	22	11.89	45	24.32	25	13.51	87	47.03

从表 3-95 可得到如下结果：

（1）在数学教学目的的认识方面，有 52 名被试认为数学教学目的是使学生学会在合作交流的基础上建构数学知识，促进认知和实践能力发展，倾向于社会建构主义，有 82 名被试认为数学教学目的是使学生学会在独立思考的基础上建构数学知识，促进认知和个性发展，倾向于个人建构主义；有 22 名被试认为数学教学目的是使学生理解数学知识，发展解决复杂的数学问题的能力，倾向于信息加工建构主义；有 15 名被试认为数学教学目的是使学生掌握基础知识，发展数学能力和元认知能力，倾向于认知主义；有 14 名被试认为数学教学目的是使学生掌握基础知识，发展基本技能，倾向于行为主义（该题为反向计分题）。

（2）在数学教学本质的认识方面，有 18 名被试认为数学教学的本质是教师为学生提供信息，学生对信息作出反应，通过不断练习和教师给予的反馈把正确反应保留下来，消除不正确反应从而习得知识的过程，倾向于行为主义；有 102 名被试认为数学教学的本质是教师为学生提供信息，在教师的引导下，学生利用原有知识与新知识的相互作用去理解新知识，改造和丰富原有认知结构从而形成新的认知结构的过程，倾向于认知主义，有 18 名被试认为数学教学的本质是教师为学生提供信息，对于简单的知识，学生的主要工作是接受和理解这些知识，对于复杂的知识，教师要引导学生通过探究去建构知识的过程，倾向于信息加工建构主义；有 23 名被试认为数学教学的本质是教师为学生创设教学情境，学生参照自己的经验世界对知识进行理解，教师对学生理解知识的情况进行评判、校正、反馈，从而使学生习得知识的过程，倾向于个人建构主义；有 24 名被试认为数学教学的本质是教师为学生创设情境，学生通过与教师和同学的合作、互动、交流、沟通等方式习得知识的过程，倾向于社会建构主义。

（3）在数学教学设计的认识方面，有 36 名被试认为教师创设情境，为学生搭建一个“脚手架”，鼓励学生合作学习、相互交流、共同探究是一种有效的数学教学方法，倾向于社会建构主义；有 30 名被试认为教师创设情境，在学生自学的基础上进行辅导、引导学生独立探究是一种有效的数学教学方法，倾向于个人建构主义；有 28 名被试认为对于简单的知识让学生通过练习掌握，对于比较复杂的概念或问题，采用多种角度分析、多次学习的方式是一种有效的数学教学方法，倾向于信息加工建构主义；有 74 名被试认为在学习新知识时，为学生提供一个利于找到旧知识与新知识联系的辅助材料，再采用教师讲授或学生探究的方式展开教学内容，是一种有效的数学教学方法，倾向于认知主义；有 17 名被试认为把数学内容分成若干小块、分步推进、及时反馈是一种有效的数学教学方法，倾向于行为主义（该题为反向计分题）。

（4）在数学教学操作的认识方面，有 34 名被试认为在数学教学中，教师的主要任务是创设情境，组织学生通过合作学习、相互讨论去解决问题，从而达到教学目标，倾向于社会建构主义；有 44 名被试认为在数学教学中，教师的主要任务是提出问题，让学生在“做中学”，通过独立思考去学习，倾向于个人建构主义；有 21 名被试认为在数学教学中，对于简单的学习任务，教师只要给出样例让学生模仿学习，对于复杂的学习任务，教师主要是引导学生探究，倾向于信息加工建构主义；有 83 名被试认为在数学教学中，教师的主要任务是讲授，讲授的内容可以在教材的基础上适当补充，应当针对不同的知识制订不同的教学目标、采用不同的教学策略，除了讲授外，还要有学生的探究活动和必要的练习时间，倾向于认知主义；有 3 名被试认为在数学教学中，教师的主要任务是讲授，讲授的内容属性必须忠实于教材，让学生准确无误地接受客观知识，倾向于行为主义（该题为反向计分题）。

（5）在数学教学评价的认识方面，有 17 名被试认为对学生学习效果的评价主要是根据学生表现行为，依据数学学业成绩进行判断，考试是一种评价学习效果的外部主要手段，倾向于行为主义；有 72 名被试认为对学生学习效果的评价，应当从基础知识掌握、数学能力发展、元认知能力发展等方面进行考察，考试是一种评价学习效果的主要手段，倾向于认知主义；有 40 名被试认为对学生学习效果的评价，应当从知识理解、解题水平、探究能力等方面进行，考试和学生的作品分析是评价学习效果的基本手段，倾向于信息加工建构主义；有 33 名被试认为对学生学习效果的评价，应当从参与学习状态、知识理解、能力发展三个方面进行，倾向于个人建构主义；有 23 名被试认为对学生学习效果的评价，应当从学生知识掌握、智力发展、非智力发展等方面进行，倾向于社会建构主义。

（6）在数学学习过程的认识方面，有 80 名被试认为数学学习是学生与教师、学生与学生之间互相协商、共同建构知识的过程，倾向于社会建构主义；有 20 名被试认为数学学习是学生对知识的自我建构过程，倾向于个人建构主义；有 18 名被试认为数学学习是学生对外部信息进行加工的过程，倾向于信息加工建构主义；有 47 名被试认为数学学习是不断完善学生认知结构的过程，倾向于认知主义；有 20 名被试认为数学学习是教师不断提供刺激，学生不断作出反应的过程，倾向于行为主义。

（7）在学生角色的认识方面，有 46 名被试认为在教学中，教师是组织者，学生是探究者，倾向于社会建构主义；有 16 名被试认为在教学中，教师是评价者，学生是探究者，倾向于个人建构主义；有 69 名被试认为在教学中，教师是“教”的主体，学生是“学”的主体，倾向于信息加工建构主义；有 38 名被试认为在教学中，教师是引导者，学生是参与者，倾向于认知主义；有 16 名被试认为在教学中，教师是知识的传播者，学生是知识的接受者，倾向于行为主义（该题为反向计分题）。

（8）在学生学习能力的认识方面，有 5 名被试认为先天智力因素是影响学生数学能力的决定因素，倾向于行为主义；有 58 名被试认为先天因素和后天学习是影响学生数学能力发展的双重因素，倾向于认知主义；有 43 名被试认为通过教育，学生的数学能力是可以得到发展的，倾向于信息加工建构主义；有 25 名被试认为智力因素和非智力因素对学生数学能力的发展都有作用，倾向于个人建构主义；有 54 名被试认为学生的内部因素和社会的外部因素对学生数学能力的发展都有作用，倾向于社会建构主义。

（9）在学生差异认识方面，有 6 名被试认为学生数学学业成绩不良，主要是题目做得太少，倾向于行为主义；有 22 名被试认为学生数学学业成绩不良，只要是数学认知结构不完善，倾向于认知主义；有 45 名被试认为学生数学学业成绩不良，主要是没有掌握正确的学习策略，倾向于信息加工建构主义；有 25 名被试认为学生数学学业成绩不良，主要是学生缺乏积极的学习态度，倾向于个人建构主义；有 87 名被试认为学生数学学业成绩不良，受学生自己的努力不够和教师的教学不当双重因素的影响，倾向于社会建构主义。

2. 数学教师信念的群体差异比较

1）不同教龄数学教师教学信念倾向

在 185 名被试中，在职教师有 42 名，教龄在 1—5 年的新手型教师有 22 名，教龄在 6 年及以上的经验型教师有 20 名，其余的为在校本科生也就是职前教师 143 名。研究者对 185 名被试的问卷进行单因素方差分析，结果如表 3-97 所示，方差同质性检验结果如表 3-98 所示。

表 3-97 不同教龄数学教师信念单因素方差分析

		N	均值	标准差	标准误差值	均值的 95%置信区间		极小值	极大值
						下限	上限		
第一象限	职前教师	143	9.49	3.431	0.287	8.92	10.06	2	20
	1—5 年	22	10.27	3.601	0.768	8.68	11.87	3	17
	6 年及以上	20	9.60	3.858	0.863	7.79	11.41	5	16
	合计	185	9.59	3.488	0.256	9.09	10.10	2	20
第二象限	职前教师	143	7.37	2.591	0.217	6.94	7.80	1	14
	1—5 年	22	6.95	2.171	0.463	5.99	7.92	3	10
	6 年及以上	20	7.20	2.484	0.555	6.04	8.36	3	12
	合计	185	7.30	2.525	0.186	6.94	7.67	1	14
第三象限	职前教师	143	5.27	2.175	0.182	4.91	5.63	0	12
	1—5 年	22	4.73	1.609	0.343	4.01	5.44	3	9
	6 年及以上	20	5.00	2.271	0.508	3.94	6.06	2	10
	合计	185	5.17	2.124	0.156	4.86	5.48	0	12
第四象限	职前教师	143	7.36	2.876	0.241	6.88	7.83	0	15
	1—5 年	22	8.05	2.820	0.601	6.80	9.30	4	15
	6 年及以上	20	7.40	3.016	0.674	5.99	8.81	3	14
	合计	185	7.44	2.878	0.212	7.03	7.86	0	15

表 3-98 不同教龄数学教师信念方差同质性检验

	Levene 统计量 F	df1	df2	显著性
第一象限	1.025	2	182	0.361
第二象限	0.460	2	182	0.632
第三象限	0.776	2	182	0.462
第四象限	0.298	2	182	0.742

从表3-97和表3-98中可看出，表3-98为不同教龄数学教师信念的方差同质性检验结果，从中可以看出，第一象限Levene统计量的F值为1.025，$P = 0.361 > 0.05$；第二象限Levene统计量的F值为0.460，$P = 0.632 > 0.05$；第三象限Levene统计量的F值为0.776，$P = 0.462 > 0.05$；第四象限Levene 统计量的F值为0.298，$P = 0.742 > 0.05$。四个象限均未达到0.05的显著水平，均接受虚无假设。这表明不同教龄的数学教师在现代教学信念-相对论知识信念、传统教学信念-相对论知识信念、传统教学信念-客观论知识信念和现代教学信念-客观论知识信念的倾向性上均无显著性差异。

具体内容的比较结果如下：

（1）在数学知识真理性的认识方面，职前教师的观点依次为：相对可误论、分离性相对绝对论、联系性相对绝对论、多元绝对论、二元绝对论；新手型教师的观点依次为：相对可误论、分离性相对绝对论和联系性相对绝对论、多元绝对论、二元绝对论；经验型教师的观点依次为：分离性相对绝对论、联系性相对绝对论、相对可误论、多元绝对论。可见在对数学真理性的认识上主要有三种观点：① 数学的真理是相对的，其正确性依赖于社会共同体的认识；② 数学是绝对真理，其正确性依赖于逻辑证明；③ 数学的真理性不能判断，其正确性要依赖于实践检验。

（2）在数学知识价值性的认识方面，职前教师的观点依次为：相对可误论和分离性相对绝对论、二元绝对论、多元绝对论、联系性相对绝对论；新手型教师的观点依次为：分离性相对绝对论、相对可误论和多元绝对论、二元绝对论；经验型教师的观点依次为：分离性相对绝对论、相对可误论、多元绝对论和联系性相对绝对论。可见大多数教师都认为数学的价值在于通过学习可以训练学习者的思维并且促进其素质全面发展。

（3）在数学知识范畴性认识方面，职前教师的观点依次为：多元绝对论、分离性相对绝对论、相对可误论、联系性相对绝对论、二元绝对论；新手型教师的观点依次为：多元绝对论、分离性相对绝对论和相对可误论；经验型教师的观点依次为：多元绝对论、分离性相对绝对论和相对可误论。这说明大多数数学教师都认为数学知识是现实中客观存在的事实，每个人都可能去发现它，发现它们依赖于使用恰当的方法。

（4）在数学知识结构性认识方面，职前教师的观点依次为：联系性相对绝对论、相对可误论、多元绝对论、分离性相对绝对论、二元绝对论；新手型教师的观点依次为：联系性相对绝对论、相对可误论、分离性相对绝对论；经验型教师的观点依次为：联系性相对绝对论、相对可误论。可见被试在对数学结构性的认识上，主要认为在一个数学结构中，知识之间有相互联系，而且在不同数学结构中知识之间往往也有联系，并认为数学知识是一个由问题、语言、方法、命题和文化等元素组成的复合体。

（5）在数学教学目的的认识方面，职前教师的观点依次为：个人建构主义、社会建构主义、信息加工建构主义、认知主义、行为主义；新手型教师的观点依次为：个人建构主义、社会建构主义、信息加工建构主义、认知主义和行为主义。经验型教师的观点依次为：社会建构主义、认知主义和行为主义、个人建构主义和信息加工建构主义。可见多数被试都认为数学教学的目的是使学生学会在独立思考的基础上建构数学知识，促进认知和个性发展。

（6）在数学教学本质的认识方面，职前教师的观点依次为：认知主义、个人建构主义、行为主义和社会建构主义、信息加工建构主义；新手型教师的观点依次为：认知主义、个人建构主义和社会建构主义、信息加工建构主义、行为主义；经验型教师的观点依次为：认知主义、社会建构主义、行为主义和信息加工建构主义以及个人建构主义。可见在对数学教学本质的认识上，多数数学教师更加倾向于数学教学的本质是教师为学生提供信息，在教师的引导下，学生利用原有知识与新知识的相互作用去理解新知识，改造和丰富原有认知结构，从而形成新的认知结构的过程。

（7）在数学教学设计的认识方面，职前教师的观点依次为：认知主义、社会建构主义和个人建构主义以及信息加工建构主义、行为主义；新手型教师的观点依次为：认知主义、社会建构主义、信息加工建构主义、个人建构主义、行为主义；经验型教师的观点依次为：认知主义、社会建构主义、个人建构主义、行为主义。可见多数教师认为在学习新知识时，为学生提供一个利于找到旧知识与新知识联系的辅助资料，再采用教师讲授或学生探究的方式展开教学内容，是一种有效的数学教学方法。

（8）在数学教学操作的认识方面，职前教师的观点依次为：认知主义、个人建构主义、社会建构主义、信息加工建构主义；新手型教师的观点依次为：认知主义、社会建构主义、个人建构主义、信息加工建构主义和行为主义；经验型教师的观点依次为：个人建构主义、认知主义、社会建构主义、信息加工建构主义、行为主义。可见在对数学教学操作上的观点主要有：① 在数学教学中，教师的主要任务是讲授，讲授的内容可以在教材的基础上适当补充，应当针对不同的知识制订不同的教学目标、采用不同的教学策略，除了讲授外，要有学生的探究活动和必要的练习时间；② 在数学教学中，教师的主要任务是提出问题，让学生在“做中学”，通过独立思考去学习；③ 在数学教学中，教师的主要任务是创设情境，组织学生通过合作学习、相互讨论去解决问题，从而达到教学目标。

（9）在数学教学评价的认识方面，职前教师的观点依次为：认知主义、信息加工建构主义、个人建构主义、社会建构主义、行为主义；新手型教师的观点依次为：认知主义、个人建构主义、信息加工建构主义、社会建构主义；经验型教师的观点依次为：认知主义、个人建构主义、社会建构主义、信息加工建构主义和行为主义。可见多数教师认为对学生学习效果的评价，应当从基础知识掌握、数学能力发展、元认知能力发展等方面进行考察，考试是一种评价学习效果的主要手段。

（10）在数学学习过程的认识方面，职前教师的观点依次为：社会建构主义、认知主义、个人建构主义和行为主义、信息加工建构主义；职前教师的观点依次为：社会建构主义、认知主义、信息加工建构主义和行为主义、个人建构主义；经验型教师的观点依次为：认知主义、社会建构主义、个人建构主义和信息加工建构主义。可见多数数学教师认为，数学学习是学生与教师、学生与学生之间互相协商、共同建构知识的过程以及数学学习是不断完善学生认知结构的过程。

（11）在学生角色的认识方面，职前教师的观点依次为：信息加工建构主义、社会建构主义、认知主义、行为主义、个人建构主义；新手型教师的观点依次为：认知主义、社会建构主义和信息加工建构主义、个人建构主义、行为主义；经验型教师的观点依次为：社会建构主义、信息加工建构主义、认知主义、个人建构主义。可见教师对学生角色的认识主要存在三种观点：① 在教学中，教师是组织者，学生是探究者；② 在教学中，教师是“教”的主体，学生是“学”的主体；③ 在教学中，教师是引导者，学生是参与者。

（12）在学生学习能力的认识方面，职前教师的观点依次为：认知主义和社会建构主义、信息加工建构主义、个人建构主义、行为主义；新手型教师的观点依次为：认知主义、社会建构主义、信息加工建构主义和个人建构主义；经验型教师的观点依次为：信息加工建构主义、个人建构主义、认知主义、社会建构主义、行为主义。可见教师对学生学习能力的认识主要有三种观点：① 先天因素和后天学习是影响学生数学能力发展的双重因素；② 通过教育，学生的数学能力是可以得到发展的；③ 学生的内部因素和社会的外部因素对学生数学能力的发展都有作用。

（13）在学生差异认识方面，职前教师的观点依次为：社会建构主义、信息加工建构主义、个人建构主义、认知主义、行为主义；新手型教师的观点依次为：社会建构主义、信息加工建构主义和认知主义、个人建构主义和行为主义；经验型教师的观点依次为：个人建构主义、社会建构主义、信息加工建构主义和认知主义。由此可见，教师对学生学习差异影响因素的认识主要可归结为四种观点：① 主要受学生自己努力不够和教师教学不当的双重影响；② 主要是学生缺乏积极的学习态度；③ 主要是没有掌握正确的学习策略；④ 主要是数学认知结构不够完善。

2）不同性别数学教师教学信念比较

在本研究选取的185名被试中，在职数学教师42名，其中男教师14名，女教师 28 名，职前数学教师 143 名，男教师 49 名，女教师 94 名，男、女教师比例接近 1∶2，这也符合在师范专业中女生比男生多的情况。对不同性别数学教师进行独立样本 *T* 检验，结果如表 3-99 所示。

表 3-99　不同性别数学教师独立样本 *T* 检验

象限		方差方程的 Levene 检验		均值方程的 *T* 检验				
		F	显著性	*T*	df	显著性（双侧）	均值差值	标准误差值
第一象限	假设方差相等	4.539	0.034	−0.820	183	0.413	−0.444	0.542
	假设方差不相等			−0.774	107.342	0.441	−0.444	0.574
第二象限	假设方差相等	1.481	0.225	−0.311	183	0.756	−0.122	0.393
	假设方差不相等			−0.321	136.861	0.749	−0.122	0.380
第三象限	假设方差相等	0.258	0.612	0.883	183	0.378	0.291	0.330
	假设方差不相等			0.880	124.117	0.381	0.291	0.331
第四象限	假设方差相等	0.551	0.459	0.004	183	0.997	0.002	0.448
	假设方差不相等			0.004	118.478	0.997	0.002	0.457

从表 3-99 中得出的结果，我们可以看到结果如下：

（1）在第一象限，经过 Levene 法的 *F* 值检验结果，*F* 统计量等于 4.539，$P=0.034<0.05$ 达到显著水平（$P<0.05$），拒绝虚无假设，两组样本方差不同质，$T=-0.774$, $\mathrm{df}=107.342$, $P=0.441>0.05$ 未达到显著水平，说明男、女教师在现代教学信念–相对论知识信念的倾向性上没有显著差别。

（2）在第二象限，经过 Levene 法的 *F* 值检验结果，*F* 统计量等于 1.481，$P=0.225>0.05$ 未达到显著水平（$P<0.05$），接受虚无假设，两个群体间具有方差同质性，$T=-0.311$, $\mathrm{df}=183$, $P=0.756>0.05$ 未达到显著水平，说明男、女教师在传统教学信念–相对论知识信念的倾向性上没有显著差别。

（3）在第三象限，经过 Levene 法的 *F* 值检验结果，*F* 统计量等于 0.258，$P=0.612>0.05$ 未达到显著水平（$P<0.05$），接受虚无假设，两个群体间具有方差同质性，$T=0.883$, $\mathrm{df}=183$, $P=0.378>0.05$ 未达到显著水平，说明男、女教师在传统教学信念–客观论知识信念的倾向性上没有显著差别。

（4）在第四象限，经过 Levene 法的 *F* 值检验结果，*F* 统计量等于 0.551，$P=0.459>0.05$ 未达到显著水平（$P<0.05$），接受虚无假设，两个群体间具有方差同质性，$T=0.004$, $\mathrm{df}=183$, $P=0.997>0.05$ 未达到显著水平，说明男、女教师在现代教学信念–客观论知识信念的倾向性上没有显著差别。

3）不同任教年级数学教师教学信念比较

在本研究的 185 名被试中，有高级中学数学教师 12 人，初级中学数学教师 30 人，未参加工作的职前教师 143 人，把他们分为三个年级段：职前教师、初级中学教师和高级中学教师并进行单因素方差分析，研究其教师信念倾向，结果如表 3-100 所示，方差同质性检验结果如表 3-101 所示。

表 3-100　不同类型数学教师教学信念比较

象限		N	均值	标准差	标准误差值	均值的 95%置信区间		极小值	极大值
						下限	上限		
第一象限	职前教师	143	9.49	3.431	0.287	8.92	10.06	2	20
	高级中学教师	12	10.08	4.400	1.270	7.29	12.88	5	17
	初级中学教师	30	9.90	3.458	0.631	8.61	11.19	3	16
	合计	185	9.59	3.488	0.256	9.09	10.10	2	20
第二象限	职前教师	143	7.37	2.591	0.217	6.94	7.80	1	14
	高级中学教师	12	7.92	2.712	0.783	6.19	9.64	3	12
	初级中学教师	30	6.73	2.067	0.377	5.96	7.51	3	11
	合计	185	7.30	2.525	0.186	6.94	7.67	1	14
第三象限	职前教师	143	5.27	2.175	0.182	4.91	5.63	0	12
	高级中学教师	12	5.33	2.425	0.700	3.79	6.87	3	10
	初级中学教师	30	4.67	1.709	0.312	4.03	5.30	2	9
	合计	185	5.17	2.124	0.156	4.86	5.48	0	12
第四象限	职前教师	143	7.36	2.876	0.241	6.88	7.83	0	15
	高级中学教师	12	7.50	3.943	1.138	4.99	10.01	3	15
	初级中学教师	30	7.83	2.437	0.445	6.92	8.74	4	14
	合计	185	7.44	2.878	0.212	7.03	7.86	0	15

表 3-101　不同类型数学教师教学信念方差同质性检验

象限	Levene 统计量 F	df1	df2	显著性
第一象限	2.071	2	182	0.129
第二象限	1.282	2	182	0.280
第三象限	1.108	2	182	0.332
第四象限	2.105	2	182	0.125

从表 3-101 中可看到，不同类型数学教师的教学信念在第一象限 Levene 统计量的 F 值为 2.071，$P = 0.129 > 0.05$；第二象限 Levene 统计量的 F 值为 1.282，$P = 0.280 > 0.05$；第三象限 Levene 统计量的 F 值为 1.108，$P = 0.332 > 0.05$；第四象限 Levene 统计量的 F 值为 2.105，$P = 0.125 > 0.05$。

这表明，任教年级在初级中学教师、高级中学教师和职前教师在四个象限均未达到 0.05 的显著水平，均接受虚无假设。这体现了数学教师信念和任教的年级差异不大，他们所持有的教师信念从强到弱分别为现代教学信念-相对论知识信念、传统教学信念-相对论知识信念、传统教学信念-客观论知识信念和现代教学信念-客观论知识信念。

3.5.5 测评结论与建议

本研究将数学教师信念分为数学知识信念和数学教学信念两个部分，研究结果表明：在数学知识信念方面，大多数被试认为数学知识是现实中客观存在的事实，每个人都有可能发现；数学知识是人们共同认可的结果，是人类共同构造的产物；而数学的真理是相对的，其正确性依赖于社会共同体的认识；数学的价值在于通过学习可以训练学习者的思维，以及促进人的素质全面发展；在一个数学结构中，知识之间有相互联系，而且在不同数学结构中知识之间往往也有联系，各位教师的观点不尽相同。

在数学教学信念方面，大多数被试认为数学教学目的是使学生学会在独立思考的基础上建构数学知识，促进认知和个性发展；数学教学的本质是教师为学生提供信息，在教师的引导下，学生利用原有知识与新知识的相互作用去理解新知识，改造和丰富原有认知结构从而形成新的认知结构的过程；当学习新知识时，先为学生提供一个利于找到旧知识与新知识联系的辅助材料，再采用教师讲授或学生探究的方式展开教学内容是一种有效的数学教学方法；在数学教学中，教师的主要任务是讲授，讲授的内容可以在教材的基础上适当补充，应当针对不同的知识制订不同的教学目标、采用不同的教学策略，除了讲授外，还要有学生的探究活动和必要的练习时间；对学生学习效果的评价，应当从基础知识掌握、数学能力发展、元认知能力发展等方面进行考察，考试是一种评价学习效果的主要手段；数学学习是学生与教师、学生与学生之间互相协商、共同建构知识的过程；在教学中，教师是“教”的主体，学生是“学”的主体；先天因素和后天学习是影响学生数学能力发展的双重因素；学生的内部因素和社会的外部因素对学生数学能力发展都起作用；学生数学学业成绩不良，受学生自己的努力不够和教师的教学不当双重因素影响。

研究表明，数学教师教学认识信念倾向强弱依次为：现代教学信念-相对论知识信念、现代教学信念–客观论知识信念、传统教学信念–相对论知识信念、传统教学信念–客观论知识信念、教学信念在总体上倾向进步取向。不同教龄的数学教师在现代教学信念–相对论知识信念、传统教学信念–相对论知识信念、传统教学信念–客观论知识信念和现代教学信念–客观论知识信念的倾向性上均无显著性差异，这说明教师教学认识信念结构比较稳定，并不随着教学时间的增长而有所改变，想改变教师的教学认识信念并不容易。但是，很多研究已经表明，教师信念是可以改变的，教育实践和教师教育是重要的渠道。为此，教师教育应该根据教师信念的现状，通过必要的课程或活动，让数学教师树立正确、合理的数学知识观和数学教育观；而教师自身也要意识到教师信念的重要性，通过自身努力或借助一些外部因素，确立合乎核心素养的数学知识信念和数学教育信念。

3.6 本章小结

教师专业素养的测评是教育研究的难点之一，其困难主要来源于两个方面：一是教师专业素养的复杂性，也就是内容存在较大的广度；二是教师专业素养的内蕴性，这给测评的深度带来了困难。但是，也正是教师专业素养存在这些困难，才有必要对其进行探索和分析，为后续研究投石问路，提供借鉴和参考。

本章首先对教师专业素养的常用测评方式进行了论述，对问卷、试题、访谈、观察和文本这五种教师专业素养测评方式的优势和不足进行了比较和分析。通过对若干示例的分析，阐述了如何采用临界比、相关性、一致性和共同性等方式进行项目分析，也对如何利用 SPSS 进行探索性因素分析，构建信度和效度都较为理想的教师专业素养测评量表进行了说明。这对后续的教师专业素养测评或其他教育测评都具有一定的参考价值。

3.2—3.5 节，本书分别选取了数学教师品格、数学教师能力、数学教师知识和数学教师信念中的某一子素养进行了测评。其中有问卷测评、试题测评和观察测评，并用访谈测评作为辅助，这对揭示教师专业素养的现状和发展特点具有一定的借鉴和参考意义。教师专业素养的测评缺乏常模作为比较，为此根据测评结果对不同群体教师的专业素养进行比较更为合理。从群体差异性比较中，可以更好地了解教师专业素养发展的影响因素，更好地明确专业素养的发展规律，这些都可以为更好地促进教师专业素养的发展提供参考，为制订更合理有效的教师教学策略提供必要依据。

第 4 章　数学教师专业素养的发展

教育研究的最终目的是促进教育的发展，教师专业素养内涵的分析和测评的探索，都是为了更好地揭示教育现象，而其目的在于能更好地发展教师的专业素养。在现实教育中，教师专业素养发展所涉及的因素较多，既与专业素养具有较强的复杂性有关,也与专业素养发展会受到教师自身与外在多种因素的影响有关。从教育研究的角度，教师专业素养发展主要可以采用横断式的测评研究和纵向式的实验研究。本章先对教师专业素养发展的影响因素进行调查研究，再分别对职前数学教师和在职数学教师专业素养的发展进行论述。

4.1　教师专业素养发展的影响因素

教师专业素养的养成不可能一蹴而就，需要在成长的经历中逐步发展。本章将从教师成长经历的角度，对教师专业素养受各阶段的影响情况进行分析，并比较不同群体教师的影响程度的差异性。

4.1.1　调查背景与工具

教师在成长过程中，会受到家庭、学校和社会等各个方面的影响，了解哪些因素对其专业发展会有较大影响，对更好地实施职前和在职教师教育有重要的参考价值。为此，本研究将采用自陈式问卷调查，并通过对不同教师群体在专业素养发展影响因素上的差异比较，来更好地厘清教师专业素养的发展过程。

1. 调查问卷的构成与来源

发展教师的专业素养需要厘清其影响因素，这类研究的视角较多，主要可以归纳为从影响因素的类型和来源进行分析。比较而言，前者涉及的面较广，而后者可以以教师成长的时间为主线，在研究思路上较为清晰。有较多学者选择从教师成长经历的角度，对教师各专业素养进行分析。例如，范良火（2013）从作为学生时的经验、职前培训和在职经验三个方面对教师知识的来源进行分析，范良火等（2017）将数学教师的专业发展分为职前师范教育和在职专业发展两个阶段，教育部师范教育司（2003）将教师专业发展分为进入师范教育前、师范教育中和任教后三个阶段，朱晓民（2010）从作为学生时的经验、职前培训、在职培训和在职经验四个方面对教师知识进行了研究。

由此可看出，学者都较为认同学生经验、职前培训、在职培训和在职经验这四个方面对教师专业发展会产生影响。因此，本研究决定从学生经验、职前培训、在职培训和在职经验四个方面对教师专业素养的影响进行调查。其中，学生经验指从小学到大学任课教师的教学与品质对个人的影响，职前教师教育指师范生的本科阶段的教师教育学习或教育方向研究生在高等师范院校的教师教育学习对个人的影响，入职后的教师教育指入职后参加的各种教研活动和培训活动对个人的影响，教师实践经验指教师在教育教学实践中所积累的经验对个人的影响。

根据黄友初（2019b）的研究，教师专业素养可分为教师品格、教师能力、教师知识和教师信念 4 个一级维度，教育情怀、道德修养、人格品质、课堂教学能力、教学方式能力、沟通合作能力、教育研究能力、学科知识、教育知识、通识知识、教育教学信念和学科知识信念 12 个二级维度。该结构源自对中小学教师的 2000 多个数据进行扎根分析，具有较强的合理性，本研究将其作为编制问卷的理论依据之一。因此，本章采用利克特五点法，编制了 4×12 的调查量表。

初始问卷编制完成后，3 位教育研究者对相关文字表述进行了修正，然后对某小学教师进行了调查。经 SPSS20.0 分析，结果显示各题项与总分的 Pearson 相关系数均在 0.6 以上，P 值均小于 0.05，达到了统计学上的显著性水平，而且 Cronbach’s Alpha 值为 0.985，具有较强的内部一致性，具体内容如表 4-1 所示。这表明，该问卷的信度、效度良好，可以实施正式测评。

表 4-1　教师专业素养影响因素调查问卷可靠性统计

Cronbach’s Alpha 值	基于标准化项目的 Cronbach’s Alpha 值	项目的个数
0.985	0.985	48

2. 调查对象与过程

本次调查采用线上线下相结合的方式，历时一个月，共收到问卷 103 份，其中有效问卷 103 份，问卷有效率为 100%。调查对象的主要人员构成如表 4-2 所示。

表 4-2　调查对象基本情况汇总

项目	类型	频数	百分比
性别	男	15	14.56%
	女	88	85.44%
	合计	103	100.00%

续表

项目	类型	频数	百分比
教龄	6 年以下	61	59.22%
	6 年及以上	42	40.78%
	合计	103	100.00%
师范生的学习经历	有	79	76.7%
	无	24	23.3%
	合计	103	100.00%

4.1.2 教师专业素养影响因素总体情况

经 SPSS20.0 分析，按照教师专业素养各维度受四个因素影响的情况和不同群体教师影响因素差异性对这两个方面进行分析。对教师专业素养四个维度与教师专业成长四个因素进行相关性的分析表明，被调查的教师认为这四个因素对其专业素养的发展均具有较大的影响，具体结果如表 4-3 所示。

表 4-3 不同因素和不同素养维度双变量相关性检验

素养	因素			
	学生经验	职前教育	在职教育	在职经验
教师知识	0.862**	0.879**	0.899**	0.872**
教师能力	0.894**	0.883**	0.884**	0.878**
教师信念	0.846**	0.864**	0.861**	0.860**
教师品格	0.829**	0.825**	0.849**	0.877**
素养总体	0.899**	0.902**	0.913**	0.912**

从表 4-3 可看出，Pearson 相关系数都在 0.825 及以上，且都存在显著性相关。这表明，学生经验、职前教育、在职教育和在职经验这四个因素与教师专业素养总体和各个维度的发展都存在较强的相关性。

1. 各因素对专业素养的影响程度分析

经过数据分析，得到教师能力、教师品格、教师知识和教师信念四个维度在四个因素中影响程度的均值，具体结果如表 4-4 所示。

表 4-4　不同因素对教师专业素养影响程度均值

专业素养	因素			
	学生经验	职前教育	在职教育	在职经验
教师知识	3.88（3）	3.72（4）	4.01（2）	4.11（1）
教师能力	3.78（4）	3.79（3）	4.06（2）	4.22（1）
教师信念	3.91（3）	3.79（4）	4.03（2）	4.10（1）
教师品格	4.00（2）	3.87（4）	3.93（3）	4.11（1）
素养总体	3.88（3）	3.79（4）	4.01（2）	4.15（1）

注：数字后面括号里面的数字表示专业素养在各影响因素中均值大小的排序数，下同

从表 4-4 可看出，教师专业素养在学生经验、职前教育、在职教育和在职经验这四个因素中影响程度的均值分别为 3.88，3.79，4.01 和 4.15；具体四个专业素养维度在四个因素中影响程度的得分均值也都在 3.72 以上。利克特五点式量表中，3 分为中间值。这表明，被调查教师都认同学生经验、职前教育、在职教育和在职经验这四个因素对自身教师专业素养的提高都具有正向作用。

从表 4-4 中还可看出，在职实践的经验对教师专业素养发展的影响程度最大，入职后的教师教育影响程度次之，职前教师教育的影响程度最低。这表明，在职的经验积累和在职教师教育对教师专业素养发展最为有效，这与教师专业素养具有较强的实践性是相符的。

在教师知识维度方面，影响程度从大到小分别为在职经验、在职教育、学生经验、职前教育；在教师能力维度方面，影响程度从大到小分别为在职经验、在职教育、职前教育、学生经验；在教师信念维度方面，影响程度从大到小分别为在职经验、在职教育、学生经验、职前教育；在教师品格维度方面，影响程度从大到小分别为在职经验、学生经验、在职教育、职前教育。

为分析各因素对教师专业素养影响差异是否达到显著性水平，将各因素在各维度上的影响均值进行排序，然后在 SPSS 中采用相依样本 *T* 检验，具有显著性差异的检验结果如表 4-5 所示。

表 4-5　素养各维度差异性相依样本 *T* 检验结果表

素养	配对	*T*	显著性（双侧）
教师知识	在职经验（1）–在职教育（2）	2.101*	0.038
	学生经验（3）–职前教育（4）	2.267*	0.025
	在职教育（2）–职前教育（4）	4.289**	0.000

续表

素养	配对	T	显著性（双侧）
教师能力	在职经验（1）–在职教育（2）	3.405*	0.001
	在职教育（2）–职前教育（3）	3.522*	0.001
教师信念	在职经验（1）–职前教育（4）	3.870**	0.000
	在职教育（2）–职前教育（4）	3.149*	0.002
	在职经验（1）–学生经验（3）	2.494*	0.014
教师品格	学生经验（2）–职前教育（4）	2.018*	0.046
	在职经验（1）–职前教育（4）	3.330*	0.001
	在职教育（3）–职前教育（4）	2.860*	0.005
素养总体	在职经验（1）–在职教育（2）	3.181*	0.002
	在职教育（2）–学生经验（3）	2.265*	0.026

表 4-5 的数据显示，在教师专业素养总体方面，四个因素按照影响程度的显著性差异情况可分为三类，其中在职经验为一类，影响程度最大；在职教育为一类，影响程度次之；学生经验和职前教育为一类，影响程度最小，相同类别内各因素不存在统计学上显著性差异。在教师知识素养方面，四个因素按照影响程度的显著性差异情况可分为三类，其中在职经验为一类，影响程度最大；在职教育和学生经验为一类，影响程度次之；职前教育为一类，影响程度最小。在教师能力素养方面，四个因素按照影响程度的显著性差异情况可分为三类，其中在职经验为一类，影响程度最大；在职教育为一类，影响程度次之；职前教育和学生经验为一类，影响程度最小。在教师信念素养方面，四个因素按照影响程度的显著性差异情况可分为两类，其中在职经验和在职教育为一类，影响程度最大；学生经验和职前教育为一类，影响程度次之。在教师品格素养方面，四个因素按照影响程度的显著性差异情况可分为两类，其中在职经验、学生经验和在职教育为一类，影响程度最大；职前教育为一类，影响程度次之。

具体影响情况如图 4-1 所示。

2. 各因素对专业素养的影响程度分析

从以上分析中可看出，学生经验、职前教育、在职教育和在职经验这四个因素对教师专业素养的影响程度存在差异。为此，有必要对具体因素中专业素养的影响情况差异进行分析，得到影响程度均值表和排序如表 4-6 所示。

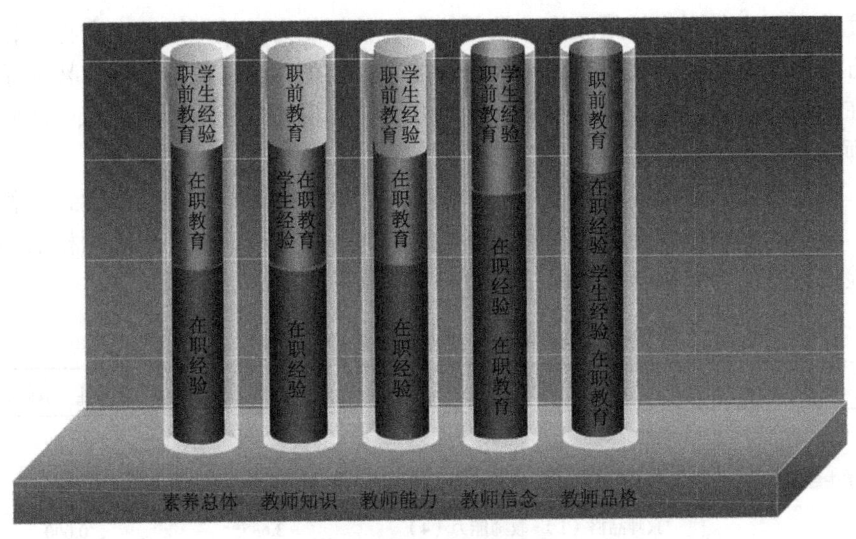

图 4-1　专业素养各维度影响程度分类图

表 4-6　专业素养在不同因素下的影响程度均值

因素	专业素养			
	教师知识	教师能力	教师信念	教师品格
学生经验	3.88（3）	3.78（4）	3.91（2）	4.00（1）
职前教育	3.72（4）	3.79（3）	4.06（2）	4.22（1）
在职教育	4.01（3）	4.06（1）	4.03（2）	3.93（4）
在职经验	4.11（3）	4.22（1）	4.10（4）	4.11（2）

从表 4-6 的均值中可看出，学生经验、职前教育、在职教育和在职经验这四个因素对教师专业素养的影响程度是不一样的。在教师专业素养总体均值中，在职经验的得分最高，达到 4.15（表 4-4）；在职教育因素的得分次之，为 4.01；而职前教育的得分最低，只有 3.79。这表明，在职的经验积累对于教师的成长最为宝贵，在职教师教育与教师的教学实践契合度也较高，因此被调查教师对于这两个因素对素养来源的认同度都在 4 分以上，属于比较认同的程度。相比较以上两个因素，职前教育因素还需要进一步改进，尽量缩小课程内容与教育实践之间的距离。学生经验均值达到 3.88，这表明在各个学习阶段、各门课程的授课教师，会对准教师产生较大影响。为此，中小学教师和师范院校的任课教师都要引起注意，要在工作中能做到以身作则，起到良好的示范作用。

具体到各个因素层面，可以发现，在学生经验因素方面，影响程度从大到小分别为教师品格、教师信念、教师知识、教师能力；在职前教育因素方面，影响程度从大到小分别为教师品格、教师信念、教师能力、教师知识；在在职教育因素方面，影响程度从大到小分别为教师能力、教师信念、教师知识、教师品格；在在职经验因素方面，影响程度从大到小分别为教师能力、教师品格、教师知识、教师信念。

为分析教师专业素养的各个维度在不同因素下的影响差异是否达到显著性水平，将各因素在各维度下的影响均值进行排序，然后在 SPSS 中采用相依样本 T 检验，具有显著性差异的检验结果如表 4-7 所示。

表 4-7　各因素对专业素养各维度影响差异性相依样本 T 检验结果

因素	配对	T	显著性（双侧）
学生经验	教师品格（1）-教师知识（3）	2.086*	0.039
	教师信念（2）-教师能力（4）	2.364*	0.020
	教师品格（1）-教师能力（4）	3.635**	0.000
职前教育	教师品格（1）-教师知识（4）	2.264*	0.026
在职教育	教师能力（1）-教师品格（4）	2.581*	0.011
在职经验	教师能力（1）-教师品格（2）	2.201*	0.030

表 4-7 的数据显示，在学生经验因素影响方面，教师专业素养四个维度按照影响程度的显著性差异情况可分为两类，其中教师品格、教师信念为一类，受到的影响程度最大；教师知识和教师能力为一类，受到的影响程度次之。在职前教育因素影响方面，教师专业素养四个维度按照影响程度的显著性差异情况可分为两类，其中教师品格、教师信念和教师能力为一类，受到的影响程度最大；教师知识为一类，受到的影响程度次之。在在职教育因素影响方面，教师专业发展四个维度按照影响程度的显著性差异情况可分为两类，其中教师能力、教师信念、教师知识为一类，受到的影响程度最大；教师品格为一类，受到的影响程度次之。在在职经验因素影响方面，教师专业发展四个维度按照影响程度的显著性差异情况可分为两类，其中教师能力为一类，受到的影响程度最大；教师品格、教师知识、教师信念为一类，受到的影响程度次之。具体影响情况如图 4-2 所示。

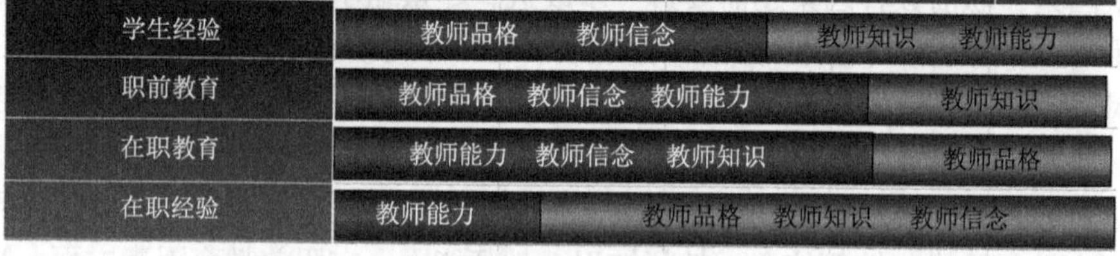

因素		
学生经验	教师品格　教师信念	教师知识　教师能力
职前教育	教师品格　教师信念　教师能力	教师知识
在职教育	教师能力　教师信念　教师知识	教师品格
在职经验	教师能力	教师品格　教师知识　教师信念

图 4-2　各因素对专业素养影响程度的分类图

为更好地分析各因素对教师专业素养的具体影响，根据表 4-4 中各因素总体均值的大小，将职前教育放到第一列，依次是学生经验、在职教育和在职经验因素，并计算各因素均值的增量，得到不同因素对教师专业素养影响差异表，具体内容如表 4-8 所示。

表 4-8　不同因素对教师专业素养影响差异

专业素养	因素			
	职前教育（增量）	学生经验（增量）	在职教育（增量）	在职经验（增量）
教师知识	3.72（—）	3.88（+0.16）	4.01（+0.13）	4.11（+0.10）
教师能力	3.79（—）	3.78（−0.01）	4.06（+0.28）	4.22（+0.16）
教师信念	3.79（—）	3.91（+0.12）	4.03（+0.12）	4.10（+0.07）
教师品格	3.87（—）	4.00（+0.13）	3.93（−0.07）	4.11（+0.18）
素养总体	3.79（—）	3.88（+0.09）	4.01（+0.13）	4.15（+0.14）

注：数字后面括号里面的数字表示相对前一列的增量

从表 4-8 中可看出，无论是教师专业素养总体，还是具体各维度，在职经验因素的影响程度都是最大的，尤其是对教师能力提升的影响方面，认同度达到了 4.22，为调查数据中的最高值。入职后的教育和教研活动在教师能力、教师知识和教师信念这三个方面的影响程度都排第二，但是在教师品格的影响方面只排到第三。这表明，入职后的培训和教研活动，对教师专业素养也具有重要的影响，尤其是在教师能力方面，相较于职前因素，增量幅度达到了 0.28。但是，在对于教师品格的影响方面，作为学生时的经验比在职教育对教师的影响更大一些，这既表明了任课教师对准教师品格方面具有较强的示范作用，也说明了在职教育应注重对教师品格的养成。从表 4-8 中还可看出，职前教师教育因素对教师专业素养的影响程度值是最低的，这表明职前教师教育虽然对教师专业素养的发展具有正向的影响，但是在提高幅度方面，还有较大的提升空间。在教师能力方面，职前教师教育的影响程度排在第三，这或许与职前教师教育具有见习和实习等实践环节有关，因为能力的提高需要观察和反思，更需要切身的体验。

值得一提的是，若将影响因素分为职前和在职两个部分，对两部分在素养总体上以及各个维度的得分进行平均数差异检验，可发现在教师专业素养总体上，两个因素的 P 值为 $0.000 < 0.05$，有显著性差异，具体到各个维度上，在教师知识、教师能力和教师信念素养方面，入职后比入职前影响程度大，且 P 值都小于 0.05，构成了统计学上的差异。

4.1.3 教师专业素养影响因素群体差异

为了解教师群体自身的不同是否也会使专业素养发展因素产生差异，本章就性别差异、教龄差异、师范经历差异三个方面分别对教师专业素养发展影响因素进行群体差异检验。

1. 教师专业素养影响因素的性别差异

不同性别教师在社会和家庭中担任的角色不同，这种不同是否会影响他们的教师专业素养的发展，这一点需要深入分析。为此，将 88 位女性教师和 15 位男性教师的调查结果，在 SPSS 中进行独立样本 *T* 检验。分析的结果如表 4-9 所示。

表 4-9 教师专业素养发展影响因素的性别差异独立样本 *T* 检验

因素		方差方程的 Levene 检验		均值方程的 *T* 检验				
		F	显著性	*T*	df	显著性（双侧）	均值差值	标准误差值
学生经验	假设方差相等	0.251	0.618	0.928	101	0.356	2.37273	2.55732
	假设方差不相等			0.846	17.872	0.409	2.37273	2.80620
职前教育	假设方差相等	0.128	0.721	0.308	101	0.759	0.93561	3.04030
	假设方差不相等			0.298	18.622	0.769	0.93561	3.14137
在职教育	假设方差相等	1.087	0.300	0.673	101	0.503	1.86970	2.77860
	假设方差不相等			0.603	17.683	0.554	1.86970	3.10131
在职经验	假设方差相等	0.716	0.399	1.334	101	0.185	3.24924	2.43580
	假设方差不相等			1.047	16.483	0.310	3.24924	3.10247

从表 4-9 中可看出，不同性别教师的专业素养在四个因素中的检验显著性（*P* 值）均大于 0.05，这表明，它们的影响情况不存在统计学上的显著性差异。在对教师专业具体素养分别进行性别的独立样本 *T* 检验后，也发现它们都不存在统计学上的显著性差异。这些都说明了，不同性别教师的专业素养受到各因素的影响情况是一致的。

2. 教师专业素养影响因素的教龄差异

随着学习和实践的累积，影响教师专业素养发展的因素是否会出现变化，这个问题也需要做深入分析。为此，本研究将教龄小于 6 年的教师作为一个群体，教龄大于 6 年（含）的教师作为另一个群体，在 SPSS 中进行独立样本 *T* 检验，分析的结果如表 4-10 所示。

表 4-10　教师专业素养发展影响因素的教龄差异独立样本 *T* 检验

因素		方差方程的 Levene 检验		均值方程的 *T* 检验				
		F	显著性	*T*	df	显著性（双侧）	均值差值	标准误差值
学生经验	假设方差相等	4.582	0.035	−0.676	101	0.500	−1.24395	1.83927
	假设方差不相等			−0.627	64.399	0.533	−1.24395	1.98551
职前教育	假设方差相等	11.918	0.001	0.284	101	0.777	0.62022	2.18245
	假设方差不相等			0.262	63.256	0.794	0.62022	2.36569
在职教育	假设方差相等	2.210	0.140	−0.449	101	0.655	0.89617	1.99692
	假设方差不相等			−0.433	76.680	0.666	0.89617	2.07030
在职经验	假设方差相等	2.169	0.144	−0.805	101	0.423	−1.41491	1.75810
	假设方差不相等			−0.767	72.932	0.445	−1.41491	1.84430

从表 4-10 中可看出，不同教龄教师的专业素养在四个因素中的检验显著 *P* 值均大于 0.05，这表明，它们的影响情况不存在统计学上的显著性差异。在对教师专业具体素养分别进行教龄的独立样本 *T* 检验后，也发现它们都不存在统计学上的显著性差异。这些说明了，不同教龄教师的专业素养在各个类型中的影响情况是一致的。这种现象也从另一个方面说明了在职经验对教师专业素养的影响存在一定的稳定性，工作前期教师从中获得了较多的感悟和历练，但是在一定时间后，这种提升进入了稳定期，对其专业素养没有了显著性影响。针对这种现象，在职教师教育必须引起重视，可以通过必要的活动，激发在职教师的工作热情，避免其产生职业倦怠，同时也要让他们从新的角度和高度审视自身的专业素养，进而逐步从经验型教师转化为专家型教师。

3. 教师专业素养影响因素的师范经历差异

为了解师范经历差异是否会让教师对自己专业素养来源的自评产生影响，本研究将调查对象按是否有师范经历分为两个群体，在 SPSS 中对教师专业素养的四个维度分别进行独立样本 *T* 检验。分析结果如表 4-11 所示。

表 4-11 教师专业素养发展影响因素的师范经历差异独立样本 *T* 检验

因素		方差方程的 Levene 检验		均值方程的 T 检验				
		F	显著性	T	df	显著性（双侧）	均值差值	标准误差值
学生经验	假设方差相等	0.004	0.950	−1.251	101	0.214	−2.62410	2.09680
	假设方差不相等			−1.312	43.972	0.196	−2.62410	2.00032
职前教育	假设方差相等	0.280	0.598	−1.904	101	0.060	−4.68256	2.45883
	假设方差不相等			−1.939	41.790	0.059	−4.68256	2.41475
在职教育	假设方差相等	0.147	0.703	−1.866	101	0.065	−4.20462	2.25270
	假设方差不相等			−2.069	48.978	0.044	−4.20462	2.03201
在职经验	假设方差相等	0.338	0.562	−1.670	101	0.098	−3.33128	1.99428
	假设方差不相等			−1.867	49.786	0.068	−3.33128	1.78465

从表 4-11 可以看出，是否有师范经历在教师专业素养发展四个不同阶段的检验结果显示 $P>0.05$，因此未构成统计学上的显著性差异。师范生和非师范生在教师专业发展阶段中最大的差异是职前教育阶段是否接受过学校开设的系统的师范生教育，统计分析结果表明未构成显著性差异。为了深入分析具体素养是否存在差异，对具体素养分别进行独立样本 *T* 检验，结果如表 4-12 所示。

表 4-12 教师具体专业素养发展影响因素的师范经历差异独立样本 *T* 检验

因素		方差方程的 Levene 检验		均值方程的 T 检验				
		F	显著性	T	df	显著性（双侧）	均值差值	标准误差值
教师品格	假设方差相等	0.019	0.892	−2.104	101	0.038	−4.44051	2.11032
	假设方差不相等			−2.249	45.598	0.029	−4.44051	1.97410
教师能力	假设方差相等	0.003	0.956	−1.837	101	0.069	−4.99487	2.71846
	假设方差不相等			−1.962	45.502	0.056	−4.99487	2.54583
教师知识	假设方差相等	0.093	0.761	−1.409	101	0.162	−2.89846	2.05731
	假设方差不相等			−1.455	42.840	0.153	−2.89846	1.99159
教师信念	假设方差相等	0.000	0.996	−1.755	101	0.082	−2.50872	1.42924
	假设方差不相等			−1.847	44.283	0.071	−2.50872	1.35820

从表4-12可发现，在教师品格维度，$P = 0.038 < 0.05$，构成了统计学上的显著性差异。计算均值，发现没有师范经历的教师在教师品格维度的自评平均值（4.26）大于有师范经历的教师在教师品格维度的自评平均值（3.89）。进一步探究，根据学生经验、职前教育、在职教育和在职经验四个因素影响下两类群体教师分别对教师品格维度的自评得分，进行独立样本 T 检验，具体结果如表4-13所示。

表4-13　师范经历对教师品格发展影响的独立样本 *T* 检验

因素		方差方程的 Levene 检验		均值方程的 T 检验				
		F	显著性	T	df	显著性（双侧）	均值差值	标准误差值
学生经验	假设方差相等	0.000	0.990	−1.832	101	0.070	−1.04359	0.56960
	假设方差不相等			−2.004	47.647	0.051	−1.04359	0.52087
职前教育	假设方差相等	0.297	0.587	−1.230	101	0.222	0.77692	0.63170
	假设方差不相等			−1.181	38.051	0.245	0.77692	0.65809
在职教育	假设方差相等	1.362	0.246	−2.582	101	0.011	−1.69538	0.65657
	假设方差不相等			−3.100	58.411	0.003	−1.69538	0.54683
在职经验	假设方差相等	0.016	0.898	−1.610	101	0.111	0.92462	0.57442
	假设方差不相等			−1.636	41.649	0.109	0.92462	0.56525

从表4-13中可看出，是否有师范经历的两类群体的在职教育因素对教师品格的影响的自评打分上存在显著性差异（$P = 0.011 < 0.05$），计算均值，非师范经历教师的自评平均分大于有师范经历教师的自评平均分。造成以上结果的原因可能有以下两点：一是对于内部需求来说，非师范经历意味着没有接触到学校系统的师范教育，相比有师范经历的教师，这类群体可能希望能够更快地适应教学活动，弥补师范教育这一块的缺失；二是从外部因素来看，相对于有师范经历的教师，在职教育的内容可能对没有师范经历的群体更加陌生，正是这种陌生带来的新奇感和冲击感可能会让他们更容易受到影响。

4.1.4　调查结果小结

从以上调查可得到以下结果：

（1）学生经验、职前教育、在职教育和在职经验这四个阶段对教师专业素养的发展都有正面的影响；

（2）在职经验的积累，对教师专业素养发展的影响最大，职前教育的影响最小；

（3）在职经验的积累和教师培训等教研活动对教师能力的影响显著高于职前阶段；

（4）作为学生时所积累的经验对教师品格的形成有着重要的影响；

（5）教师专业素养的总体和各具体素养在各阶段的影响没有性别和教龄的统计学上的显著性差异；

（6）有无师范经历，对教师专业素养的总体在各阶段没有统计学上的显著性差异,但是对在教师品格维度的个别阶段的影响情况存在统计学上的显著性差异。

在职教师的工作经验积累取决于教师自身，学生经验的影响有赖于任课教师的以身作则，而职前教育和在职教育这两个因素可以通过必要的改革，提高教师教育的有效性，来更好地促进教师专业素养的提升。

4.2　职前数学教师的专业素养发展

师范生和硕士研究生是中小学教师的主要来源，职前教师教育是提高教师专业素养的重要环节，为此各高校需要构建素养导向的职前教师教育课程体系，实施有效的课堂教学，更好地促进职前数学教师专业素养的发展。

4.2.1　数学准教师专业素养的若干不足

为了更好地实施职前数学教师教育,研究者对部分数学特级教师进行了访谈。结果表明,数学准教师应深化数学学科本质的理解,应能更准确把握学生的学情,此外职业认同和沟通交流能力方面也需要进一步提高。

1. 缺乏对中小学数学知识本质的理解

数学特级教师的访谈表明，目前的新手数学教师对中小学数学知识本质的理解方面还较为缺乏。他们虽然能解题，但是知识更多的是碎片化的，缺乏从知识体系角度认识数学，缺乏对知识点背后数学思想方法的了解、发展脉络的了解等等。中小学数学知识看似简单，但是浅显知识背后本质的揭示，往往需要对其进行深入的探究。有很多新手教师在教学时往往照搬教材和教学参考书，但是这两者都是给教师参考并非完全照搬照抄，教师应该在理解的基础上，具备驾驭教材的能力。而且，数学教学参考书在知识的关联性和发展性方面的阐述不多，对于教学内容背后的分析的层次还不够。职前教师教育应该注重对数学准教师知识本质的分析，只有当教师对内容的理解有一定深度时，才能在一定的学科知识高度上创设情境、组织学生活动，教学效果自然也会有区别。

2. 数学教学方式较为单一且很应试

从访谈中了解到，新手数学教师在课堂教学中，教学方式较为简单，怎样设计教学流程，如何组织学生互动方面的知识和能力都较为欠缺。教学过程“以我为主”，应变不足，教学内容具有较强的知识性，具有较强的应试教育倾向。应该看到，让教师在数学教学中完全脱离考试的影响是不现实的，但是也不能死记硬背，数学更多的是要发展学生的思维，数学素养最重要的就是体现在学生的思维上，把数学的理论知识掌握住，然后能解题，能解应用题，还能灵活运用。这就要求教师在课堂教学中更多地体现学生的主体性地位，通过创设情境或者提问，引发学生思考，不建议什么都自己说，自己把过程和结果都告诉学生，否则学数学就成了背诵和做题了。为此，在职前教师教育中，应该让准数学教师树立正确的数学教育观，能在教学中通过合理的方式让学生掌握数学知识，促进他们数学素养的发展。同时，也需要通过数学教材教法类课程的学习，来深入分析具体数学知识点的教学，更好地了解中小学生的数学思维特征。

3. 个别教师教育情怀缺失

访谈显示，部分新教师对教育的热情不够，并不真喜欢这个职业，更多的是看成谋生的一个手段，这部分群体数量虽然不大，但对教育的影响却不小。如果将医生和教师相比较，医生的医疗事故是显性的，对病人的伤害是身体上的，是可见的，而教师的教育事故是隐性的，对学生造成的伤害是心理上的，是看不见的，对孩子的影响很可能是一辈子的，甚至还可能影响一个家庭。目前社会呈现出的择校、择班、择师等行为，表明了教师专业素养差异对社会的影响。教师要树立正确的教师品格，真正意识到教师职业的重要性。一位优秀的教师，对学生的影响可能是一辈子的。但是一些青年教师可能还没有这方面的意识。师范生要具备职业道德素养，在职业规划阶段就应该有从事教师的愿望和对自己的教师生涯有个长远的规划，这样才能激发对教师这个职业的激情。要发自内心地爱你的学生，爱这份事业，从学生成长的高度来设计每一堂课，设计自己的教学，这样才真正对得起教师这份职业。

4. 沟通交流能力和基本的技术能力有待提高

各种渠道的反馈表明，目前部分新入职教师在沟通交流能力方面还存在欠缺，不仅缺乏沟通的技巧，有时候也缺乏与同事、家长和学生交流的耐心。访谈显示，如果职前教师在大学就读期间担任过学生干部，沟通交流的能力会强一些。为此，职前教师应该加强这方面能力的培养。除此之外，目前的中小学还希望新入职的教师能具备熟练使用数学教育技术的能力，具备拓展型课程开发与实施的能力（尤其是 STEM 方面），具备参与学校新闻报道（微信、微博）等方面的能力等。这些都是时代背景下的教师专业素养需求，在职前教师教育中有必要开始一些对应的选修课程，培养准数学教师的综合实践能力。

4.2.2 职前数学教师教育课程体系构建

目前的职前数学教师教育的核心课程大多由一般教育课程、数学学科课程和数学教育类课程组成。这个课程结构看似合理，但存在很多弊端。例如，课程比例失调，选修课过少，课程之间联系性不够，课程内容过于理论性等。为此，需要确立专业素养为核心的教师教育观，通过构建合理的职前数学教师教育课程体系，更好地在职前教师教育中促进准数学教师品格、知识、能力和信念的发展。

1. 课程体系的指导思想与内容

本研究的分析表明，数学教师的专业素养主要体现在教师品格、教师能力、教师知识和教师信念这四个方面。由于教师专业素养具有较强的内蕴性、复杂性和整体性，因此很难逐一区分，也很难独立发展。但是，从教师教育的角度分析，课程对学生的影响虽然是综合的，但其培养的重点会有所侧重。因此，在核心素养教育背景下，有必要构建更为合理有效的职前教师教育课程体系，促进职前数学教师品格、教师能力、教师知识和教师信念的发展。

1）数学教师品格

教师品格的发展中，高度相关的课程为思政类；中度相关的课程为教育学类、心理学类；此外，与体育类、中小学数学课程标准和教材解读类、中小学数学教学方法与技能提高类、沟通与班级管理类、教育研习类、技能竞赛类课程存在低度相关。

2）数学教师能力

教师能力的发展中，高度相关课程为中小学数学研究类、中小学数学教学方法与技能提高类、沟通与班级管理类和教育研习类；中度相关的课程为体育类、英语类、信息技术类、中小学数学课程标准和教材解读类、教育研究类、艺术类、文体活动类、技能竞赛类；此外，与教育类、心理类、大学数学类和科学类课程低度相关。

3）数学教师知识

教师知识的发展中，高度相关课程为中小学数学研究类、中小学数学课程标准和教材解读类、中小学数学教学方法与技能提高类；中度相关课程为英语类、教育学类、心理学类、大学数学类、沟通与班级管理类、教育研究类、科学类和文化类；此外，与思政类、信息技术类和艺术类课程低度相关。

4）数学教师信念

教师信念的发展中，高度相关课程为教育学类和心理学类；中度相关课程为思政类、中小学数学课程标准和教材解读类、中小学数学教学方法与技能提高类、教育研习类和技能竞赛类；此外，与沟通与班级管理类和教育研究类课程低度相关。

课程和相关度的对应情况，具体如表 4-14 所示。

表 4-14　中小学数学教师专业素养与课程对应关系

课程类型	课程类别	教师品格	教师能力	教师知识	教师信念
通识教育课	思政类	H		L	M
	体育类	L	M		
	英语类		M	M	
	信息技术类		M	L	
专业教育课	教育学类	M	L	M	H
	心理学类	M	L	M	H
	大学数学类		L	M	
	中小学数学研究类		H	H	
	中小学数学课程标准和教材解读类	L	M	H	M
	中小学数学教学方法与技能提高类	L	H	H	M
	沟通与班级管理类	L	H	M	L
	教育研究类		M	M	L
	艺术类		M	L	
	科学类		L	M	
	文化类			M	
专业实践类	教育研习类	L	H		M
	文体活动类	L	M		
	技能竞赛类	L	M		M

注：H 表示高度相关，M 表示中等相关，L 表示低度相关

2. 课堂体系的实施

相同的课程，不同的内容组织方式和教学模式，教学效果也是不一样的，黄友初（2015）对数学师范生的研究，也证实了该观点。为此，所构建的课程体系需要通过合理的实施，才能得到有效的落实。

1）课程内容的组织

在职前教师教育中，应该根据课程的性质和目标，组织恰当的课程内容。但是，目前的很多职前教师教育课程内容的组织具有较强的随意性，有的依据教师自身的特长组织，有的根据教材的内容组织。这两者都不是以教师专业素养发展为出发点，更多考虑的是教师教学的便捷性。以教师专业素养发展为核心的课程，其课程目标应该围绕教师专业素养展开，而在内容上应该紧扣课程目标，以目标为导向，争取课程效果的最大化。例如，很多高等师范院校对师范生开设了数学史课程，有的教师按照参考的教科书，大多从地域和时间顺序介绍数学历史发展；也有的教师根据自已对某一部分数学史的熟悉程度重点讲解。这些内容对准数学教师都是有价值的，可以扩大他们的知识面，对数学知识有更好的了解。但是，倘若教师从中小学数学教师所需要的数学史知识出发，整理出知识点发展的专题史，对于增强准数学教师的数学学科知识理解较为有效，教师知识的提升更为明显。

2）课程的教学方式

同样的内容，不同的教师教学会产生不一样的效果，这表明教师的教学能力对教学效果有很大的影响。除此之外，教师所采用的教学方式也是一个重要的因素。在目前的高等师范院校中，念 PPT 式教学的教师还不在少数；教师在课堂上从头到尾一直讲授的教学也较多。这些教学方式，往往难以调动准教师的学习积极性。在信息化社会，网络科技十分发达，这在很大程度上改变了我们的生活方式。例如，个体获取知识的手段丰富，过程十分便捷。在这种情况下，如果课堂教学照本宣科，传输识记性的知识，就会让教学显得十分低效。对准教师授课，任课教师对教学方式的选取应基于两个方面：一是如何教可以让课程目标更好地实现；二是如何教可以让准教师更好地示范。研究表明，作为学生的经验是影响教师专业素养的一个因素。因此，在给准教师授课过程中，教师的教学风格、神态和言行，都会对学生产生影响。职前教师教育中，任课教师应重视教学的方式，给准教师正面、积极的影响。

3. 课程体系的监测

教师专业素养的测评具有较高的难度，而职前教师教育的课程是否有效达成，需要进行必要的监测。为此，借鉴师范专业认证的有关规定，可以从课程体系监测的角度来衡量职前教师教育的总体效果。

具体可以分为以下几个环节实施。

1）课程考核

每门课学习之后，师范生和研究生都要参与考试或考查，获得相应的分数和等级。原则上，文化类课程需要考试，技能类课程可以考查。

2）*活动考核*

师范生和研究生参与技能竞赛、文体类活动和教育实习、见习和研习等活动，都需要给予相应的成绩作为考核结果。

3）*毕业考核*

在毕业环节，对于毕业生进行毕业论文评定和毕业技能考核，并给予相应的分数或等级，作为考核结果。

4）*专业素养达成度*

职前数学教师专业素养达成度可依照以下公式进行计算：

$$T=\sum_{i=1}^{4}k_i\cdot L_i$$

其中，L_i 表示第 i 项专业素养达成度，分值为 0—100；k_i 表示第 i 项专业素养的权重，满足

$$\sum_{i=1}^{4}k_i=1$$

权重可采用平均值（各 0.25），或者层次分析法获得。

L_i 表示第 i 项专业素养的达成度，分值为 0—100，它是由职前数学教师在与该素养相关的课程（或活动）中所得的考核分数的加权值。

$$L_i=\sum_{j=1}^{n}t_j\cdot C_j$$

其中，n 表示第 i 项专业素养相关的课程数量；C_j 表示该职前数学教师在某课程（与第 i 项专业素养相关的课程）的得分，分值为 0—100，如果是等级制的，可按照某种标准转化为百分制；t_j 表示第 j 门课程在第 i 项专业素养中的权重，满足

$$\sum_{j=1}^{n}t_j=1$$

权重可按照层次分析法获得，或者根据相关程度赋值，例如，如果高、中、低相关程度的权重分别为 3∶2∶1，且高度相关课程 3 门，中度相关课程 5 门，低度相关课程 2 门，则高度、中度和低度相关课程的权重可经过计算，分别为 $\frac{3}{21}$、$\frac{2}{21}$ 和 $\frac{1}{21}$。

该模式虽然是从准教师的学业成就方面进行衡量，但是可以在一定程度上体

现准教师专业素养的达成度，也能对课程体系的落实进行反馈和监测，具有一定的参考价值。

4.3 在职数学教师的专业素养发展

学者的研究表明，在职实践对于教师专业素养的发展有着重要的影响，主要体现在在职教师教育活动和教师的教学实践经验积累这两个方面。尤其是在入职工作最初几年里，教研和培训活动、教学实践和自我反思，在很大程度上会促进教师专业素养的发展。

4.3.1 能力导向的在职教师教育体系构建

目前的在职教师教育形式众多，有 “国培教师教育”，也有各学校教研组自行组织的教研活动，无论何种类型都需要以教师专业素养的发展为目的，以教师教学能力的发展为导向。

1. 在职教师教育的若干不足

改革开放以来，我国教师在职教育经历了“恢复重建”、“改革扩展”、“全面转型”和“协同发展”四个重要发展阶段，发挥着教师队伍建设的“救援队”、“排头兵”、“加油站”、“领航人”和“守望者”作用，为我国教师专业水平的提高做出了重要贡献（余新等，2018）。但是，由于传统观念、办学机制、发展条件等多方面原因，我国教师的在职教育发展还存在若干不足。余新等（2018）通过对改革开放 40 年来在职教师教育的分析，从接受教育者、培训者、学科机制和教育机制等四个方面进行了归纳分析。

1）教师自主学习的内在动力不强

教师在职教育处于“要我学”的局面一直没有多大改观，引导教师形成“我要学”的终身学习氛围仍是教育主管部门和培训机构的努力方向。如果没有教师本人的内在需要与渴望，针对教师专业发展的任何强制性要求、任何组织化与制度化的专业发展活动，都很难真正唤起教师的专业发展热情，很难保证教师主动、积极、持久地投入自身专业发展实践中去。

2）教师在职教育的专业化水平不高

教师培训者正处于业余性、半专业性、非专业性的危机之中，体现在入职标准缺失、知识体系有待完善、专业自主性不够等方面。从专业组织来看，我国综合大学、师范院校、教育学院、教师进修学校、中小学学校在教师在职教育方面的功能是异质化的，面对教师在职教育的多元需要，各自本应发挥的独特作用并不突出。特别是受“多年职前培养形成的固有思维模式的限制，高师院校思考在职培训时会自觉不自觉陷入职前思维定式中”。从专业产品来看，培训课程与方式陈旧，与教师学习需求和工作要求存在差距。而从专业评价来看，我国教师在职教育的评价体系尚未建立，评价目标、内容、方法比较单一，多数局限于“学员出勤率”、“课程满意度”和“学员作业量”等方面。

3）教师在职教育的学科和专业建设薄弱

迄今为止，教师在职教育的专业归属模糊，学科基础不清晰，在大学还没有形成独立的专业或学科。近年来，作为教育学下的二级学科，“教师教育学”已成为教育研究的热点领域，从最简单的内涵上来理解，其就是针对教师的职前培养、入职教育、在职培训的专业化而开设的一门学科。虽然这三个阶段相辅相成，但各自都需要不同的知识体系支撑。职前与职后教育由于对象、目标、内容、方法、实施条件等差异甚大，各自的学科建设、专业建设更不能混为一谈。

4）教师在职教育的制度机制改革艰难

从整个教师教育体系看，职前职后一体化改革还面临着一系列困难。教师教育职前职后一体化发展的制度与运行规范还有待进一步优化，职前教育与职后教育之间、学历教育与非学历教育之间还有待进一步融通；管理权属关系分离、统筹主体缺失，教育行政部门、高校、教研机构、中小学之间的合作还有待进一步强化。再从教师在职教育的机构内部来看，各类教师教育机构的发展力量还有待进一步加强。目前，很多省级的教育学院被关停并转，数量急剧减少；部分地区的县级进修学校专业力量单薄，特别是农村地区，其培训体系、培训模式、培训制度和培训机制方面存在诸多问题；中小学校本研修能力参差不齐，在运行中面临着组织构建、运行方式构建和内在情感力构建等领域的交叉性与系统的复杂性都面临着诸多挑战。

2. 能力导向在职教师教育的必要性和可行性

教师是一种实践性很强的职业，对教学实践的能力有着较高的要求，也是教师所关注的焦点。徐洁（2015）通过对 1000 多位教师的调查显示，有 95.07%的初任教师表示自己最需要或迫切需要提高的是教学能力；最受他们欢迎的培训内容也与学科的教学密切相关，包括教学技巧学习、理论与案例学习、教学问题研讨、教学案例分析、教学观摩和教学经验分享等。周军（2013）通过对 354 位数学教师的调查表明，大多数教师自身的学科专业技能和知识能得到有效提升与积累，更加认可紧密联系课堂教学工作的专业发展活动。由此可看出，目前一些在职教师教育还缺乏吸引力，效果不明显，其主要原因在于与教师的需求相脱节，未能让在职教师切身感受到培训的实用性。尽管这些在职教师教育都是有价值的，但是如果不能吸引在职教师有效参与，必然也难以起到预期的效果。因此，在职教师教育首先需要吸引教师的兴趣，让他们感受到参与教育能带来实实在在的效果，然后才能将教师教育的内容逐步推进。而以能力为导向可以激发教师的学习热情，从他们关注的焦点入手，例如课堂教学能力、教育研究能力和信息技术能力等。以某个具体学科知识点的教学或教学研究为载体，通过培训中的研讨，逐步拓展到教师知识和教师信念的层面，在这个过程中逐步培养教师的品格，进而让教师的专业素养得到发展。

教育部在 2011 年印发的《关于大力加强中小学教师培训工作的意见》表明了在职教师教育的重要性，但是该意见仅对培训的学时做出明确规定，而对培训方式和培训内容缺乏指导性建议和意见。这也导致了很多在职教师教育单位缺乏必要的依据和指导，往往开设一些规章制度、师德和教育一般性理论方面的培训。这些培训内容当然也是必要的，但是并未能解决教师专业素养中最为现实和直接的部分。无论是新手教师还是经验型教师，他们只有具备较好的教学能力，才能树立工作的自信。如果在职教师教育的内容缺乏实效性，未能解决他们在教学中所遇到的困难，在职教师就会缺乏共鸣，缺乏投入的意愿和学习的热情，必然也会让教育的效果打折扣。

尽管我国的在职教师教育还存在诸多问题，包括硬件设备和教师教育人员等方面，但是就教育体系的构建而言，有必要确立以教师能力发展为核心。这不仅可以更好地吸引在职教师参与到教师教育活动中，还可以将教师能力的发展作为辐射源，通过课程与活动，逐步发展教师教学实践所需要的各种专业素养。在这个课程体系中，能力导向是核心，课程的紧密度和关联度是关键。

4.3.2　以反思为核心的教育实践

教师专业发展不是一个静止、封闭、线性的过程，它具有终身性、动态性和开放性的特点。教师在成长过程中，接受各种教师教育的学时数毕竟是有限的，更多的时候需要在教育实践中成长。但是，经历同样时间教育实践的教师，其专业素养的发展情况未必相同，这其中的影响因素有很多，而在实践中实施针对性的反思是关键。只有不断地反思，在实践中总结经验，在相互比较中思考自身的不足和优势，才能更好地将所看到的和所听到的知识、表现内化为自身的专业素养。因此，可以说反思是教师专业素养发展的动力和基础，是教育实践中发展专业素养的核心，教师在教学过程中合理运用反思性教学，可以及时发现自身在教育知识、教育理念和实践技巧等方面的问题，并寻找对策加以改正，从而不断完善和发展自己。只有深入地反思，教师的专业素养发展才能更有效。

1. 反思性教育实践的教师专业素养发展理论基础

张学民等（2009）从教学能力发展的角度对中小学教师的教学反思进行了探讨，认为教师教学反思的过程实质上是教师知识和经验不断积累的过程，也是教师的课堂问题解决和决策能力的不断发展与提高的过程，对教师的专业发展有着重要的价值。其理论依据主要可包括基于建构主义理论（constructivism theory）关于教师知识建构的研究、基于经验学习理论（experiential learning）的研究和基于新手与专家教师思维过程（thinking of novice and expert teacher）的研究。

1）建构主义理论对教学反思的解释

建构主义理论认为，个体获得知识与经验的过程是不断顺应和同化的过程，个体运用已有的认知结构解释与整合新的信息，经过长期知识和经验的积累，逐步形成特定的认知结构（schema），即图式，形成的认知图式随着知识和经验的积累而不断发展，教师的知识结构和适应能力也不断进行建构和再建构，教师通过上述知识与经验的积累来建构自己关于教学能力的认知图式或心理表象（mental representation），并将认知图式或心理表象以经验的形式储存在记忆中，成为教师认知结构的主要构成成分。教师通过建构学习形成的认知图式或心理表象对其教学活动进行计划、组织与实施，并对学生的学习活动、教学行为有效性和教学目标产生重要的影响。教师的上述知识建构过程对其认知与思维发展也将产生重要的影响，在教师教学反思能力的发展和促进中起着十分重要的作用。

由于课堂教学情境具有不确定性，教师知识和经验的积累也存在着个体差异，同时也具有一定的主观性，这种主观性直接影响教师课堂信息知觉的准确性。Schon（1983）认为教学活动是个复杂的、不确定的、不稳定的和存在价值冲突的情境，不可能完全规则化（rule-governed），需要教师在专业实践中利用自己的智慧，重构（reframing）教学所需要的专业知识。为此，他还提出了行动中的反思（reflection in action）和对行动的反思（reflection on action）两种教学专业知识活动的模式。因此，教师在建构学习与教学反思的过程中，一方面，通过反省与检查自己的观念和教学行为的有效性以减少这种主观性的发生；另一方面，经过长期知识和经验的积累，建构精确、高效的课堂信息加工图式，以提高教师课堂信息加工的速度、精确性以及课堂教学的有效性。

2）经验学习理论对教学反思的解释

教师对课堂教学进行反思，可以在一定程度上描述教学过程中决策的认知过程（Dewey，1916）。反思型教师能够对问题解决过程中的教学行为有效性和教师内在认知加工过程进行有效监控；在面对新异或陌生的情境或制订新的课程计划时，反思型教师能够进行正确的推理、提出问题和假设，能够运用长时记忆中的知识和经验对提出的问题与假设进行检验，并做出尝试性决策，能通过选择和实施一系列的有效的教学方法达到预期的教学目标，并对行为的结果进行反思与评价。此外，Berliner（1986）和 Sternberg（1998）也非常强调经验在教师教学专长发展中的重要性，认为教师的内隐知识在教师专长发展中起着十分重要的作用，教学反思对于教师的教学能力、课堂信息知觉以及问题解决（problem solving）有重要的影响。

3）从新手与专家教师思维的角度对教学反思的解释

Berliner（2004，2005）与 Borko（1990）等的研究表明，专家教师能够迅速通过对教学情境进行推理和判断，做出正确的决策或得出正确的结论，其主要原因在于他们经过反思获得了更多的认知图式，形成了认知技能的自动化。

教师处理课堂情境所需的信息被存储在长时记忆中，与特定情境或问题相关的事实、概念、原理、推论或普遍性规律和经验等被组织在一个知识网络，即认知图式（cognitive schema）中，在认知图式中包含着个体对世界的认识和理解，个体能够在极短的时间内存储和提取认知结构中的信息。从新手与专家教师课堂教学能力发展的角度分析，专家教师在问题解决过程中具有丰富的认知图式，这些认识图式和知识经验的积累是通过认知建构的过程形成的，而新手教师的认知图式和相关知识经验的积累则是匮乏的，因此，新手教师就不能像专家型教师那样对问题迅速做出判断、决策或得出正确结论。

专家教师积累了丰富的知识和经验，他们的认知结构中已经形成了针对不同问题的认知技能，当这些认知技能经过长期的运用熟练化和程序化，逐渐达到自动化的水平时，教师面对常规的教学问题就几乎不需要有意识地思考，或者只需要付出很少的意识努力就可以轻松、迅速地做出决策和解决面临的问题。而新手教师由于认知图式没有达到自动化的程度，因此，每做一个决策都需进行细致的思考，从而降低问题解决的效率。而专家教师获得这些图式和经验的过程中，不断地进行反思是关键。

2. 教师反思性教育实践的基本途径

反思是教师专业素养发展的重要途径，但是反思也有一定的策略，教师反思能力的高低对其专业素养发展速度也有着重要的影响。

1）反思意识

教师的反思有深度与浅度的区别，也有长期与短期的不同。能做到长期和深入反思的教师，需要具备较强的反思意识，具体包括：

（1）教师具备主动思考的素质；

（2）教师是在内在教学动机驱动下从事教育教学活动的；

（3）教师能够对教学过程中发现的问题情境进行积极主动的分析和思考；

（4）教师能够积极主动地设置教学目标；

（5）教师能够在教学过程中制订有效的计划，并实施教学计划；

（6）教师能够对自己的教学活动进行自我监控，并在此基础上对自己的教学进行反思与评价，达到提高和改进教学的目的。

这种反思意识需要教师具备较强的内驱力，具备持之以恒的毅力，否则就会让反思流于表面，缺乏深度，导致教师的教学知识和教学能力等专业素养提高有限。

2）反思内容

调查显示（万丽芸，2013），很多教师没有从策略者角度对教学本质进行反思，他们会思考"我该怎样做"，但对"我为什么这样做"思考较少。怎样将教师的操作性实践上升为反思性实践，取决于教师反思的深度。教师如果能对问题的本质进行思考，而非仅对想象本身进行思考，那么他们的教学会更有深度，更具大局观，实践的主动性更强。因此，从内容角度分析，一般可以从教学的设计、教学的实施和教学的效果这三个方面对教学实践进行反思。

（1）教学的设计：主要反思设计的理念是否符合教育的指导方针，是否体现了学生核心素养的发展；设计的过程是否符合学生的认知规律，是否符合内容的逻辑顺序；以往的教学不足是否得到了规避等。

（2）教学的实施：主要反思教学的方法是否得当，教学行为（语言内容、语态、音量、节奏、神态等）是否有值得改进的地方；信息技术和教具的运用是否合适等。

（3）教学的效果：主要反思预设和生成的差异，课堂气氛和学习效果的差异，教学目标的达成度等。

以上的反思内容并没有提到教师知识、教师能力、教师品格和教师信念等具体的专业素养，但是以教学实践为核心的理念、知识、教学方式、教学效果都是教师专业素养的体现。以具体知识点的教学实践为内容核心，而非刻意地反思专业素养，会使得教师的反思更加具体、深刻，也更切合教师的实际。

3）反思方式

在反思的时机方面，大部分教师都选择课后反思，这是合理的，但是并不意味着课前和课中就不能反思。课前可以反思已有的教学经验、他人的教学过程；课中可以根据具体情况反思自己的教学设计与教学行为，并做出及时的调整。当然，课后是反思的重点，根据上课的切身感受，学生的作业表现，反思自身的教学设计与过程。

在具体的反思方式方面，主要包括以下几种类型。

（1）回忆并加以思考：这种方式的反思较为便捷，操作性强，但不足是反思的深度与教师自身的反思能力有较大的关联，建议在采用该种方式反思时能给自己一些规定，例如必须反思多久、必须有文字记录、在反思之前必须先与学生进行交流等。

（2）教学评价与研讨：这种反思的优势是会比较深入，大家一起探讨，从各个角度对教师的教学进行分析，但不足是这种方式不会常有，平时更多时候需要教师自身进行反思；如果教学评价和研讨的对象是其他教师，本人也可以反思如果是你会怎么处理，为什么这么处理，这类反思也可以让自己对教育实践有更好的认知。

（3）写反思日志：这种反思的优势是反思会比较具体、深刻，有时候会从一定的理论高度进行分析，但不足的是这种反思会占用教师一定的时间，需要教师有较强的毅力才能坚持，当然很多研究也表明了，能长期坚持撰写反思日志的教师，专业成长速度会高于一般的教师。

（4）回顾教学录像：通过对教师自己的授课视频进行分析，无疑会有很多的体会，会让教师的反思更加具体，通过反复观看，还会对细节的处理有更深刻的认知，但不足的是并非每次课都会留下教学视频。当然，如果观看他人的教学视频，教师可以反思如果自己上课会怎么处理，是否会更有效，依据为何等。

以上列出主要的反思方式，还可以有其他切合教师自身的反思。当然，反思过程中可以同时采用多种方式，从不同角度反思教师的具体教学过程。

4.4 本 章 小 结

教师专业素养的发展是教师教育研究的主要目的，本章以教师的成长经历为视角，对影响教师专业素养的具体因素进行了调查分析，发现教师的教育实践对其专业素养的发展是最为有效的，职前教师教育还有待改进。为此，本章从职前教师和在职教师教育两个方面对教师专业素养的发展进行了分析。

在职前教师教育阶段，虽然准教师缺乏“临床”体验感，会导致所学与所用存在脱节。但是这个问题目前还缺乏有效的解决方式，在现有条件下职前教师教育可以从课程设置、教学内容组织和教学方式变革方面入手，更好地促进准数学教师对中小学数学学科本质的理解，树立正确的数学知识观和数学教育观，并具备一定的课堂教学能力。

在职教师教育阶段，为了更好地激发在职教师参与教育的热情，可以以教师能力的提升为导向，让教师在教育中能切身体会到教育的有效性，进而逐步深入，从能力走向知识、信念和品格的发展。但是在更多的时间里，教师是从教育实践中获得成长，为此教师需要培养反思意识，发展反思能力，在实践中反思，以反思促进实践。反思不必提升到具体教师专业素养的高度，而应围绕着知识点的教学展开，反思具体的教学设计与组织、教学行为与过程，这可以让教师的反思更加有效，也更加贴近教育现实。有目的的反思，可以让教师少走弯路，基于理性而非感性的设计教学、实施教学，从而更快速地促进自身专业素养的发展。

当然，教师专业素养的提高与社会外部和教育内部的环境也有很大关系，如果教师的职业行为能在物质和精神两个方面都得到较好的反馈，既可以更好地吸引优秀人才加入教师队伍，也可以更好地激发教师的专业发展内在动力。在教育内部，可以构建更为合理的管理机制，充分体现教师的自由度和话语权，提高教师在教育改革中的参与度，并消除管理僵化、考核数量化和结果功利化等弊端。应该看到，只有当教师个体的生命意义得到了彰显，才能更好地实现教师专业个体价值与社会价值的内在和谐统一，促进教师专业素养的自觉有效发展。

参 考 文 献

安徽省教育厅中学教师进修研究组. 1962. 一个数学教师的自学经验. 人民教育, (1): 21-24.

白益民. 2000. 学科教学知识初探. 现代教育论丛, (4): 27-30.

鲍建生, 王洁, 顾泠沅. 2005. 聚焦课堂——课堂教学视频案例的研究与制作(书内有馆藏章). 上海: 上海教育出版社.

贝尔. 1990. 中学数学的教与学. 许震声, 管承仲, 译. 北京: 教育科学出版: 469-470.

伯克·约翰逊, 拉里·克里斯滕森. 2015. 教育研究：定量、定性和混合方法. 4版. 马健生, 等, 译. 重庆: 重庆大学出版社.

薄艳玲. 2009. 师范生教师职业认同影响因素实证研究. 湖南第一师范学报, 9(3): 51-54.

蔡春. 2010. 德性与品格教育论. 复旦大学博士学位论文.

蔡培祖. 1963. 为新数学教师提供一些意见. 人民教育, (11): 39-42.

蔡铁权, 陈丽华. 2010. 科学教师学科教学知识的结构. 全球教育展望, 39(10): 91-96.

曹一鸣, 郭衎. 2015. 中美教师数学教学知识比较研究. 比较教育研究, 37(2): 108-112.

陈安福. 1988. 教育管理心理学. 福州: 福建教育出版社.

陈国泰. 2000. 析论教师的实际知识. 教育资料与研究(台湾), 34: 57-64.

陈静静. 2009. 教师实践性知识及其生成机制研究. 华东师范大学博士学位论文.

陈琴, 庞丽娟, 许晓晖. 2002. 论教师专业化. 教育理论与实践, 22(1): 38-42.

陈润. 1959. 不断提高教师水平, 搞好小学阶段拼音字母教学. 文字改革, (10): 1-2.

陈尚琼, 余仁胜. 2015. 我国中小学教师资格考试制度的回顾与展望. 课程·教材·教法, 35(4): 98-104.

陈向明. 1999. 扎根理论的思路和方法. 教育研究与实验, (4): 58-63, 73.

陈向明. 2009. 对教师实践性知识构成要素的探讨. 教育研究, (10): 66-73.

陈向明. 2011. 搭建实践与理论之桥. 北京: 教育科学出版社.

陈云英, 华国栋. 1994. 小学教师的职能与所需知识技能的研究. 中国教育学刊, (4): 43-46.

崔运武. 2006. 中国师范教育史. 太原：山西教育出版社.

丹东尼奥. 2006. 课堂提问的艺术: 发展教师的有效提问技能. 宋玲, 译. 北京: 中国轻工业出版社.

董奇. 2004. 心理与教育研究方法(修订版). 北京: 北京师范大学出版社.

董涛. 2008. 课堂教学中的 PCK 研究. 华东师范大学博士学位论文.

范良火. 2013. 教师教学知识发展研究. 2版. 上海: 华东师范大学出版社.

范良火, 苗侦桢, 莫雅慈. 2017. 中国教师如何教数学、如何实现专业发展：当代国际研究的视角//范良火, 等. 华人如何教数学. 南京: 江苏凤凰教育出版社: 26-48.

范良火, 朱雁, 唐彩斌. 2017. 特级教师是怎样炼成的: 一项有关31位小学数学特级教师的研究//范良火, 等. 华人如何教数学. 南京: 江苏凤凰教育出版社: 375-400.

傅敏, 刘燚. 2005. 论现代数学教师的能力结构. 课程·教材·教法, 25(4): 78-82.

高文财. 2016. 免费师范生教育硕士培养模式研究. 东北师范大学硕士学位论文.
龚玲梅, 黄兴丰, 汤炳兴, 等. 2011. 职前数学教师学科知识的调查研究: 以函数为例. 常熟理工学院学报, 25(6): 28-32.
顾泠沅, 易凌峰, 聂必凯. 2003. 寻找中间地带: 国际数学教育改革的大趋势. 上海: 上海教育出版社.
顾泠沅, 周卫. 1999. 课堂教学的观察与研究: 学会观察. 上海教育, (5): 14-18.
顾明远. 2003. 师范教育的传统与变迁. 高等师范教育研究, 15(3): 1-6.
管培俊. 2009. 我国教师教育改革开放三十年的历程、成就与基本经验. 中国高教研究, (2): 3-11.
管培俊. 2012. 中国教师队伍建设研究. 北京: 北京师范大学出版社.
桂林, 刘丹. 2003. 新课程标准下的高中数学教师素质的调查研究. 数学教育学报, 12(3): 51-54.
郭晓娜. 2008. 教师教学信念研究的现状、意义及趋势. 外国教育研究, (10): 92-96.
郭玉洁. 2014. 新手型与经验型高中数学教师教学评价观的比较研究. 贵州师范大学硕士学位论文.
郭玉霞. 1997. 教师的实务知识. 高雄: 复文图书.
郭朝红. 2001. 高师课程设置: 前人研究了什么. 高等师范教育研究, 13(2): 36-41.
国家教委. 1997. 国家教委关于组织实施“高等师范教育面向21世纪教学内容和课程体系改革”的通知. http://www.chinalawedu.com/news/1200/22598/22615/22796/2006/3/we297237423711136002658-0. htm.
韩继伟, 黄毅英, 马云鹏, 等. 2011. 初中教师的教师知识研究: 基于东北省会城市数学教师的调查. 教育研究, 32(4): 91-95.
何东昌. 1991. 中华人民共和国重要教育文献1976—1990. 海口: 海南出版社.
何声钟. 2017. 地方高校英语师范生身份认同调查与分析. 教师教育研究, 29(2): 25-29.
贺玉兰. 2007. 职前教师教育课程设置研究. 华东师范大学硕士学位论文.
侯秋霞. 2012. 演绎真善美: 教师教学品格核心价值的人本观照. 教育探索, (9): 23-25.
胡腾骧. 1956. 小学音乐教师应具备的专业知识与技能. 人民音乐, (1): 44-45.
胡银根, 胡楚芳. 2014. 教师品格要素评价排序问题研究. 宜春学院学报, 36(4): 119-122.
皇甫倩. 2015. 基于学习进阶的教师 PCK 测评工具的开发研究. 外国教育研究, 42(4): 96-105.
黄希庭, 郑涌. 2005. 心理学十五讲. 北京: 北京大学出版社.
黄兴丰, 龚玲梅, 汤炳兴. 2010. 职前后中学数学教师学科知识的比较研究. 数学教育学报, 19(6): 46-49.
黄毅英, 许世红. 2009. 数学教学内容知识-结构特征与研发举例. 数学教育学报, 18(1): 5-9.
黄友初. 2015. 数学教师教学知识发展研究. 北京: 科学出版社.
黄友初. 2016. 职前教师实践性知识的缺失与提升. 教师教育研究, 28(5): 85-90.
黄友初. 2017. 数学史对职前教师教学知识影响的质性研究以无理数的教学为例. 数学教育学报, (1): 94-97.
黄友初. 2019a. 核心素养视域下教师知识的解构与建构. 上海师范大学学报(哲学社会科学版), 48(2): 106-113.
黄友初. 2019b. 教师专业素养: 内涵、构成要素与提升路径. 教育科学, 35(3): 27-34.
黄友初, 金莹. 2016. 基于本、硕一体化的卓越教师培养模式研究. 宁波大学学报(教育科学版), 38(3): 74-77.

黄志益. 1982. 浅谈语文教师的知识结构. 绍兴师专学报(社会科学版), (1): 88-89.
姬建峰. 2006. 论教师的教育信念与教师专业化发展. 教育与职业, (26): 47-49.
贾艳. 2018. 初中新手型和专家型英语教师职业认同对比研究. 内蒙古师范大学硕士学位论文.
简红珠. 1994. 教师的学科教学知识-概念解析与启思// 中国师范教育学会. 教师权利与责任. 台北: 师大书苑.
教育部教师工作司. 2013. 教师教育课程标准(试行)解读. 北京: 北京师范大学出版社.
教育部师范教育司. 2003. 教师专业化的理论与实践. 北京: 人民教育出版社.
教育部中小学教师综合素质培训专家指导委员会. 2000. 教育观念的转变与更新. 北京: 中国和平出版社.
教育大辞典编纂委员会. 1998. 教育大辞典(增订合编本). 上海: 上海教育出版社.
姜美玲. 2006. 教师实践性知识研究. 华东师范大学博士学位论文.
金爱冬. 2013. 数学教师信念变化特征及其影响因素研究. 东北师范大学博士学位论文.
金长泽. 2002. 师范教育史. 海口: 海南出版社.
金长泽. 1994. 面向农村、深化改革, 培养合格初中教师. 高等师范教育研究, (1): 3-11.
金欢. 2016. "国培计划"专项经费使用情况的调查分析: 以湖北省为例. 湖北经济学院学报(人文社会科学版), 13(7): 61-62.
金美月, 郭艳敏, 代枫. 2009. 数学教师信念研究综述. 数学教育学报, 18(1): 25-30.
金生鈜. 1997. 理解与教育：走向哲学解释学的教育哲学导论. 北京: 教育科学出版社: 84-85.
靳晓燕. 2017. 教师队伍建设取得突出成就. 光明日报.
靳玉乐. 2003. 新课程改革的理念与创新. 北京: 人民教育出版社: 81-83.
靳玉乐, 廖婧茜. 2016. 论教师教育课程的国际化变革. 教师教育学报, 3(6): 1-6.
睢文龙, 廖时人, 朱新春. 1994. 教育学. 北京: 人民教育出版社: 73-74.
克鲁切茨基. 1984. 中小学数学能力心理学. 北京: 教育科学出版社.
李继宏. 2010. 论教师的职业品格. 全球教育展望, 39(2): 75-78.
李家黎. 2009. 教师信念的文化研究. 西南大学博士学位论文.
李家黎, 刘义兵. 2010. 教师信念的现实反思与建构发展. 中国教育学刊, (8): 60-63.
李琳玲. 2013. 高中化学新手型教师与经验型教师关于问题情境创设与实施的对比研究. 华中师范大学硕士学位论文.
李茂森. 2009. 论专业身份认同在教师研究中的价值. 上海教育科研, (9): 33-36.
李敏, 檀传宝. 2008. 师德崇高性与底线师德. 课程·教材·教法, 28(6): 74-78.
李清雁. 2009. 教师道德释义对师德建设的启示. 教育学术月刊, (7): 74-76.
李琼. 2009. 教师专业发展的知识基础——教学专长研究. 北京: 北京师范大学出版社.
李琼, 倪玉菁. 2004. 从知识观的转型看教师专业发展的角色之嬗变. 华东师范大学学报(教育科学版), 22(4): 31-37.
李琼, 倪玉菁, 萧宁波. 2005. 小学数学教师的学科知识：专家与非专家教师的对比分析. 教育学报, 1(6): 57-64.
李琼, 倪玉菁, 萧宁波. 2006. 小学数学教师的学科教学知识: 表现特点及其关系的研究. 教育学报, 2(4): 58-64.
李士锜. 2001. PME: 数学教育心理. 上海: 华东师范大学出版社.
李田伟, 李福源. 2013. 高校教师能力素质模型. 中国健康心理学杂志, 21(3): 374-377.

李廷洲，陆莎，金志峰. 2017. 我国中小学教师职称改革：发展历程、关键问题与政策建议. 中国教育学刊，(12)：66-72，78.
李彦花. 2009. 中学教师专业认同研究. 西南大学博士学位论文.
李艺，钟柏昌. 2015. 谈"核心素养". 教育研究，(9)：17-23，63.
廖哲勋. 2001. 论高师院校本科课程体系的改革. 课程教材教法，(1)：56-59.
梁杰. 2011. 奏响人才强教的时代乐章：我国教育人才队伍建设纪实. 中国教育报，2011-08-05.
梁永平. 2012. 论化学教师的 PCK 结构及其建构. 课程·教材·教法，32(6)：113-119.
林崇德. 2016. 21世纪学生发展核心素养研究. 北京：北京师范大学出版社.
林崇德，杨治良，黄希庭. 2003. 心理学大辞典. 上海：上海教育出版社.
林一钢. 2008. 教师信念研究述评. 浙江师范大学学报(社会科学版)，33(3)：79-84.
林一钢. 2009. 中国大陆学生教师实习期间教师知识发展的个案研究. 上海：学林出版社.
刘波. 2010. 美国预备教师对于品格教育态度的研究：以对哈丁大学计划取得教师资格证本科生取样研究为例. 河北理工大学学报(社会科学版)，10(6)：103-105.
刘济良，史佳露. 2016. 回归教育之本：重审教师专业化. 教师教育学报，3(3)：1-6.
刘兰兰，岳喜伟. 2015. 浅析"三维目标"在新课程实施中存在的问题与优化策略. 教学研究，38(4)：117-120.
刘莉，杨艳芳. 2008. 教师教育信念研究综述. 内蒙古师范大学学报(教育科学版)，21(12)：45-51.
刘丽红，卢红. 2014. 实践取向教师教育课程的具身认知价值及其实现. 教育科学，30(2)：53-57.
刘清华. 2004. 教师知识的模型建构研究. 西南师范大学博士学位论文.
刘晓慧. 2018. 基于微课实施的初中教师专业能力发展研究. 沈阳师范大学硕士学位论文.
刘一鸥. 1957. 如何提高中学历史教师水平. 历史教学，(10)：45-47.
柳贤. 1999. 数理科教师教学能力指标与评鉴工具研究. 高雄师范大学，中小学教师素质与评量研讨会论文集：11-17.
龙宝新. 2015. 美国教师能力研究的主要维度与现实走向. 全球教育展望，(5)：85-96.
卢秀琼，张光荣，傅之平. 2007. 农村小学数学教师知识发展现状与对策研究. 课程·教材·教法，27(9)：60-64.
罗树华，李洪珍. 2000. 教师能力学(修订本). 济南：山东教育出版社：13-15.
罗树华，李洪珍. 2001. 教师能力概论. 济南：山东教育出版社：22-23.
吕冰. 2018. 翻译教师笔译教学实践性知识的个案研究. 上海外国语大学博士学位论文.
马敏. 2011. PCK论-中美科学教师学科教学知识比较研究. 华东师范大学博士学位论文.
马莹. 2013. 当代教师信念问题研究. 北京：中国社会科学出版社.
马云鹏，赵冬臣，韩继伟. 2010. 教师专业知识的测查与分析. 教育研究，(12)：70-76，111.
梅新林，吴锋民. 2011. 中国教师队伍建设问题与建议. 北京：中国社会科学出版社.
梅贻琦. 1941. 大学一解. 清华大学学报(自然科学版)：1-12.
孟育群. 1991. 教师必须具备坚实的基础知识和广博的文化科学知识. 中学教师培训，(10)：2-3，6.
孟育群，宋学文. 1991. 现代教师论. 哈尔滨：黑龙江教育出版社.
宁连华. 2008. 新课程背景下高中数学教师教学知识的调查研究. 教育理论与实践，28(29)：14-16.

欧阳洁. 2014. 湖南省农村幼儿园骨干教师职业认同现状研究：以湖南第一师范学院农村幼儿园骨干教师“国培班”为例. 湖南科技大学学报(社会科学版), 17(1): 163-169.
潘洪建. 2004. 当代知识观及其对基础教育改革的启示. 教育研究, (6): 56-61.
潘小明. 2012. 基础教育阶段学生数学素养的四维一体模型. 教育与教学研究, 26(10): 91-95, 99.
蒲蕊. 2010. 教育学原理. 武汉：武汉大学出版社.
青士. 1933. 教师的专业精神. 教育与职业, (8): 601-602.
任京民. 2009. “三维目标”几个有争议的问题探讨. 中小学教师培训, (1): 37-39.
申继亮, 王凯荣. 2000. 论教师的教学能力. 北京师范大学学报(人文社会科学版), (1): 64-71.
石中英. 2001. 知识性质的转变与教育改革. 清华大学教育研究, (2): 29-36.
宋广文, 魏淑华. 2006. 影响教师职业认同的相关因素分析. 心理发展与教育, (1): 80-86.
宋宏福. 2004. 论教师的教育信念及其培养. 现代大学教育, (2): 37-39.
苏丹. 2014. 在职教育硕士毕业生教师职业认同研究. 天津师范大学学报(社会科学版), (4): 76-80.
苏甫. 1979. 没有高水平的教师, 就没有高质量的教育：试谈加强教师队伍建设问题. 锦州师范学院学报(哲学社会科学版), (1): 5-15.
孙宏安. 2016. 数学素养概念的精确化. 中学数学教学参考, (25): 2-5.
孙丽娟. 2018. 论教师信仰. 河南大学硕士学位论文.
谭彩凤. 2006. 香港中文教师教学信念及背景因素之研究. 当代教育研究, (16): 113-146.
汤炳兴, 黄兴丰, 龚玲梅, 等. 2009. 高中数学教师学科知识的调查研究：以函数为例. 数学教育学报, 18(5): 46-50.
唐进. 2013. 大学英语教师职业认同量表编制. 外语界, (4): 63-72.
滕大春. 2001. 美国教育史. 北京：人民教育出版社.
田琦. 2009. 新课程实施背景下农村教师专业化培训方式. 齐齐哈尔师范高等专科学校学报, (3): 32-33.
脱中菲. 2014. 小学数学教师信念结构及特征的个案研究. 东北师范大学博士学位论文.
万丽芸. 2013. 教师专业发展视角下小学数学教师教学反思研究. 苏州大学硕士学位论文.
王长纯. 2009. 教师发展学校研究. 北京：北京师范大学出版社.
王芳, 蔡永红. 2005. 我国特级教师制度与特级教师研究的回顾与反思. 教师教育研究, 17(6): 41-46.
王恭志. 2000. 教师教学信念与教学实务之探析. 教育研究信息, (2): 84-98.
王洪. 2001. 健美操教程. 北京：人民体育出版社.
王红艳, 解芳. 2009. 大学英语教师的教学信念与教学方法个案研究. 哈尔滨学院学报, 30(1): 133-137.
王慧霞. 2008. 国外关于教师信念问题的研究综述. 宁波大学学报(教育科学版), (5): 61-65.
王丽珍, 林海, 马存根, 等. 2012. 近三十年我国教师能力的研究状况与趋势分析. 教育理论与实践, 32(10): 38-42.
王林全. 2005. 现代数学教育研究概论. 广州：广东高等教育出版社.
王晓明. 2009. 初中数学教师的教师信念的研究. 东北师范大学硕士学位论文.
王宪平, 唐玉光. 2006. 课程改革视野下的教师教学能力结构. 集美大学学报, 7(1): 27-32.
王鑫强, 曾丽红, 张大均, 等. 2010. 师范生职业认同感量表的初步编制. 西南大学学报(社会科学版), 36(5): 152-157.
王艺芳. 2017. 幼儿园教师能力测评量表的编制: 基于教育测量理论的研究. 华东师范大学硕士学位论文.
王子兴. 2002. 论数学素养. 数学通报, 41(1): 6-9.
魏淑华. 2008. 教师职业认同研究. 西南大学博士学位论文.
魏淑华, 宋广文, 张大均. 2013. 我国中小学教师职业认同的结构与量表. 教师教育研究, 25(1): 55-60, 75.
吴华, 张莉. 2008. 国内外数学教师能力结构研究的比较与启示. 大连教育学院学报, 24(1): 19-21.
吴骏, 黄刚, 熬艳花. 2010. 职前教师数学知识准备现状的调查研究. 曲靖师范学院学报, 29(6): 90-93.
吴明崇. 2002. 初中数学专家教师教学专业知识内涵之个案研究. 台湾师范大学硕士学位论文.
吴明隆. 2010. 问卷统计分析实务: SPSS 操作与应用. 重庆: 重庆大学出版社.
吴琼, 高夯. 2015. 教师专业知识对高中数学教师各项教学能力影响的调查研究. 教师教育研究, 27(4): 61-67, 73.
吴万岭. 2006. 小学教师数学观的调查研究. 首都师范大学硕士学位论文.
吴卫东, 彭文波, 郑丹丹, 等. 2005. 小学教师教学知识现状及其影响因素的调查研究. 教师教育研究, 17(4): 59-64.
夏根. 1995. 浅谈中学教师知识结构及其构建. 南通师专学报(社会科学版), (3): 38-42.
晓理. 1989. 教师要有合理的知识结构. 中学教师培训, (11): 12.
解芳, 王红艳, 马永刚. 2006. 大学英语教师信念研究——优秀教师个案研究. 山东外语教学, (5): 84-88.
谢维和. 2016. 谈核心素养的“资格”. 中国教育学刊, (5): 3.
谢翌, 马云鹏. 2007. 教师信念的形成与变革. 比较教育研究, (6): 31-35, 85.
辛涛, 申继亮, 林崇德. 1999. 从教师的知识结构看师范教育的改革. 高等师范教育研究, (6): 12-17.
徐碧美. 2003. 追求卓越: 教师专业发展案例研究. 北京: 人民教育出版社.
徐德. 1981. 我们是如何向中小学教师普及教育科学知识的. 中国教育学会通讯, (4): 60, 18.
徐洁. 2015. 中学英语初任教师教学能力发展研究. 西南大学博士学位论文.
徐泉. 2013. 英语教师的教学信念: 构成与特征. 北京: 光明日报出版社.
徐章韬. 2009. 师范生面向教学的数学知识之研究: 基于数学发生发展的视角. 华东师范大学博士学位论文.
许序修. 2013. 教师的品格. 人民教育, (23): 18-21.
燕良轼. 2005. 传统知识观解构与生命知识观建构. 高等教育研究, 26(7): 17-22.
杨彩霞. 2006. 教师学科教学知识: 本质、特征与结构. 教育科学, 22(1): 60-63.
杨红萍, 喻平. 2008. 初中数学新课程实施情况调查研究: 以山西省为例. 教育理论与实践, (8): 25-27.
杨九俊. 2008. 新课程三维目标: 理解与落实. 教育研究, (9): 40-46.
杨妮. 2017. 陕西省生物师范生职业认同现状及影响因素研究. 陕西理工大学硕士学位论文.
杨启亮. 2001. 教师学习品格的教学价值辨析. 山东教育科研, (12): 26-29.

杨姝, 王祖亮. 2014. 教师专业发展研究述评. 教育科学论坛, (5): 74-76.

杨茜. 2016. 从“规约”到“自由”：我国教师道德发展的当代诉求. 中国教育学刊, (12): 14-18, 68.

杨向东. 2016. 核心素养与我国基础教育课程改革的深化. 上海课程教学研究, (2): 3-7, 34.

杨小微. 2018. 教育研究的原理与方法. 2版. 上海: 华东师范大学出版社.

杨忠健, 张燕君. 2002. 教师行动指南. 北京: 中国地质大学出版社: 27.

杨忠君. 2015. 试论以“素养”为内核的教师专业成长. 教育科学, 31(4): 46-50.

叶澜. 1998. 新世纪教师专业素养初探. 教育研究与实验, (1): 41-46, 72.

叶澜. 2007. 教育学原理. 北京: 人民教育出版社.

叶澜, 白益民, 王枬, 等. 2001. 教师角色与教师发展新探. 北京: 教育科学出版社.

叶立军. 2011. 数学教师课堂教学行为比较研究. 南京师范大学博士学位论文.

叶立军. 2014. 数学教师课堂教学行为研究. 杭州: 浙江大学出版社.

殷玉新. 2018. 基于教师知识基础的在职教师教育课程设置. 教师发展研究, 2(3): 46-52.

尹嫄. 2013. 高中地理经验型教师与实习生教材运用策略的比较研究：以人教版必修 1 第二章“地球上的大气”为例. 广西师范学院硕士学位论文.

俞国良, 辛自强. 2000. 教师信念及其对教师培养的意义. 教育研究, (5): 16-20.

余立人. 1962. 加强在职教师进修工作. 人民教育, (1): 15-18.

余新, 王婷. 2018. 改革开放 40 年我国教师在职教育的回顾与前瞻. 课程・教材・教法, 38(7): 21-26, 80.

喻平. 2016. 教学认识信念研究. 北京: 科学出版社.

喻平. 2017. 发展学生学科核心素养的教学目标与策略. 课程・教材・教法, 37(1): 48-53, 68.

袁德润. 2016. 三维目标的“维”与“为”：实践的视角. 课程・教材・教法, 36(11): 39-44.

袁维新. 2005. 从授受到建构: 论知识观的转变与科学教学范式的重建. 全球教育展望, 34(2): 18-23.

袁振国. 2000. 教育研究方法. 北京: 高等教育出版社.

岳定权. 2009. 浅议教师学科教学知识及其发展. 教育探索, (2): 80-81.

岳喜凤. 2007. 教师专业化: 理念重建与内涵拓展研究. 湖南师范大学硕士学位论文.

岳晓婷. 2017. 自主活动课程提升教师学科教学知识的研究. 华东师范大学博士学位论文.

曾丽红. 2010. 免费师范生职业认同现状调查与对策建议. 西南大学硕士学位论文.

曾文茜, 罗生全. 2017. 国外中小学教师核心素养的价值分析. 外国中小学教育, (7): 9-16.

赵昌木. 2004. 教师成长: 实践知识和智慧的形成及发展. 教育研究, (5): 54-58.

赵宏玉, 兰彦婷, 张晓辉, 等. 2012. 免费师范生教师职业认同量表的编制. 心理与行为研究, 10(2): 143-148.

赵厚勰, 李贤智. 2012. 外国教育史. 武汉: 华中科技大学出版社.

赵佳丽, 罗生全. 2016. 教师专业发展的价值论纲. 教育理论与实践, 36(4): 39-43.

赵志毅, 蔡卫东. 2000. 论信仰的结构、本质及其对德育的意义. 南京师大学报(社会科学版), (1): 9-15.

张斌贤, 李子江. 2008. 改革开放 30 年来我国教师教育体制改革的进展. 教师教育研究, 20(6): 17-23.

张春玲. 2000. 古今教师品格比较研究. 佳木斯教育学院学报, (4): 14-16.

张翠平, 马娜, 王文静. 2016. 我国小学英语教师专业素养量表编制. 教师教育研究, 28(1):

75-82.
张红霞. 2009. 教育科学研究方法. 北京: 教育科学出版社.
张惠昭. 1996. 高中英语教师教学专业知识之探究. 台湾师范大学硕士学位论文.
张丽萍, 陈京军, 刘艳辉. 2012. 教师职业认同的内涵与结构. 湖南师范大学教育科学学报, 11(3): 104-107.
张立新. 2008. 教师实践性知识形成机制研究: 上海师范大学博士学位论文.
张淼. 2013. 高中数学教师信念及其对教学的影响. 东北师范大学硕士学位论文.
张庆华. 2015. 高校英语教师阅读教学实践性知识个案研究. 北京外国语大学博士学位论文.
张学民, 申继亮, 林崇德. 2009. 中小学教师教学反思对教学能力的促进. 外国教育研究, 36(9): 7-11.
张雪明. 2000. 透视课堂提问: "专家"与"新手"的比较研究. 中学数学教学参考, (6): 5-7.
张悦群. 2009. 三维目标尴尬处境的归因探析. 江苏教育研究, (1): 30-34.
张志萍. 2012. 全日制教育硕士教师职业认同研究. 东北师范大学硕士学位论文.
郑志辉. 2010. 引领教师专业发展学科教学知识再探. 中国教育学刊, (3): 50-53.
郑志辉. 2012. 地方高师院校学生教师职业认同现状调查研究——以衡阳师范学院为例. 黑龙江高教研究, (3): 14-17.
中国大百科全书总编辑委员会《心理学》编辑委员会. 1991. 中国大百科全书·心理学. 北京: 中国大百科全书出版社.
中国教育年鉴编辑部. 1984. 中国教育年鉴1949—1981. 北京: 中国大百科全书出版社.
中国教育年鉴编辑部. 2016. 中国教育年鉴(2015). 北京: 人民教育出版社.
中国社会科学院语言研究所词典编辑室. 1997. 现代汉语词典(修订本). 北京: 商务印书馆.
中国社会科学院语言研究所词典编辑室. 2012. 现代汉语词典. 6版. 北京: 商务印书馆.
钟启泉. 2003. "教师专业化"的误区及其批判. 教育发展研究, (4-5): 119-123.
钟启泉. 2004. "实践性知识"问答录. 全球教育展望, 33(4): 3-6.
钟启泉. 2005a. 学校知识的特征: 理论知识与体验知识: 日本学者安彦忠彦教授访谈. 全球教育展望, 34(6): 3-5.
钟启泉. 2005b. 为了"实践性知识"的创造: 日本梶田正已教授访谈. 全球教育展望, 34(9): 3-4, 14.
钟启泉. 2010. 打造教师的一双慧眼: 谈"三维目标"教学的研究. 上海教育科研, (2): 4-7.
钟启泉. 2011. "三维目标"论. 教育研究, (9): 62-67.
周海钦, 黄汉寿. 1993. 试论中学化学教师的知识结构. 课程·教材·教法, (5): 52-54.
周建达, 林崇德. 1994. 教师素质的心理学研究. 心理发展与教育, (1): 32-37, 31.
周军. 2013. 新课程理念下数学教师专业发展现状的调查与反思. 中学数学月刊, (1): 24-26.
周康年. 1983. 教师的知识结构与能力结构. 教育与进修, (2): 7-9, 34.
周启加. 2012. 基础教育英语教师教学能力及其发展研究. 上海外国语大学博士学位论文.
周兆透. 2004. 关于高师院校数学教师的信念的调查研究. 华东师范大学硕士学位论文.
周忠. 2005. 贫困地区中小学教师继续教育存在的问题及对策研究. 西南师范大学硕士学位论文.
朱宁波, 崔慧丽. 2018. 新时代背景下教师品质提升的要素和路径选择. 教育科学, 34(6): 49-54.
朱晓民. 2010. 语文教师教学知识发展研究. 北京: 教育科学出版社.
朱旭东. 2011. 教师专业发展理论研究. 北京: 北京师范大学出版社.

朱旭东, 周钧. 2007. 教师专业发展研究述评. 中国教育学刊, (1): 68-73.
朱智贤, 林崇德. 1986. 思维发展心理学. 北京: 北京师范大学出版社.
邹乐. 2013. 小学新教师职业认同感影响因素研究. 东北师范大学硕士学位论文.
邹群, 王琦. 2010. 教育学原理. 大连: 辽宁师范大学出版社.
邹云志, 王宝富. 2004. 关于大学数学教育的一些思考. 高等理科教育, (5): 35-37.
Abelson R. 1979. Differences between belief and knowledge systems. Cognitive Science, 3(4): 355-366.
Anderson J. 1997. Teachers' reported use of problem solving teaching strategies in primary mathematics classrooms//Biddulph F, Carr K. ed. People in mathematics education. Rotorua, NZ: MERGA: 50-57.
An S, Kulm G, Wu Z. 2004. The pedagogical content knowledge of middle school mathematics teachers in China and the US. Journal of Mathematics Teacher Education, 7: 145-172.
Autor D, Levy F, Murnane R. 2001. The skill content of recent technological change: An empirical exploration. The Quarterly Journal of Economics, 118(4): 1279-1333.
Ball D L, Lubienski S, Mewborn D. 2001. Research on teaching mathematics: The unsolved problem of teachers' mathematical knowledge// Richardson V. ed. Handbook of Research on Teaching 4th ed. New York: Macmillan: 433-456.
Ball D L, Thames M H, Phelps G. 2008. Content knowledge for teaching: What makes it special? Journal of Teacher Education, 59(5): 389-407.
Baturo A, Nason R. 1996. Student teachers' subject matter knowledge within the domain of area measurement. Educational Studies in Mathematics, 31: 235-268.
Begle E G. 1972. Teacher knowledge and student achievement in Algebra. SMSG Reports, No. 9 Stanford: School Mathematics Study Group.
Begle E G. 1979. Critical variables in mathematics education: Findings from a survey of the empirical literature. Washington, D C: Mathematical Association of America and National Council of Teachers of Mathematics.
Beijaard D, Meijer P C, Verloop N. 2004. Reconsidering research on teachers' professional identity. Teaching and Teacher Education, 20(2): 107-128.
Beijaard D, Verloop N, Vermunt J D. 2000. Teachers' perceptions of professional identity: An exploratory study from a personal knowledge perspective. Teaching and Teacher Education, 16: 749-764.
Berliner D C. 1986. In pursuit of the expert pedagogue. Educational Researcher, 15: 5-13.
Berliner D C. 2004. Describing the behavior and documenting the accomplishments of expert teachers. Bulletin of Science Technology Society, 24: 200-212.
Berliner D C. 2005. The near impossibility of testing for teacher quality. Journal of Teacher Education, (3): 205-213.
Blömeke S, Müller C, Felbrich A, et al. 2008. Epistemologische Überzeugungen zur Mathematik// Blömeke S, Kaiser G, Lehmann R. ed. Professionelle Kompetenz angehender Lehrerinnen und Lehrer. Wissen, Überzeugungen und Lerngelegenheiten deutscher Mathematik- studierender und-Referendare-erste Ergebnisse zur Wirksamkeit der Lehrerausbildung. Münster: Waxmann:

219-246.

Bonne L. 2012. The effects of primary students' mathematics self-efficacy and beliefs about intelligence on their mathematics achievement: A mixed-methods intervention study. PhD Thesis, Victoria University of Wellington.

Borg M. 2001. Teachers' beliefs. ELT Journal, (2): 186-187.

Borko H, Shavelson R J. 1990. Teachers' decision making//Jones B, Idol L. ed. Dimensions of thinking and cognitive instruction. New Jersey: Erlbaum: 311-346.

Borko H, Putnam R. 1995. Expanding a teacher's knowledge base: A cognitive psychological perspective on professional development//Guskey T, Huberman M. ed. Professional development in education: New paradigms and practices. New York: Teachers College Press: 35-65.

Bromme R. 1994. Beyond subject matter: A psychological topology of teachers' professional knowledge// Biehler R, Scholz R, Strasser R, et al. ed. Didactics of Mathematics as a Scientific discipline. Dordrecht, The Netherlands: Kluwer Academic: 73-88.

Brown J S, Collins A, Duguid P. 1989. Situated cognition and the culture of learning. Educational Researcher, 18(1): 32-42.

Bullough R V. 1997. Practicing theory and theorizing practice in teacher education// Loughran J. ed. Teaching about teaching: Purpose, passion, and pedagogy in teacher education. Routledgefalmer.

Calderhead J. 1996. Teachers: Beliefs and knowledge//Berliner D, Calfee R. ed. Handbook of Educational. New York: Free Press.

Calderhead J, Shorrock S B. 1997. Understanding Teacher Education. London, Washington D C: The Falmer Press.

Cannon T. 2008. Student teacher knowledge and its impact on task design. Unpublished Master's Thesis. Provo: Brigham Young University.

Cochran K F, DeRuiter J A, King R A. 1993. Pedagogical content knowing: An integrative model for teacher preparation. Journal of Teacher Education, 44(4): 263-272.

Coldron J, Smith R. 1999. Active location in teachers' construction of their professional identities. Journal of Curriculum Studies, 31(6): 711-726.

Cronbach L J, Ambrom S R, Dornbusch S M, et al. 1980. Toward Reform of Program Evaluation. San Francisco: Jossey Bass.

Danielson C. 2015. Charlotte Danielson's Framework for Teaching. Kentucky Department of Education. http://www.doc88.com/p-9989704954964.html.

Dewey J. 1916. Democracy and Education. An Introduction to the Philosophy of Education. New York: Free Press: 1-20.

Dewey J. 1938. Experience and Education. New York: Collier Books.

Doyle W. 1977. Paradigms for research on teacher effectiveness// Shulman L S. ed. Review of Research in Education. Washington, D C: American Educational Research Association, 5: 163-198.

Eisenhart M A, Shrum J L, Harding J R, et al. 1988. Teacher beliefs. Educational Policy, (1): 51-70.

Elbaz F. 1981. The teacher's "practical knowledge": Report of a case study. Curriculum Inquiry, 11(1): 43-71.

Elbaz F. 1983. Teacher Thinking: A Study of Practical Knowledge. London: Croom Helm: 5-47.

Ernest P. 1989. The knowledge, beliefs and attitudes of the mathematics teacher: A model. Journal of Education for Teaching, 15 (1): 13-33.

Even R. 1993. Subject-matter knowledge and pedagogical content knowledge: Prospective secondary teachers and the function concept. Journal for Research in Mathematics Education, 24 (2): 94.

Fennema E, Franke L M. 1992. Teachers' knowledge and its impact// Grouws D A. ed. Handbook of research on mathematics teaching and learning. New York: Macmillan: 147-164.

Furinghetti F, Pehkonen E. 2002. Rethinking Characterizations of Beliefs// Leder G C, Pehkone E, Törner G. ed. Beliefs: A Hidden Variable in Mathematics Education? Dordrecht: Kluwer Academic Publishers: 39-57.

Gee J P. 2000. Identity as an analytic lens for research in education. Review of Research in Education, 25: 99.

Glaser B G, Strauss A L. 1967. The Discovery of Grounded Theory Strategies for Qualitative Research. New Jersey: AldineTransaction, A Division of Transaction Publishers.

Golafshani N. 2005. Secondary Teachers' Professed Beliefs about Mathematics, Mathematics Teaching and Mathematics Learning: Iranian Perspective. University of Toronto.

Green T. 1971. The Activities of Teaching. New York: McGraw-Hill.

Grossman P L. 1990. The making of a teacher: Teacher knowledge and teacher education. New York: Teachers College Press.

Grossman P L. 1995. Teachers' Knowledge//Anderson L W. ed. International Encyclopedia of Teaching and Teacher Education. 2nd ed. Cambridge: U K Cambridge University: 20-24.

Harbison R W, Hanushek E A. 1992. Educational Performance of the Poor: Lessons from Rural Northeast Brazil. Oxford: Oxford University Press.

Harvey O J. 1986. Belief systems and attitudes toward the death penalty and other punishments. Journal of Personality, 54: 659-675.

Hashweh M Z. 2005. Teacher pedagogical constructions: a reconfiguration of pedagogical content knowledge. Teachers and Teaching, 11 (3): 273-292.

Hiebert J, Gallimore R, Stigler J W. 2002. A knowledge base for the teaching profession: What would it look like and how can we get one? Educational Researcher, 31 (5): 3-15.

Hofer B K. 2000. Dimensionality and disciplinary differences in personal epistemology. Contemporary Educational Psychology, 25: 378-405.

Holmes G. 1986. Tomorrow's Teachers. East Lasing: The Holmes Group.

Holmes V L. 2012. Depth of teachers' knowledge: Frameworks for teachers' knowledge of mathematics. Journal of STEM, 13 (1): 55-71.

Huang Y. 2016. A qualitative study on the development of pre-service teachers' mathematical knowledge for teaching in a history-based course. EURASIA Journal of Mathematics, Science & Technology Education, 12 (9): 2599-2616.

Jessica S K. 2009. Critical Reflection and Teacher Capacity: The Secondary Science-Preservice Teacher Education. Bozeman: Montana State University.

Kabilan M K. 2004. Online professional development: A literature analysis of teacher competency.

Journal of Computing in Teacher Education, 21 (2): 51-57.

Kagan D M. 1992a. Implication of research on teacher belief. Educational Psychologist, 27(1): 65-90.

Kagan D M. 1992b. Professional growth among preservice and beginning teachers. Review of Educational Research, 62 (2): 129-169.

Kahan J A, Cooper D A, Bethea K A. 2003. The role of mathematics teachers' content knowledge in their teaching: A framework for research applied to a study of student teachers. Journal of Mathematics Teacher Education, 6: 223-252.

Kelchtermans G. 2000. Telling dreams: A commentary to Newman from a European context. International Journal of Educational Research, 33: 209-211.

Khramtsova I, Saarnio D. 2003. Character Education and Positive Psychology: Virtues and Strengths in the Classroom. The Annual Meeting of the Mid-South Educational Research Association, Biloxi, MS.

Kleickmann T, Richter D, Kunter M, et al. 2013. Teachers' content knowledge and pedagogical content knowledge: The role of structural differences in teacher education. Journal of Teacher Education, 64(1): 90-106.

Krauss S, Brunner M, Kunter M, et al. 2008. Pedagogical content knowledge and content knowledge of secondary mathematics teachers. Journal of Educational Psychology, 100: 716-725.

Kwon M. 2012. Mathematical Knowledge for Teaching in the Different Phases of Teaching Profession. 12th International Congress on Mathematical Education: 4820-4827.

Lave J. 1988. Cognition in Practice. Cambridge: Cambridge University Press: 170-182.

Leder G C, Pehkonen E, Törner G. 2002. Beliefs: A Hidden Variable in Mathematics Education? Dordrecht: Springer Netherlands.

Leinhardt G. 1988. Situated knowledge and expertise in teaching//Calderhead, J. ed. Teachers' Proressional Learning. London: Falmer Press:141-148.

Leinhardt G, Putnam R T, Stein M K, et al. 1991. Where subject knowledge matters// Brophy J E. ed. Advances in research on teaching: Teachers' subject matter knowledge and classroom instruction, 2: 87-113.

Li Y, Kulm G. 2008. Knowledge and confidence of pre-service mathematics teachers: The case of fraction division. ZDM-The International Journal on Mathematics Education, 40: 833-843.

Livingston K, Hutchinson C. 2017. Developing teachers' capacities in assessment through career-long professional learning. Assessment in Education: Principles, Policy & Practice, 24(2): 290-307.

Ma L. 1996. Profound understanding of fundamental mathematics: What is it, why is it important, and how is it attained? Unpublished doctoral dissertation, Stanford University, Stanford.

Ma L. 1999. Knowing and Teaching Elementary Mathematics: Teachers' Understanding of Fundamental Mathematics in China and the United States. Hillsdale, N J: Lawrence Erlbaum Associates.

Manning R C. 1988. The Teacher Evaluation Handbook: Step-by-Step Techniques & Forms for Improving Instruction. Englewood Cliffs, N J : Prentice Hall.

Meijer P C, Verloop N, Beijaard D. 1999. Exploring language teachers' practical knowledge about teaching reading comprehension. Teaching and Teacher Education, 15: 59-84.

Mitchell A. 1997. Teacher identity: A key to increased collaboration. Action in Teacher Education, (3): 1-14.

Moore M, Hofman J E. 1988. Professional identity in institutions of higher learning in Israel. Higher Education, 17(1): 69-79.

Mullens J E, Murnane R J, Willett J B. 1996. The contribution of training and subject matter knowledge to teaching effectiveness: A multilevel analysis of longitudinal evidence from Belize. Comparative Education Review, 40(2): 139-157.

National Council of Teachers of Mathematic. 2000. Principles and Standards for School Mathematics. Reston Va: Author.

Olson J. 1988. Making sense of teaching: Cognition vs culture. Journal of Curriculum Studies, 20(2): 167-169.

Op'Teynde P, De Corte E, Verschaffel L. 2002. Framing students' mathematics-related beliefs: A quest for conceptual clarity and a comprehensive categorization// Leder G, Pehkonen E, Töner G. ed. Beliefs: A Hidden Variable in Mathematics Education. Boston, M A, U S. A: Kluwer Academic Publishing: 13-37.

Pajares M F. 1992. Teachers' beliefs and educational research: Cleaning up a messy construct. Review of Educational Research, 62: 307-332.

Peterson P L, Carpenter T, Fennema E. 1989. Teachers' knowledge of students' knowledge in mathematics problem solving: Correlational and case analyses. Journal of Educational Psychology, 81(4): 558-569.

Petrou M, Goulding M. 2011. Conceptualising teachers' mathematical knowledge in teaching// Rowland T, Ruthven K. ed. Mathematical Knowledge in Teaching. Dordrecht: Springer: 9-25.

Porter A, Freeman D. 1986. Professional orientations: An essential domain for teacher testing. Journal of Negro Education, 55(3): 284-292.

Punch K F. 2005. Introduction to Social Research: Quantitative and Qualitative Approaches. 2nd ed. London: Sage.

Richardson V, Placier P. 2001. Teacher Changer// Richardson V. ed. Handbook of research onteaching. 4th ed. Washington DC: American Educational Research Association: 905-947.

Rocheach M. 1968. Belief, Attitudes and Values: A Theory of Organization and Change. New York, P A: Jossey-Bass.

Shahvarani A, Savizi B. 2007. Analyzing some Iranian high school teachers' beliefs on mathematics, mathematics learning and mathematics teaching. International Journal of Environmental and Science Education, 2(2): 54-59.

Schommer-Aikins M. 2004. Explaining the epistemological belief system: Introducing the embedded systemic model and coordinated research approach. Educational Psychologist, 39(1): 19-29.

Schon D A. 1983. The Reflective Practitioner. London: Basic Books: 23-69.

Schutz P, Cross D I, Hong J Y, et al. 2007. Teacher identities, beliefs, and goals related to emotions in the classroom// Schutz P A, Pekrun R. ed. Emotion in Education. Burlington: Academic Press:

223-241.

Shmelev A G. 2002. Psychodiagnosis of personnel characteristics. Saint-Peterburg.

Shulman L S. 1986. Those who understand: Knowledge growth in teaching. Educational Researcher, 15(2): 4-14.

Shulman L S. 1987. Knowledge and teaching: Foundations of the new reform. Harvard Educational Review, 57(1): 1-22.

Sigel I E. 1985. Conceptual Analysis of Beliefs. Hillsdale, N J: Erlbaum.

Simpson R H. 1966. Teach Self-Evaluation. The Psychological Foundation of Education Series. New York: Macmillan .

Smith D C, Neale D C. 1989.The construction of subject matter knowledge in primary science teaching. Teaching and Teacher Education, 5(1): 1-20.

SOG. 2004. The teaching beliefs of pre-primary school teachers in Hong Kong: Case studies. Hong Kong: Faculty of Education. The Chinese University of Hong Kong.

Sternberg R J. 1998. Abilities are forms of developing expertise. Educational Researcher, 27(3): 11-20.

Strauss A. 1987. Qualitive Analysis for Social Scientists. Cambridge: Cambridge University Press.

Tamir P. 1991. Professional and personal knowledge of teachers and teacher educators. Teaching & Teacher Education, 7(3): 263-268.

Tattner N. 1998. An investigation of improved student behavior through character education with a focus on respect and self-control. Unpublished doctoral Dissertation, University of Central Florida.

Thomas L, Beauchamp C. 2011. Understanding new teachers' professional identities through metaphor. Teaching and Teacher Education, 27: 762-769.

Thompson A G. 1992. Teachers' beliefs and conceptions: A synthesis of the research// Grouws D A. ed. Handbook of Research on Mathematics Teaching and Learning. New York: Macmillan: 127-146.

Thompson A G, Thompson P W. 1996. Talking about rates conceptually, Part 2: Mathematical knowledge for teaching. Journal for Research in Mathematics Education, 27: 2-24.

Thompson P W, Thompson A G. 1994. Talking about rates conceptually, Part 1: A teacher's struggle. Journal for Research in Mathematics Education, 25: 279-303.

Thompson W G. 2002. The Effects of Character Education on Student Behavior. Unpublished Master Dissertation, East Tennessee State University, (10): 38-42.

Tsailexthim D A. 2007. Cross-national Comparative Study of Teaching Philosophies and Classroom Practices: The First-grade Classrooms in Thailand and The United States. California State University.

Veal W R, Makinster J G. 1999. Pedagogical content knowledge taxonomies. Electronic Journal of Science Education, 3(4). https://wolfweb.unr.edu/homepage/crowther/ejse/vealmak.html.

Vogt F, Rogalla M. 2009. Developing adaptive teaching competency through coaching. Teaching & Teacher Education, 25(8): 1051-1060.

Wragg E C. 1984. Classroom Teaching Skills. New York: Nichols Publishing Company, 103.

Yasemin C G. 2012. Teachers' mathematical knowledge for teaching, instructional practices, and student outcomes. Unpublished doctoral dissertation, University of Illinois Urbana-Champaign, Illinois.